装备科技译著出版基金

飞机系统的设计与开发
（第2版）

Design and Development of Aircraft Systems (Second Edition)

[英]伊恩·莫伊尔　阿伦·西布里奇　著

朱纪洪　冯悦　尉询楷　杨立　刘冠初

乔洪信　由育阳　陈博　译

国防工业出版社

·北京·

著作权合同登记　图字：军-2014-098 号

Design and Development of Aircraft System by Ian Moir and Allan Seabridge

ISBN 978-1-119-94119-4

Copyright © 2014 by John Wiley & Sons,Ltd.

All rights reserved.This translation published under John Wiley & Sons license.No part of this book may be reproduced in any form without the written permission of the original copyrights holder.

Copies of this book sold without a wiley sticker on the cover are unauthorized and illegal.

本书简体中文版由John Wiley & Sons,Inc.授权国防工业出版社独家出版。

版权所有，侵权必究。

图书在版编目（CIP）数据

飞机系统的设计与开发：第 2 版/（英）伊恩·莫伊尔（Ian Moir），（英）阿伦·西布里奇（Allan Seabridge）著；朱纪洪等译. —北京：国防工业出版社，2019.7

书名原文：Design and Development of Aircraft Systems (Second Edition)

ISBN 978-7-118-11265-8

Ⅰ. ①飞… Ⅱ. ①伊… ②阿… ③朱… Ⅲ. ①飞机—系统设计 ②飞机—系统开发 Ⅳ. ①V22

中国版本图书馆 CIP 数据核字（2017）第 152469 号

※

国防工业出版社出版发行

（北京市海淀区紫竹院南路 23 号　邮政编码 100044）

三河市腾飞印务有限公司印刷

新华书店经售

*

开本 710×1000　1/16　印张 17¾　字数 318 千字

2019 年 7 月第 1 版第 1 次印刷　印数 1—2000 册　定价 119.00 元

（本书如有印装错误，我社负责调换）

国防书店：（010）88540777　　发行邮购：（010）88540776
发行传真：（010）88540755　　发行业务：（010）88540717

译者序

飞机是现代局部战争的杀手锏武器,是航空发达国家高度重视持续发展的重大武器装备。随着国内外四代机的陆续投入研制、列装,先进飞机已成为未来空军发展建设的重中之重。飞机系统设计一直都是航空领域的研究热点内容,也是我国国防科技预研和高技术发展的重要内容。目前,国际上关于飞机系统设计与开发技术方面的专著较多,然而,国内在该方向的中文参考书籍数量极少,而且内容深度不够、重复性较多,因此急需翻译内容新颖、质量较好的外文专著。

Design and Development of Aircraft Systems(Second Edition)原著作者 Ian Moir 从事航空工作超过50年,有近20年的工程管理经验,在军用和民用航电系统多电技术以及系统实现的开发和集成等领域有丰富的经验。原著作者 Allan Seabridge 在航空领域从业超过45年,在飞机系统设计与开发过程管理方面有着丰富的经验。两位作者出版了多部飞机系统设计与开发相关的专著,是飞机系统设计与开发领域的权威专家。本书是两位作者的最新力作,也是目前唯一一部从系统工程角度全面介绍飞机系统设计与开发的专著,内容翔实、案例丰富,经验见解独到、注重系统工程原理方法与实现的紧密结合。特别是,本书结合实用案例介绍了作者在设计与开发过程中各类人员协调、交流,批判与自我批判等特殊经验的总结,具有较大的参考价值。

全书由朱纪洪、冯悦、尉询楷、杨立、刘冠初、乔洪信、由育阳、陈博共同翻译,由朱纪洪、尉询楷统稿,冯悦审校。本书可作为从事飞机系统设计与开发研究的设计人员、相关专业研究生以及科研人员的重要参考资料,也可供对飞机研制管理、系统工程技术专业感兴趣的读者阅读。

本书的翻译工作得到了吴宏鑫、甘晓华院士的支持与鼓励,在此表示诚挚的感谢。国防工业出版社冯晨编辑在本书出版过程中付出了大量的辛勤劳动,在此一并致谢。在本书的翻译过程中,离不开家人的大力支持,值此成稿之际,谨向译者的家人们表示由衷的感谢。

译者
2019.4

目　　录

第1章　绪论 ……………………………………………………………… 1
1.1　概述 ……………………………………………………………… 1
1.2　系统开发 ………………………………………………………… 3
1.3　技能 ……………………………………………………………… 6
1.4　全书章节安排 …………………………………………………… 7
参考文献 ……………………………………………………………… 9
拓展阅读 ……………………………………………………………… 9

第2章　飞机系统 ………………………………………………………… 10
2.1　引言 ……………………………………………………………… 10
2.2　定义 ……………………………………………………………… 10
2.3　日常系统案例 …………………………………………………… 11
2.4　感兴趣的飞机系统 ……………………………………………… 14
　　2.4.1　机身系统 …………………………………………………… 17
　　2.4.2　飞行器系统 ………………………………………………… 17
　　2.4.3　飞行器系统接口特征 ……………………………………… 19
　　2.4.4　航电系统 …………………………………………………… 20
　　2.4.5　飞行器和航电系统特征 …………………………………… 20
　　2.4.6　任务系统 …………………………………………………… 21
　　2.4.7　任务系统接口特征 ………………………………………… 22
2.5　地面系统 ………………………………………………………… 22
2.6　一般系统定义 …………………………………………………… 23
参考文献 ……………………………………………………………… 25
拓展阅读 ……………………………………………………………… 25

第3章　设计与开发过程 ………………………………………………… 26
3.1　引言 ……………………………………………………………… 26
3.2　定义 ……………………………………………………………… 26
3.3　产品寿命周期 …………………………………………………… 28
3.4　概念阶段 ………………………………………………………… 32

V

3.4.1　工程过程 ··· 32
　　3.4.2　工程技能 ··· 34
3.5　定义阶段 ··· 35
　　3.5.1　工程过程 ··· 35
　　3.5.2　工程技能 ··· 36
3.6　设计阶段 ··· 38
　　3.6.1　工程过程 ··· 39
　　3.6.2　工程技能 ··· 39
3.7　建造阶段 ··· 40
　　3.7.1　工程过程 ··· 40
　　3.7.2　工程技能 ··· 40
3.8　试验阶段 ··· 41
　　3.8.1　工程过程 ··· 41
　　3.8.2　工程技能 ··· 41
3.9　运行阶段 ··· 42
　　3.9.1　工程过程 ··· 42
　　3.9.2　工程技能 ··· 42
3.10　报废或退役阶段 ··· 42
　　3.10.1　工程过程 ·· 43
　　3.10.2　工程技能 ·· 43
3.11　翻新阶段 ·· 43
　　3.11.1　工程过程 ·· 44
　　3.11.2　工程技能 ·· 44
3.12　整个寿命期任务 ··· 44
参考文献 ·· 45
拓展阅读 ·· 46

第4章　设计驱动器 ··· 47
4.1　引言 ··· 47
4.2　商业环境中的设计驱动器 ····································· 49
　　4.2.1　用户 ··· 49
　　4.2.2　市场与竞争 ·· 50
　　4.2.3　产能 ··· 50
　　4.2.4　财务问题 ··· 50
　　4.2.5　防卫政策 ··· 51
　　4.2.6　休闲和商业利益 ··· 51
　　4.2.7　政治 ··· 51

目录

- 4.2.8 技术 ······ 52
- 4.3 项目环境中的设计驱动器 ······ 52
  - 4.3.1 标准和规章 ······ 53
  - 4.3.2 完好率 ······ 53
  - 4.3.3 成本 ······ 53
  - 4.3.4 大纲 ······ 54
  - 4.3.5 性能 ······ 54
  - 4.3.6 技能和资源 ······ 54
  - 4.3.7 健康、安全性和环境问题 ······ 55
  - 4.3.8 风险 ······ 55
- 4.4 产品环境中的设计驱动器 ······ 56
  - 4.4.1 功能性能 ······ 56
  - 4.4.2 人/机接口 ······ 56
  - 4.4.3 机组和乘客 ······ 57
  - 4.4.4 外挂和货物 ······ 57
  - 4.4.5 结构 ······ 58
  - 4.4.6 安全性 ······ 58
  - 4.4.7 质量 ······ 58
  - 4.4.8 环境条件 ······ 58
- 4.5 产品工作环境中的驱动器 ······ 59
  - 4.5.1 热 ······ 59
  - 4.5.2 噪声 ······ 60
  - 4.5.3 射频辐射 ······ 60
  - 4.5.4 太阳能 ······ 61
  - 4.5.5 高度 ······ 61
  - 4.5.6 温度 ······ 62
  - 4.5.7 污染物/破坏性物质 ······ 62
  - 4.5.8 闪电 ······ 62
  - 4.5.9 核生化 ······ 63
  - 4.5.10 振动 ······ 63
  - 4.5.11 冲击 ······ 63
- 4.6 与子系统环境的接口 ······ 64
  - 4.6.1 物理接口 ······ 64
  - 4.6.2 功率接口 ······ 64
  - 4.6.3 数据通信接口 ······ 65
  - 4.6.4 输入/输出接口 ······ 65

        4.6.5 状态/离散数据 ·· 65
    4.7 过时性 ·· 66
        4.7.1 产品寿命周期中的过时性威胁 ································· 67
        4.7.2 管理过时性 ·· 71
    参考文献 ·· 71
    拓展阅读 ·· 72

第5章 系统架构 ·· 73
    5.1 引言 ·· 73
    5.2 定义 ·· 73
    5.3 系统架构 ·· 74
        5.3.1 通用系统 ·· 76
        5.3.2 航电系统 ·· 77
        5.3.3 任务系统 ·· 77
        5.3.4 客舱系统 ·· 77
        5.3.5 数据总线 ·· 77
    5.4 架构建模与折中 ·· 78
    5.5 开发架构案例 ·· 79
    5.6 航电架构的演化 ·· 80
        5.6.1 分布式模拟架构 ·· 82
        5.6.2 分布式数字架构 ·· 83
        5.6.3 联合数字架构 ·· 84
        5.6.4 综合模块化架构 ·· 86
    参考文献 ·· 88
    拓展阅读 ·· 88

第6章 系统集成 ·· 89
    6.1 引言 ·· 89
    6.2 定义 ·· 90
    6.3 系统集成案例 ·· 91
        6.3.1 部件级集成 ·· 91
        6.3.2 系统级集成 ·· 91
        6.3.3 过程级集成 ·· 97
        6.3.4 功能级集成 ·· 100
        6.3.5 信息级集成 ·· 102
        6.3.6 主合同商级集成 ·· 102
        6.3.7 应急特性集成 ·· 103
    6.4 系统集成技能 ·· 105

6.5	系统集成管理	106
	6.5.1 重大活动	107
	6.5.2 主要里程碑	107
	6.5.3 分解和定义过程	109
	6.5.4 集成和确认过程	109
	6.5.5 部件工程	109
6.6	高度集成系统	109
	6.6.1 主飞行控制系统的集成	111
6.7	讨论	113
	参考文献	114
	拓展阅读	114

第7章 系统要求验证

7.1	引言	115
7.2	寿命周期中鉴定依据的收集	115
7.3	试验方法	118
	7.3.1 设计检查	118
	7.3.2 计算	119
	7.3.3 类比	119
	7.3.4 建模与仿真	120
	7.3.5 试验器	132
	7.3.6 环境试验	134
	7.3.7 集成试验器	134
	7.3.8 飞行试验	136
	7.3.9 试用	137
	7.3.10 作战试验	137
	7.3.11 演示	137
7.4	使用雷达系统的案例	137
	参考文献	139
	拓展阅读	139

第8章 实际考虑

8.1	概述	141
8.2	利益相关方	142
	8.2.1 利益相关方认定	142
	8.2.2 利益相关方分类	142
8.3	沟通	144
	8.3.1 沟通的本质	145

8.3.2	组织机构沟通媒介的实例	146
8.3.3	沟通不佳的代价	148
8.3.4	教训	149
8.4	给予和接受批评	150
8.4.1	设计过程中的批评需求	150
8.4.2	批评的本质	151
8.4.3	批评相关的行为	151
8.4.4	小结	152
8.5	供应商关系	152
8.6	工程决断	153
8.7	复杂度	154
8.8	应急特性	155
8.9	飞机线路和连接器	156
8.9.1	飞机线路	156
8.9.2	飞机分离点	156
8.9.3	线束定义	157
8.9.4	线路布线	158
8.9.5	线路规格	158
8.9.6	飞机电气信号类型	160
8.9.7	电气隔离	161
8.9.8	飞机线路和连接器的本质	161
8.9.9	使用双绞线和四绞线	162
8.10	短接和接地	164
	参考文献	166
	扩展阅读	166

第9章 构型控制 167

9.1	引言	167
9.2	构型控制过程	167
9.3	系统简图	168
9.4	可变系统构型	169
9.4.1	系统构型 A	170
9.4.2	系统构型 B	170
9.4.3	系统构型 C	171
9.5	向前和向后兼容性	172
9.5.1	向前兼容性	172
9.5.2	向后兼容性	173

目录

- 9.6 影响兼容性的因素 …………………………………… 173
  - 9.6.1 硬件 …………………………………………… 174
  - 9.6.2 软件 …………………………………………… 174
  - 9.6.3 线路 …………………………………………… 174
- 9.7 系统发展 …………………………………………… 175
- 9.8 构型控制 …………………………………………… 176
  - 9.8.1 空中客车 A380 实例 ………………………… 178
- 9.9 接口控制 …………………………………………… 180
  - 9.9.1 接口控制文件 ………………………………… 180
  - 9.9.2 飞机级数据总线数据 ………………………… 182
  - 9.9.3 系统内部数据总线数据 ……………………… 182
  - 9.9.4 内部系统输入/输出数据 …………………… 182
  - 9.9.5 燃油部件接口 ………………………………… 182

第10章 飞机系统实例 …………………………………… 183
- 10.1 引言 ………………………………………………… 183
- 10.2 设计考虑 …………………………………………… 184
- 10.3 安全性和经济性考虑 ……………………………… 184
- 10.4 失效严重程度分类 ………………………………… 186
- 10.5 设计保证等级 ……………………………………… 186
- 10.6 冗余 ………………………………………………… 187
  - 10.6.1 架构可选项 …………………………………… 188
  - 10.6.2 系统实例 ……………………………………… 190
- 10.7 飞机系统集成 ……………………………………… 193
  - 10.7.1 发动机控制系统 ……………………………… 195
  - 10.7.2 飞行控制系统 ………………………………… 196
  - 10.7.3 姿态测量系统 ………………………………… 197
  - 10.7.4 大气数据系统 ………………………………… 197
  - 10.7.5 电源系统 ……………………………………… 198
  - 10.7.6 液压功率系统 ………………………………… 199
- 10.8 航电系统集成 ……………………………………… 200
- 参考文献 ………………………………………………… 203

第11章 功率系统 ………………………………………… 204
- 11.1 引言 ………………………………………………… 204
- 11.2 电气系统 …………………………………………… 204
- 11.3 配电系统 …………………………………………… 206
  - 11.3.1 发电 …………………………………………… 207

11.3.2　主配电 ·･･　207
　　11.3.3　功率转换 ·･･　207
　　11.3.4　副配电 ·･･･　207
11.4　电气系统设计问题 ･･･　207
　　11.4.1　发动机功率分输 ･･･　208
　　11.4.2　发电机 ･･･　208
　　11.4.3　电源馈线 ･･･　209
　　11.4.4　发电控制 ･･･　209
　　11.4.5　电源开关 ･･･　210
11.5　液压系统 ･･　210
　　11.5.1　发动机传动泵 ･･･　210
　　11.5.2　液压蓄压器 ･･･　211
　　11.5.3　系统用户 ･･･　211
　　11.5.4　功率传输单元 ･･･　212
11.6　液压系统设计考虑 ･･･　212
　　11.6.1　液压功率的产生 ･･･　212
　　11.6.2　系统级问题 ･･･　213
　　11.6.3　液压油 ･･　214
11.7　飞机系统能量损失 ･･･　214
11.8　电气系统功率耗散 ･･･　216
　　11.8.1　恒频系统 ･･･　217
　　11.8.2　变频系统 ･･･　218
11.9　液压系统功率损失 ･･･　218
　　11.9.1　液压功率计算 ･･･　220
　　11.9.2　工作压力 ･･･　221
　　11.9.3　额定输出能力 ･･･　221
　　11.9.4　波音767——服役年份:1982(美联航) ･････････････････････　221
　　11.9.5　波音787——服役年份:2011(全日空航空) ･････････････････　222
　　11.9.6　简单液压功率模型 ･･･　222
11.10　多电飞机考虑因素 ･･･　224
　　参考文献 ･･･　226

第12章　飞机系统的关键特征 ･･　227
12.1　引言 ･･　227
12.2　飞机系统 ･･　229
12.3　航电系统 ･･　240
12.4　任务系统 ･･　247

12.5 系统的大小和范围 ··· 253
12.6 飞机系统的燃油损耗分析 ··· 256
    12.6.1 引言 ··· 256
    12.6.2 燃油重量附加损耗的基本公式化表述 ··················· 256
    12.6.3 多阶段飞行的燃油重量附加损耗公式 ···················· 259
    12.6.4 多阶段飞行燃油重量附加损耗分析 ······················ 259
    12.6.5 用燃油重量附加损耗比较系统 ···························· 260
    12.6.6 确定系统附加消耗燃油重量分析的输入数据 ············ 260
参考文献 ··· 263

第13章 结论 ··· 266
参考文献 ··· 268

第1章 绪 论

1.1 概 述

在之前已出版的 Wiley 航空航天系列丛书的三本姊妹书——《飞机系统》[1]《民用航空电子系统》[2] 以及《军用航电系统》[3]，作者从系统和系统产品的技术层面介绍了军用和商用飞机使用的航电子系统。该系列的其他书也介绍了诸如燃油系统[4]、显示系统[5] 等各种系统。但是，我们不应仅仅停留于这类系统的设计和开发机理，更需要关注其系统的开发过程，以获得设计的一致性、高品质和鲁棒性。

本书第 1 版试图阐述典型飞机系统的设计开发过程以及全寿命周期。自从出版以后，该书已经被很多航空航天系统工程师研究生课程和工业短期培训班使用，并根据课程教学期间收到的反馈和讨论意见建议进行了深化以满足工程读者的需求。

第 2 版则期望能够成为一本飞机系统和系统开发过程的入门书，可用于研究系统或航空航天专业的学生，或期望进入飞机工业及相关工业领域的人士，以及资助前述人士的专业机构阅读。本书内容可为预期从事或已经在下述行业工作的人士或机构提供参考：

直接涉及军民用有人、无人，固定翼和旋翼飞机设计、开发和制造的机构；

涉及为航空产品制造商提供服务、子系统、设备和部件的系统和设备供应公司；

涉及个人或代表商用、军用运营商使用飞机的修理、维护和大修机构；

每天运行自有或租赁飞机的商用航空公司和武装力量；

涉及为机上工作人员培训的机构。

本书也作为高等学校大学本科生或研究生的系统工程、航空航天工程，或航空电子和装备工程等专业领域教学用书，也可作为行业专业人士的短期培训教材使用。

图 1.1 所示为复杂航空项目中常见的利益相关方。图中给出了一个典型航

1

空系统及直接影响或间接影响系统的人或群组，展示的是为满足环境考虑因素而研制的飞机解决方案中的利益相关方。特定项目会有各自特定的利益相关方集合。

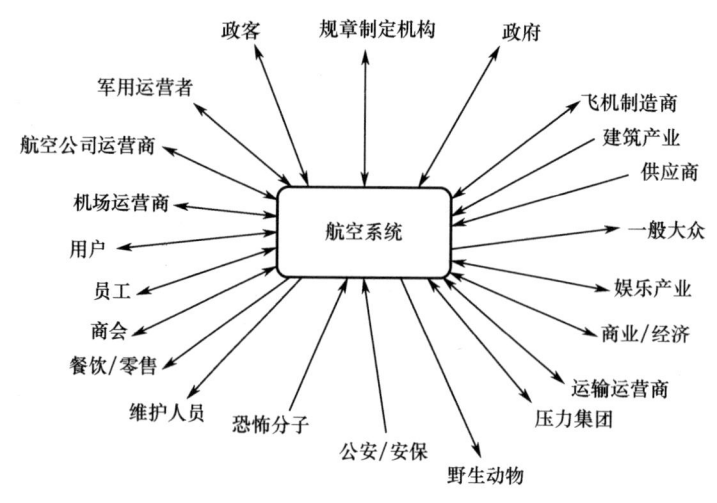

图 1.1　航空系统利益相关方

利益相关方的每个成员对于设计和开发过程都将有不同视角理解，且都能够对过程施加影响。对于直接参与的，设计过程必须对全体可见，以便于其相互协调工作安排，最大化项目的效益。清晰、存档良好的过程非常必要，使得利益相关方可以可视化其设计和开发路径，并作为讨论不同视角的框架。这可用于确定观点差异，技术、商用或合法理解争论等的边界。

值得一提的是，自从本书第 1 版以来，航空工业商业化实践发生了巨大的变化。在此之前，飞机的开发主要在由用户指定的主合同商手中，单个设备和部件有竞争供应链。在现代飞机研制中，第一级供应商首先在系统级展开竞争，且多数情况下，供应商团队在主合同商基地现场办公。在国际协作的诸多案例中，通常意味着在不同国家有很多个主合同商合作伙伴的基地。在这种情况下，供应商和主工程团队作为一个综合产品团队（IPT）共同制定设备和部件的规范。系统供应商现在主要负责系统级和部件级性能，且多数情况下负责其系统相关的直接维修成本。商业实践中的这种变化要求供应商基地要日益灵巧化，本书将为商业社区在高效满足其需求方面提供有价值的见解[6]。

确定的原则同样也适用于海军水面或水下舰船、商用舰艇和陆地载具等其他平台。从飞机的本质来说，航空工业具有唯一性的特点，不得不解决高度集成、可用率、重量、体积、功率消耗、成本和性能等问题。在满足用户要求和产品经济可承受性时，往往需要进行折中以得到最佳的权衡。商用和军用解决方案也存在显著差异，可能要求对过程进行完全不同的解译、应用不同的标准。无人飞行器的出现将遥控飞行器地面站纳入到了系统中，扩展了系统的概念。自主无人飞行器的兴起将会促使设计上采取更加具有创新性的手段，且在系统认证时要求更加严苛。无论如何，本书描述的这一过程适用但需要适当裁剪。

尽管本书的案例主要源自航空平台，读者完全可以将其应用至地基雷达、通信、安防系统、海洋和空间载具系统，甚至制造或工业应用等其他高价值系统。

这类平台和系统具有复杂、价值高，且由很多交互子系统构成等相同点，由人员操控。还有一个共同的特征是工作寿命周期长，通常超过25年，且酝酿和开发周期长，需要人员操作和维护培训以及全寿命在役保障。要求开发过程要严谨、可控且有一致性，可用于在整个寿命期维持对平台标准或构型的深入理解，保障系统的修理、维护和程序更新。

1.2 系统开发

系统工程领域有很多宝贵的经验值得学习。作者坚信很多系统工程的理论和实践可用于飞机使用的硬件和软件系统中。实践领域非常宽泛，涵盖了系统在包括组织、运行、政策、商业、经济、人和教育系统等宽广范围主题下的行为。系统和系统工程概念在不同类型的组织有不同的等级。早先对于系统行为的分析主要关心组织或管理问题——所谓的"软"系统。这项工作引出了对于复杂组织内沟通、人、过程和信息流交互的理解[7,8]。

这项工作的重要成果是"系统思考"概念的提出，指的是对从整体或完整系统角度考虑任意系统开发或分析的能力，其关键是考虑所有影响系统行为的因素。这可以通过将系统看作存在于某一环境中得以实现，当中存在理解系统的某些重要因素。

在本书中，单个环境的概念已经被扩展包括环境的层或框架，允许组织中的人能够有各自的视角，并审查各自最关心的方面。这样就允许自顶向下审查系统，并允许政治家、销售人员、会计、工程师、制造和保障人员等个体严格审查并制定各自的特殊要求。

系统的另一个重要特性是其可分解为子系统，例如，图1.2显示的是一个系统如何可视为一个系统中的系统（是多个子系统的群组），在被审查系统等级处可能不需要详细的定义。但是，子系统所有者会视其子系统为最重要的，并将其进一步分解为子系统。这种自顶向下的分解可由系统的抽象概念产生，并直至硬件和软件部件为止。在系统级联关系中，最高等级最为重要并影响低等级系统，级联方式广泛应用于多数复杂系统的分析和实现。通过这种方法，使得最高等级系统定义规定的关键系统和系统架构原则得以保留并贯彻到产品中。

对于飞机系统，系统最终和最基础的建造模块是部件——如泵、阀、传感器、作动器等确定系统硬件特征的物理部件或对整个系统性能有贡献的软件应用

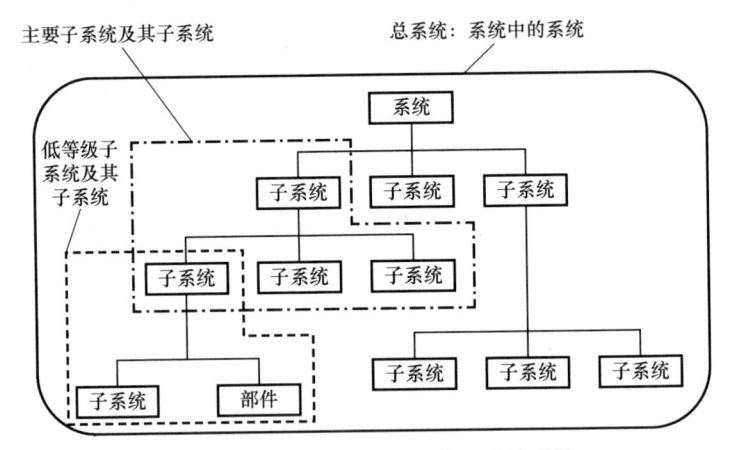

图 1.2 系统、子系统和部件级联关系图

或模块。以飞行员、机组成员、乘客或维护人员等形式参与的人员也是系统必不可少的组成部分。

将系统分解为多深的子系统层级取决于系统的复杂度以及将功能和接口看成是一个整体的能力。在某些阶段，围绕系统构建边界非常必要，并规定给外部的供应商进行深入分析和设计，例如，传感器子系统的定义由专业供应商开发和制造会更加高效。

将系统分解为子系统以及更深层次的子系统和部件，补充了系统的另一个重要方面及其内部联系。一个系统的输出可作为其他系统的输入。实际上，一个系统可能产生输出并反馈给自己作为输入。反馈回路不限于系统的一个阶段，反馈可出现在多个串联或内部互联系统上以产生系统的状态或稳定性。反馈也可使用数据总线和多路处理单元实现，这意味着必须考虑数据的等待时间。为使其在硬系统中高效实现，系统接口的定义必须要确保兼容性——系统输出被接收并被理解作为输入使其可被操作。这要求接口必须定义好并在整个系统开发中得到严格控制。

值得一提的是，飞机供应商行业已发生重大变化，致使兼并和采办流向有拓展业务渴望的大型组织，使其有实力投标更大的系统合同。兼并也提高了供应商提出合理提议的能力。同时，主合同商可以聚焦于系统管理合同中的主系统，将其能力集中到设计管理、专家集成任务设计、总装以及产品的鉴定等方面。

图 1.3 A 点处所示的是很多生产线管理机构应用的单个系统"自顶向下"开发模式。这是多数工程师熟悉的所有飞机系统开发路径，航电系统和任务系统视为单独的系统。但是，通常还需要考虑直接开发途径之外的事情。图中的点 B 展示的是特定系统内部互联并形成协同综合作用功能的案例，换句话说，一项功能执行时所起的作用不是单个系统功能的和。例如，导航与控制是飞行控制、液压、自动飞行控制和燃油系统的功能集成（详见第 6 章），又如通

信、导航和识别系统的集成。

图中的点 C 展示的是从设计方面来看集成，需要同等应用到所有系统作为共同的设计准则，例如安全性、人机接口、电磁健康或维修性。这些设计准则一般由首席工程师办公室集中管理，并收集其对单个系统的影响形成整个产品的设计报告书。

以上描述的系统概念可用于飞机系统工程，也可用于根据对顶层用户系统要求的理解，开发执行特定任务，特定类型的飞机并在经历多次连续分析或分解后，形成产品的实现方案。

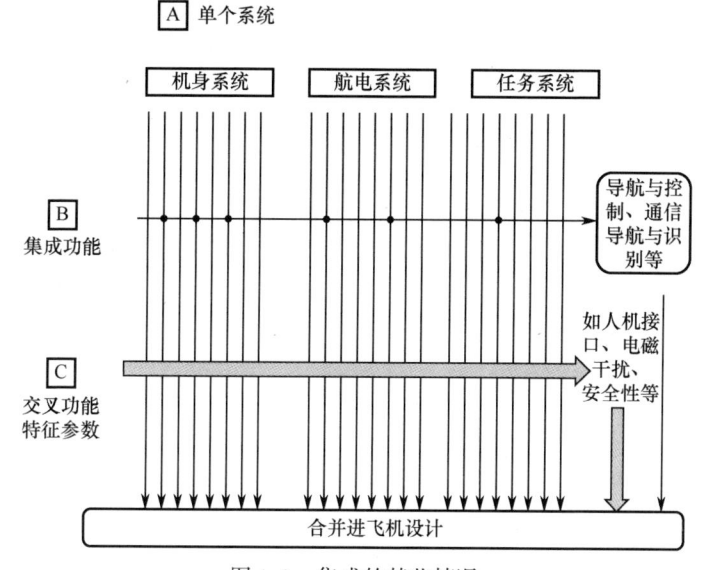

图 1.3 集成的某些情况

顶层系统可能与国家防御需求相关或可以人、沟通和过程表达并最终表达为各种硬件产品组合的运输系统需求相关。

这样一种顶层系统由很多用户构思并反映了其最高等级的工作需求。系统工程和集成的作用是确保产品的最终组合能够说明满足顶层提出的整个要求。最高等级的要求必须以清晰、可追溯和可测试的方式从最高等级流向最低等级，便于能够向用户演示产品的完整性或适用性，向管理机构演示符合国家和国际的强制性规定。

"系统思考"包括了系统开发的过程，由 Checkland[7]定义，建立在由 Hall 在 1962 年定义的方法论[9]基础上。尽管这种方法论已有年头，但是其根本思想在今天在内的很多方法中仍能见到：

问题定义——本质上是需求定义；

目标选择——定义物理需求及其必须满足的价值系统；

系统综合——生成可能的备用系统；

系统分析——根据对目标不同解释的假定系统分析；

系统选择——选择最有前景的备选方案；

系统开发——到原型阶段；

并行工程——原型阶段之上的系统实现，包括到设计的监视、修改和信息反馈。

为在保持不同项目中的一致性，通常开发机构会使用由行业标准或各自开发过程定义的"规范化"过程。图1.4显示的是两个如何在设计和开发环境中运用过程的案例。

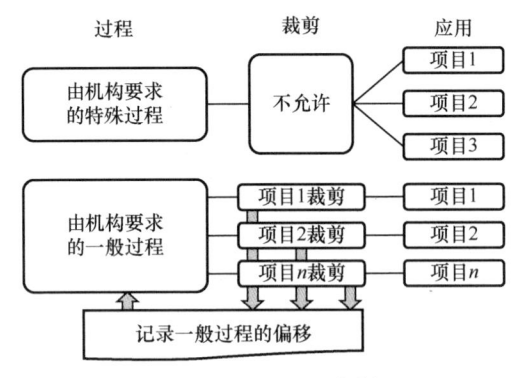

图1.4　过程运用案例

某些机构不允许任何偏离。在充分的理由下，某些机构可允许过程偏移或对过程裁剪，例如，在联合项目中合作伙伴因考虑用户偏好或为适应某一项目技术对项目进行裁剪。

本书的主要目标是通过从过程的通用性角度观察过程，并通过特定的案例说明过程如何对飞机系统起作用，目的是促进在日益复杂世界中整体系统观的发展。

1.3　技　　能

系统工程过程再好，也只能靠应用个体和团队的技能以及多学科机构之间卓有成效的交互才能取得成功。不管是在设计和实现中，还是作为操作员和用户，人总是系统的基本组成单元。一个成功系统的设计、开发和制造应用了很多技能。必须要认识到技能和经验需求，以及开发和维持技能基础培训需求的重要性，以确保技能不会过时，个体和团队能够持续了解到支撑或促进高效新系统的新兴技术、方法和工具，确保传统技能得到保持以保障长服役寿命产品。在特定项目中，人们或利益相关方会与图1.1显示的不同，可能与图1.5中的更像。

每章都包含所述过程特别相关的典型技能简单描述。必须认识到技能可学

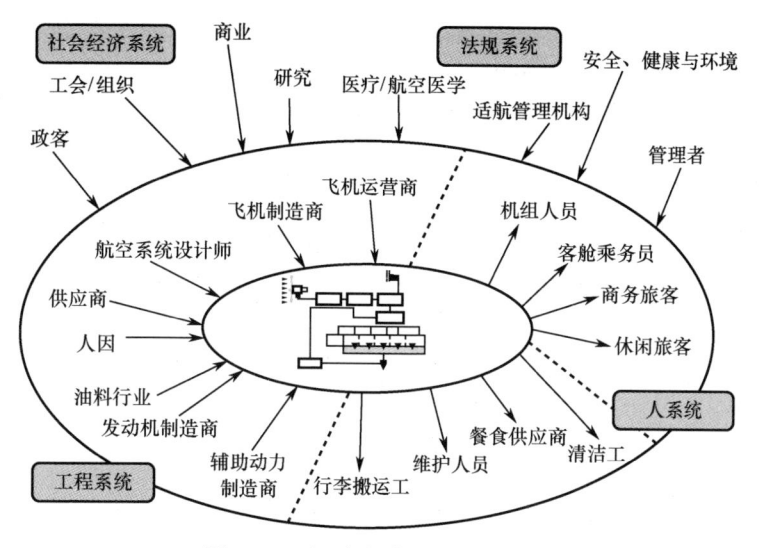

图1.5 项目中的典型利益相关方

到，但是经验只能通过现场工作获得并达到不同等级的造诣。工程决断是一种难以描述的特殊技能，且通常只能通过经验获得。

技能和经验是系统工程团队能力的基础部分，并与过程和支持工具共同构成健全系统过程的基础。管理者必须对系统工程师[10]的认知和个性特征进行正确评价以便于组建当前的成功团队，并维持将来的能力[11]。

1.4 全书章节安排

本书的宗旨是提供对于实用系统工程原理的基本理解，并不证实或推荐特定的过程或工具。通过案例说明原理，但是，必须注意系统工程不存在单一正确的方式，也没有必要。只要项目合作伙伴存在方式的一致性，且只要过程起作用，则这就是项目的正确方式。这种理解尤其对于设计系统或设备的工程师有用，并可为使用或维护系统的工程师或技术人员提供必要的背景信息。

本书期望做的是创造一种开放式的思维方式，使得系统工程师感觉舒适，且其选中的过程能够产生安全和成功的结果。本书也向读者介绍行业内使用的语言、行话和术语。

第2章介绍飞机系统的一般本质，形成此类系统物理应用背景下的定义，一并介绍系统及其环境的一些特征，鼓励读者在解决系统分析和设计时采用更开阔的系统思考行为技能。此外，介绍中还包括了用于保障和后勤机构分析故障和预测信息、用于操作和分析由无人航空系统实时工作采集的系统信息等相关地面系统。

第3章分析了典型产品的寿命周期，并介绍了从概念到产品退役每个寿命周期使用的案例过程，还给出了对于人员技能的看法，用于演示开发成功的产品是过程和人员的组合。此外，考虑了多个航空项目可扩展的开发和工作寿命周期经验，以及与其他行业快速发展技术的冲突。

第4章介绍的是系统环境中的设计驱动器或因素如何影响设计过程，如何影响系统解决方案的技术和经济可行性。这展示了系统工程的多学科本质。这些驱动器在不同行业内有不同的影响，且在项目间甚至在项目不同阶段都可能会有变化。因此，需要经常审查设计驱动器，确保其优先得到适当的响应。

第5章简要回顾了系统架构和框图，以得到系统设计的高等级视图，显示如何采用简单的框图理解复杂的系统及其行为，并作为利益相关方交流的激励。讨论了现代架构的复杂度，当中带有功能和数据共享，通过各种总线进行传输，并在多功能显示屏上转给机组。遇到的复杂度水平增加了对于穷尽测试系统的现实性，以及机组在主要失效状态下对于系统状态理解的质疑。

第6章分析了系统集成，系统集成是根据执行功能、产生和使用数据、系统交互和人机接口等进行系统组合，产生满足用途产品的一门学科。随着更加紧凑集成的发展趋势，尤其是技术提供了更加强大的计算和存储能力，集成已成为极为重要的主题。在软件语言和数据总线布线引入非确定技术的风险会形成非线性系统产生不可预测甚至混沌的行为。

第7章介绍了产品寿命周期使用的建模方法。系统建模是一种量化系统行为的定量描述，用于在寿命周期所有阶段一定范围内的工作状态下预测系统的性能。在很低的成本下，建模使得系统可在不同状态下进行分析，在这些状态下用硬件模拟可能极其费时，有时甚至不可能。产品寿命期应用各种各样的建模方法以对不同的解决方案进行权衡。在转入设计之前，这是一种快捷、有效检验复杂解决方案的方法。也可在功能产品可用之前很长时间内，用模型检验系统的性能进行预报和鉴定，为支持产品鉴定提供证据。

第8章介绍了开放式系统方式的沟通和批评两个方面，根据行业的经验介绍了一些实用的考虑因素。考虑因素不限于技术层面，还基于复杂项目由复杂机构承担要取得成功要求清晰、不含糊的沟通，分析了人和沟通的相关问题。

第9章列出了与构型控制相关的问题，并说明了如何以兼容方式保持关键的系统属性。在这种方式中，可在继承系统之间或产品开发迭代中保持前向和后向兼容性，从而减轻开发和保障的费用。这种控制在由多个子系统以不同进度开发且在寿命期中不同的设计标准必然共存的产品中是必不可少的。

第10章分析了飞机系统的一个案例，说明了关键飞机系统如何对整个飞机功能起作用，并与其他系统如何交互，给出了具体的系统案例。

第11章介绍了所有飞机常用的发电和液压两个系统，并分析了设计相关的特殊问题。

第12章以简表形式给出了所有飞机系统的关键特征参数，目的是给出每个系统的简要概述并提供了进一步了解细节描述的源参考文献。本章还提供了一节简短过程用于辅助工程师对系统进行深入审查,并量化质量、功率要求、耗散和燃油损失的影响。表格中也包含了指导学生识别需要开展这项工作的关键部件条目。提供了单个系统甚至整个项目的模型,以开展折中研究评估不同的提案。

第13章对全书内容进行了总结,提供了本书所涵盖系统及其关键集成和接口方面的表格。此外,还给出了提供更多系统介绍细节的参考文献。表格中的每个系统描述都包含了学生所需的信息以评估系统的项目工作量,典型参数有质量、功率要求、耗散和安装因素。

参考文献

[1] Moir, I. and Seabridge, A. (2009) *Aircraft Systems*, 3rd edn, John Wiley & Sons.

[2] Moir, I. and Seabridge, A. (2011) *Civil Avionic Systems*, 2nd edn, John Wiley & Sons.

[3] Moir, I. and Seabridge, A. (2006) *Military Avionic Systems*, John Wiley & Sons.

[4] Langton, R., Clark, C., Hewitt, M. and Richards, L. (2009) *Aircraft Fuel Systems*, John Wiley & Sons.

[5] Jukes, M. (2004) *Aircraft Display Systems*, John Wiley & Sons.

[6] Langton, R., Jones, G., O'Connor, S. and DiBella, P. (1999) Collaborative methods applied to the development and certification of complex aircraft systems. INCOSE Symposium, Brighton, UK.

[7] Checkland, P. B. (1972) Towards a systems based methodology for real world problem solving. *Journal of Systems Engineering*, 3, 87–116.

[8] Ed Martin, L. and Roger, S. (1983) *Organisations and Systems*, Open University Press.

[9] Hall, A. D. (1962) *A Methodology for Systems Engineering*, Van Nostrand.

[10] Frank, M. (2000) Cognitive and personality characteristics of ducessful systems engineers. INCOSE 10th International Symposium.

[11] Goodlass, S. and Seabridge, A. (2003) Engineering tomorrow's systems engineers today. INCOSE 13th International Symposium.

拓展阅读

Ackoff, R. L. (1977) *Towards a System of System Concepts From Systems Behaviour* (eds J. Beishon and G. Peters), Open University Press.

Buede, D. M. (2009) *The Engineering Design of Systems: Models and Methods*, John Wiley & Sons.

Jenkins, G. M. (1977) *The Systems Approach From Systems Behaviour* (eds J. Beishon and G. Peters), Open University Press.

Maier, M. W. and Rechtin, E. (2002) *The Art of Systems Architecting*, 3rd edn, CRC Press. Mynott, C. (2011) *Lean Product Development*, Westfield Publishing.

第 2 章　飞机系统

2.1　引　言

典型的飞机由一系列相互作用的系统组成，它们组合在一起支撑飞机完成特定的任务或任务集合。前面已介绍了提供功率和能源的主要系统[1]，支撑飞机在可控空域安全工作的航电系统[2]，以及支撑军用飞机完成任务的军用航电系统或任务系统[3]。每类系统都有其特殊的设计要求、约束条件及设计驱动器，一些系统单独工作，其余的则与一个或多个系统集成。这些都必须组合起来，为整架飞机完成任务提供完整的能力。

飞机系统必须设计满足严苛的设计目标，如低重量、低功率消耗、高性能、高精度、高完整性、高可用性、低成本，且必须满足严苛的安全性目标。这些目标有些是冲突的，要满足所有目标非常具有挑战性。本章将简要描述系统的特征参数，以显示系统实现和设计考虑的多样性。

2.2　定　义

"系统"一词在很多组织中使用：包括政治、学术、商业、教育、工业、军事和技术类组织，日常经常遇到，且在每个使用者心中对其都有独特的理解。在本书中，系统是用于在飞机工作中完成有用功能的各种部件和控制单元的组合。

在工程和技术社团中，系统的定义有很多种表述。词典[4]中的一个定义如下：

"一个由相互依赖功能关系的电子、电气或机械部件的组合体，通常形成一个独立成套的单元。"

MIL–HBK–338B《电子可靠性设计手册》[5]使用了一个更加宽泛、更加明确的定义：

"系统是一个能执行或（和）支撑工作任务的设备和技能、技术的复合体。完整的系统包括工作和保障所需的全部设备、相关设施、材料、软件、服务和人员，直到它在预期工作环境中被认为能够达到自足的程度。"

这一定义引入了人和技能，将其作为系统的一部分。人在原始要求定义以及服役全寿命期作为系统用户介入系统。这一定义也包括了可作为系统一部分或作为整个系统提供的设施和服务。这些组成部分通常被概括为交付系统或操作系统的"能力",很多机构使用这一术语。

开放大学长期使用另外一种定义[6]:

"系统是一个以有机方法连接在一起的零件、部件、过程或功能的组合体。"

"零件、部件、过程或功能能完成一定任务。"

"零件、部件、过程或功能在系统中都受影响,若其脱离系统则被改变,换句话说,系统整体大于零件之和。"

"特殊的组合体识别具有特殊的用途。"

在这一定义中,协调的概念非常重要——系统由互相关联的部分组成,共同组合形成有用、起作用的整体。

此外,还有很多由作者和机构使用的定义,都可用于演示特定的意义或提供解释。这些定义在各自背景下都有效,不需要教条化的定义。图 2.1 总结并融合了这些定义的关键点,在本书后续章节中将作为系统的一般形式。后续本章对一般形式将做深入研究,并演示典型飞机系统的一般模型,为进一步解释飞机系统和系统功能过程奠定基础。

图 2.1 中显示了飞机系统的工程环境,在航空系统环境内(第 1 章)包括本章介绍的系统,并由所有利益相关方影响系统设计。这一环境对不同的项目而言不尽相同。理想情况下,它在项目开始时就应完全被识别和开发出来,以确定关键的利益相关方及其对整个系统和单个子系统的影响。理想情况下,航空系统的利益相关方应当根据其重要程度及其对系统设计影响进行优先级排序。

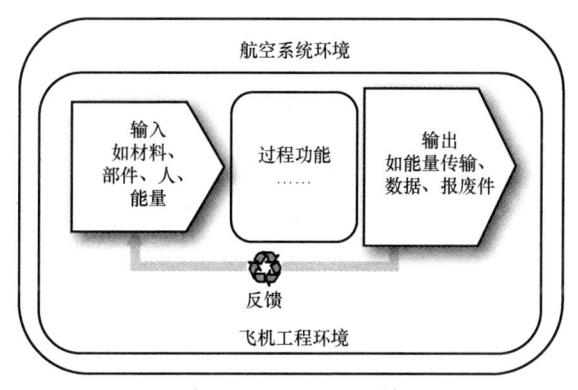

图 2.1 飞机工程环境

2.3 日常系统案例

"系统"一词经常被人们用于描述大型的、无规则的事物或联合体。这些复杂的事物难以通过简单的描述阐释。案例包括：
- 自然系统如生态系统或太阳能系统；
- 国家健康服务；
- 建筑行业；
- 综合运输系统；
- 制造系统；
- 公共事业。

类似的国家和国际机构系统在航空环境中可见到，并对项目的设计施加影响和压力，包括：
- 法规系统；
- 空中交通管理；
- 空中交通控制。

国际化的飞机公司，如制造空客飞机家族的空客公司和提供 V2500 发动机的国际飞机发动机公司（IAE）是一个国际财团，其工程、制造和保障活动整合成为一个世界范围内的供应商群组。

飞机系统集成，如 A380 飞机起落架系统的集成，需要空客（英国）管理来自欧洲和美国不同国家的多个工程供应商共同努力。

系统在设计和开发后，多数的已有案例已经过多年演化。但是，多数案例直到今天仍具有系统的经典特性，拥有输入、过程或功能，输出以及控制反馈的一般形式。

公共事业典型系统，如电、气、水、电话、邮寄服务、运输等有高度可视的公共外观，但背后隐藏着庞大的基础设施。例如，在民用和工业电器连接的电插座出口背后是一个包含下述内容的结构：
- 从原始材料能源——油、气、煤炭或水——产生的电功率；
- 用户配电和变换；
- 原材料订购、使用和处置；
- 消费者用电计量和计费；
- 电器制造；
- 商业街电器展厅和出口；
- 雇佣；
- 健康、安全和环境；
- 修理和维护；
- 研究与开发；
- 销售与市场；
- 公共关系；
- 法律服务。

第 2 章　飞机系统

从这一列表可以管窥表征大型系统复杂度和多样性的一些概念。

上述列出的多数系统都是机构的案例，这种机构可从顶层可视化作为人和过程主导子系统的集合。若机构中可见子系统的详细级联层，则可机械化地将人完成任务所使用的机器和硬件部件包含进来。在某些机构的更低等级，事物设计或制造为产品或部件。原始材料和能源转换为有用的输出。在这一等级，出现了机动车或飞机等基于系统的产品。

用这种方式看待系统，就可以得到将系统视为子系统级联关系的视图。在级联的每个等级符合系统一般特征的子系统，承受与顶层机构相同的压力，但是其在权利范围内也可视为一个自治系统。

在图 2.2 中，军用飞机视为一个交互系统的复杂集合——一个由系统、子系统和部件组成的高度复杂产品。但是，其仅为飞机工业生产机构输出的一小部分——也包括商用飞机、轻型飞机和旋翼机。国防系统在级联顶层，包括政府、武装部队、士兵、监管机构、规划师等。

系统要求从国防领域的作战场景提出，并自顶向下流经全部产品，确保武器和后勤保障的整体性。在图 2.2 中，主系统可能是陆、海、空和情报系统，图中所示为航空系统。

验证用于评估要求是否得到满足，并自下向上与原始要求进行对比。若在任何一点不匹配，则采取纠正措施，或者确认形成一个有效限制条件——换句话说，系统不能完成预期工作，但是可采取措施接近期望结果。

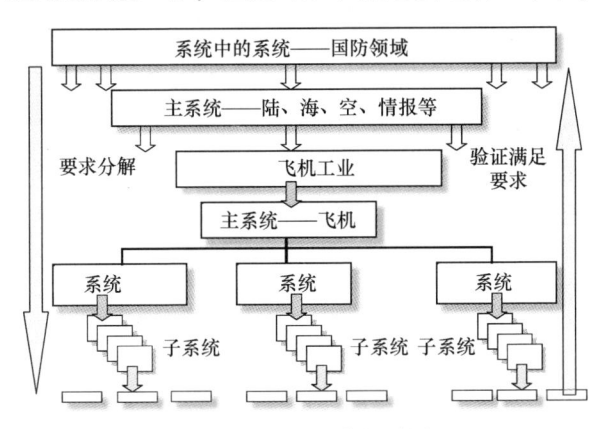

图 2.2　系统要求级联图

从图 2.3 要求分解扩展分析看，要求也未必一定要从用户要求产生。

关键的法规要求输入可直接由标准和法规实体产生。这些法规输入可由飞行安全、健康和安全性或满足环境法律的要求确定。这类要求通常由国际实体颁布并通过航空法规实体强制实施。图中的关键是派生要求对系统设计有非常强的影响，作为独立系统开发或系统间的关系出现，并表现为接口、功能和物理交互共享等。对此，工程师需要有非常高的技能识别、定义并记录这类要求。

最终产品视图如图2.4所示，整个系统架构由多个独立子系统和部件的子—子系统组成。必须遵守最顶层等级的架构设计原则。

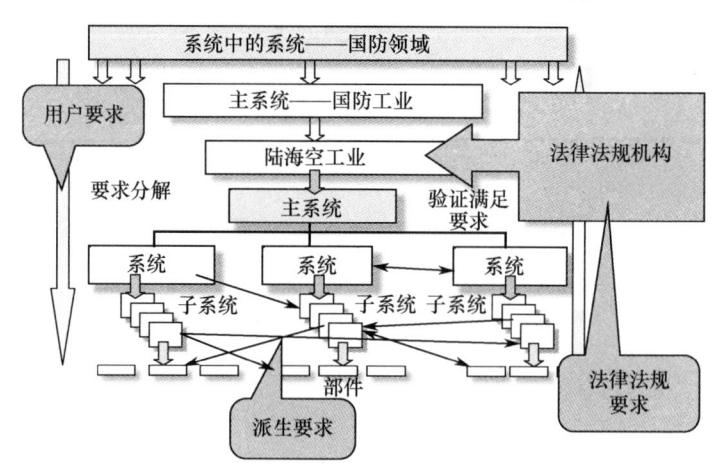

图2.3 系统要求级联扩展视图

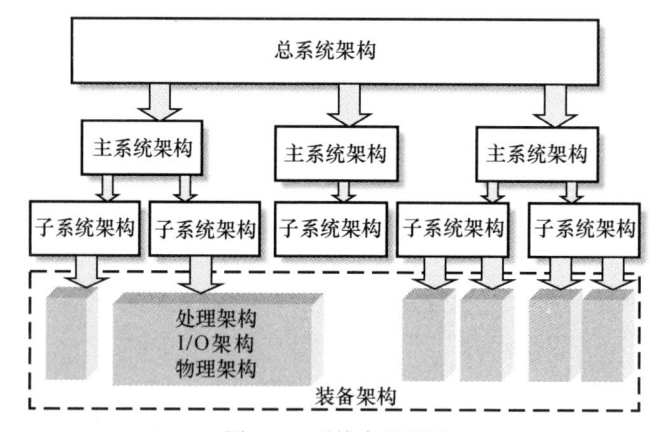

图2.4 系统产品视图

2.4 感兴趣的飞机系统

航空运输协会（ATA）的分章节系统为所有民用飞机提供了通用的文献标记系统。系统由 ATA 控制和出版，ATA 是一个拥有 75 年历史的美国航空公司协会，旨在协调美国航空运输系统的要求。这一组织近期被重新命名为 A4A——美国航空公司协会，尽管宪章几乎完全一样，该组织的核心是安全性、工程和维护，飞行运营和空中交通管理。

ATA 分章节系统提供了统一的文献标记系统，不管飞机的型号，飞机系统分享共同的识别码——例如，不管飞机是 B747 或是小型商务机，章节 24 代

第2章 飞机系统

表的是飞机电气系统。对于航空运输工程社团而言，这一文献标记系统为飞机技术文献和维护手册提供了一致的框架。

图2.5所示的是简化版的ATA文献标记系统。9.2节是经典的航电系统如自动飞行、通信、记录和指示（显示）、导航。现代航空运输飞机高度集成化的本质意味着某些或者很多ATA章节的功能会交互并提供顶层的飞机功能。10.6节给出的是一个当今翱翔在天空的典型飞机任务管理功能所必需的集成等级案例。

以上介绍的很多系统实际上是子系统的集合，组合成为一个系统。尽管会有一些凌驾于主系统规定的设计规则，每个独立子系统以不同方式设计和机械化完成其功能。

现代飞机也是一个系统。现代军用飞机是一个设计用于执行特殊任务的内部相关联的子系统集合。现代民用飞机同样也是一个子系统的集合，尽管一些子系统迥然不同，很多子系统的工作原理与军机相同。这些子系统设计执行特定的独立任务，并组合构成整架飞机，且单个系统的组合显然完成的任务要大于单个零件之和，即子系统以协同方式工作。

子系统全都可以进行一般考虑，本书后续章节将尝试这样做，同时识别出飞机两个型号之间的任何差异。

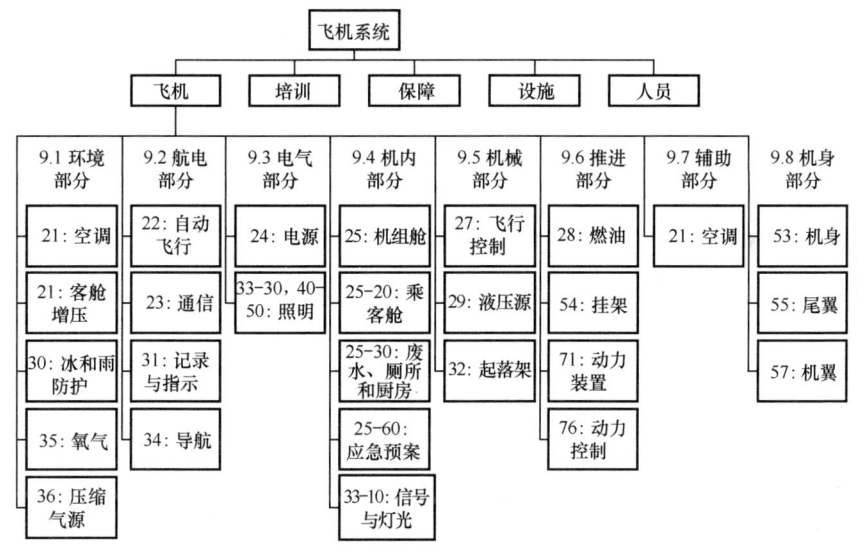

图2.5 ATA文献标记系统简化表征

如图2.6所示，飞机是一个子系统的集合，对于商用机和军用机都是适用的。这些子系统映射到工程师受培养的领域，或其职业生涯。很多主合同商或飞机制造商机构都是这样构架的。

子系统会表现出一些有趣的集成特征，必须在整个系统设计中予以考虑。飞行器系统与机身或结构具有非常强的物理交联，这是由于诸如推进和燃油系统

15

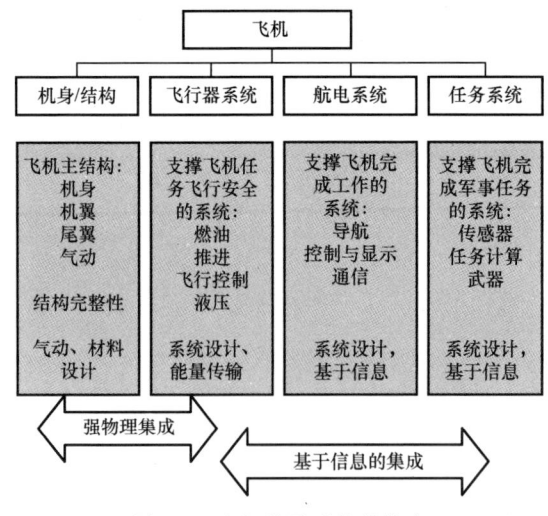

```
                    飞机
        ┌──────┬──────┴──────┬──────┐
      机身/结构  飞行器系统   航电系统  任务系统

      飞机主结构：  支撑飞机任   支撑飞机完   支撑飞机完
        机身      务飞行安全   成工作的     成军事任务
        机翼      的系统：     系统：       的系统：
        尾翼      燃油         导航         传感器
        气动      推进         控制与显示   任务计算
                  飞行控制     通信         武器
      结构完整性   液压

        气动、材料  系统设计、   系统设计，   系统设计，
          设计      能量传输     基于信息     基于信息

        ⇦───强物理集成───⇨   ⇦───基于信息的集成───⇨
```

图 2.6　飞机是子系统的集合

是结构的主要部分决定的。在商用飞机，发动机通常通过吊挂，悬挂在机翼下方，在设计机翼时必须要考虑推力载荷，而军用喷气机发动机则必须与进气道和尾喷管一起融入结构中。类似，燃油系统油箱也都需要嵌入到结构中，尤其是机翼的油箱。很多飞行器系统产生的热和载荷都会传递到结构中，如图2.7所示。

图2.7是系统之间有着显著相互作用和影响的案例，说明了各种系统是如何共同工作并拒绝来自飞机的废热。当流体被压缩时或者不是完全高效的能量转换过程都会产生热量。该图描述的是民用飞机背景内多个主系统的相互作用，演示了总计8个热交换器在系统范围内如何用飞机燃油和环境冲压空气作为散热器，带走产生的废热。从发动机开始：

（1）空气从发动机风扇机匣引气，冷却中间级或高压压气机（取决于发动机类型）放气空气；

（2）主滑油冷却热交换器用空气冷却发动机滑油；

（3）辅助滑油冷却热交换器用燃油冷却发动机滑油；

（4）电综合驱动发电机（IDG）滑油由空气冷却；

（5）液压回油管路流体在回收油池之前由燃油冷却；

（6）飞机燃油由空气/燃油热交换器冷却；

（7）冲压空气用于主热交换器、空调包、在进入辅助热交换器前冷却进入的放气空气；

（8）辅助热交换器进一步冷却空气，并与暖气混合达到适宜温度后，输送至客舱。

航电和任务系统主要基于信息架构，也有安装和低阻力要求，集成很多基于数据总线网络。

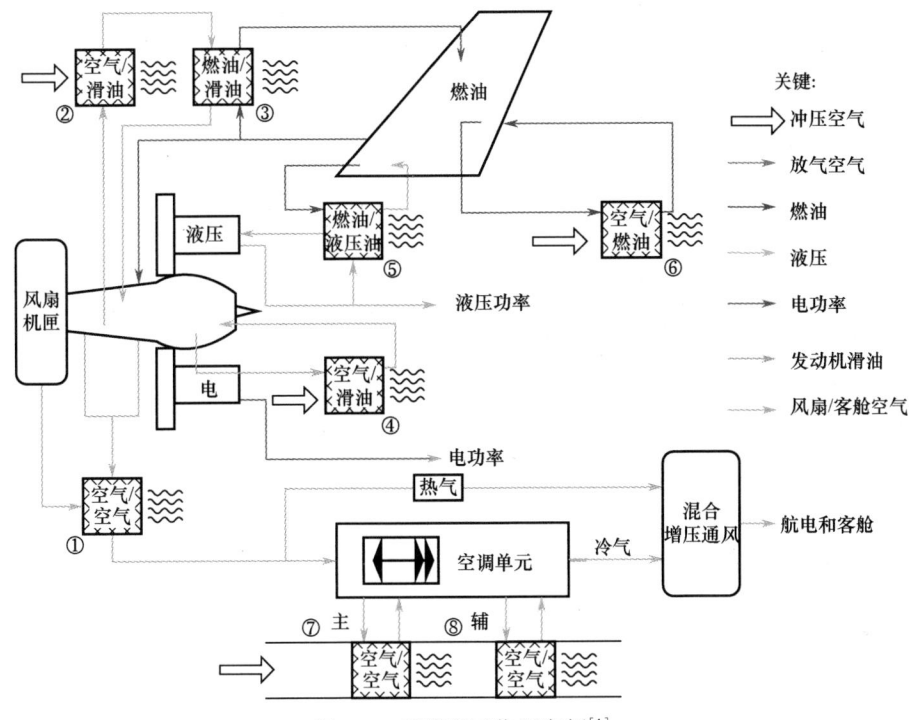

图 2.7 系统相互作用案例[1]

这些系统和子系统可进一步分解成单个子-子系统，如下所述。

2.4.1 机身系统

机身可视为一个系统，是支撑系统与乘客质量的复杂综合结构件集合，承受通过结构的载荷和应力。机身设计并建造为子系统的集合，通过集成构成整体结构。本书不对机身做深入描述，重点关注为机身提供能力完成任务的飞机系统。

2.4.2 飞行器系统

飞机系统也称为通用系统或公共系统。军用和民用飞机的这类系统大多是通用的，并且是具有不同特征的系统混合体。一些是高速、闭环、高完整性控制，如飞行控制，其余的则实时数据采集和处理并带有一些过程控制功能，如燃油系统，还有一些则是简单的逻辑处理，如起落架定序。

这类系统的共同点是其以某种方式影响飞行安全——换句话说，失效工作会严重危及飞机、机组或乘客安全。

这类系统多数由基于软件的控制单元执行，或者是独立的单元，或者是综合的处理系统，如飞行器系统管理系统。这就意味着软件的设计必须有足够的稳健性水平：

- 推进系统通过飞行员指令、电子和液压机械燃油控制提供主要的推力和提取功率源。提供飞行所需的推力和能量，以及发电机、液压和压缩系统所需的机械功率。
- 燃油系统为推进系统提供能源，系统由燃油箱、计量系统、泵、活门、单向活门以及从燃油箱到燃油箱和到发动机的燃油管路组成。燃油系统也用于重心控制，且作为冷却介质用于热交换器从其他系统接收热能。
- 电功率产生和分发由与发动机连接的发电机和电池产生直流及交流电，并分发到所有连接设备，同时保护电母线和电缆硬线不受已连接的故障影响。
- 液压功率产生和分发由发动机传动泵产生液压功率，并分发到所有连接系统。液压供应必须在所有指令条件下无脉动并保持定压，提供清洁的液压流体，能够检测并隔离泄漏。这一系统中的热耗散将通过燃油冷却的滑油冷却热交换器传递到燃油系统。
- 备用动力系统为飞机在地面提供电、液压和冷却源，提供启动发动机的能量。
- 应急动力生成提供在主要动力丧失情况下对飞机进行安全恢复的能量。
- 飞行控制系统将飞行员指令或导航系统指令转换为控制舵面的运动量以控制飞机的姿态。
- 起落架确保飞机能够在全载荷和指定跑道表面安全着陆，包括所有相关舱门支柱和轮组件的定序以收进起落架舱。
- 刹车/防滑提供在着陆速度和载荷很宽范围内的安全无滑动刹车。
- 转向提供飞机在自主动力或拖曳状态下的飞机转向。
- 环境控制系统提供适当温度和湿度的空气为机组、乘客和航电设备提供安全与舒适的环境。
- 防火监视所有有潜在失火、发烟或过热危险的舱室，并向机组发出警告，提供灭火手段。
- 防冰监视外部环境条件监测结冰状态并预防结冰形成或进行除冰。
- 外部照明确保飞机可被其他飞行员看见并用以确保在地面运动期间目视观察跑道/滑行道。
- 探针加热确保飞机外蒙皮上安装的皮托管、静压、高度和温度探针不结冰。
- 飞行器系统管理系统提供综合的处理和与系统部件接口的通信系统，执行机内测试、控制功能，向作动筒和效应器提供功率指令与座舱显示通信等。

军用飞机还需要下述系统：
- 机组逃生为机组成员提供辅助的逃生手段；
- 座舱盖抛盖或击碎提供一种从飞机上移除座舱盖或击碎座舱盖材料的方

法，为飞行员提供逃生的出口；
- 生物或化学防护保护飞行员免受化学或生物污染的有毒后果影响；
- 拦阻机构为飞机在航空母舰甲板或跑道末端提供一种飞机拦阻的手段；
- 空中加油允许飞机从加油机获取燃油；
- 直升机甲板锁用于在舰船甲板上固定直升机。

商用飞机和大型军用飞机特别需要下述系统：
- 用于向乘客备餐的厨房；
- 乘客应急撤离以允许乘客安全撤离；
- 娱乐系统为乘客提供音频和可视娱乐节目；
- 通信服务允许乘客在空中打电话、发邮件；
- 提供厕所和废水的卫生管理；
- 失压时向乘客提供气态氧；
- 客舱和应急照明为客舱、厨房、阅读灯、出口照明提供一般照明，提供到出口的目视路径应急灯光。

2.4.3 飞行器系统接口特征

为控制这些系统，接口必须设计满足宽范围传感器和作动筒的型号。下面列出的输入案例的类型、工作范围、源阻抗和变速率具有多样性：

- 继电器或开关　　　离散 28V 或 0V
- 燃油计量探针　　　电容
- 燃油密度　　　　　燃油特性传感器
- 燃油特性　　　　　介电常数传感器
- 旋转速度　　　　　脉冲探针（转速计）
- 线性位置　　　　　线性可调差分变压器（LVDT）
- 旋转位置　　　　　轴解码器；旋转可调差分变压器（RVDT）；同步器
- 作动筒位置　　　　分压计或可调差分变换器
- 温度　　　　　　　热阻或铂阻
- 压力　　　　　　　气压计或压电
- 电流（交流）　　　电流变换器
- 电流（直流）　　　霍耳传感器
- 水平传感　　　　　热阻
- 接近度　　　　　　接近度开关传感器

输出案例：
- 活门指令　　　　　28V 或 0V 离散值
- DC 电机　　　　　DC 功率传动
- 作动筒驱动　　　　低电压模拟

- 作动筒伺服　　　　低电流伺服传动
- 燃油泵　　　　　　高电流传动
- 告警灯　　　　　　灯载荷灯丝或 LED
- 高功率载荷　　　　电连接器（不大于 400A/相）

2.4.4　航电系统

民用和军用飞机的航电系统是相同的。但是，不是所有飞机型号都安装了下述列举的全部集合。飞机的机龄和功用决定其精确的系统套装。系统多数对数据进行采集、处理、传输并做出响应。任何能量传输通常由到飞行器系统的指令执行。例如，由飞行管理系统下达更改飞机高度，这将由自动驾驶和飞行控制系统执行。

- 显示和控制向机组提供信息与告警以操纵飞机；
- 通信提供飞机和空中交通控制以及与其他飞机之间的通信手段；
- 导航提供世界范围内高精度的导航能力；
- 飞行管理系统提供进入飞行计划并允许飞机按照飞行计划自动驾驶；
- 自动着陆系统提供在目视条件不好情况下使用仪表着陆系统、微波着陆系统或全球定位系统等进行自动进近和着陆的能力；
- 气象雷达提供飞机前方降水和不稳定气流等天气情况；
- 身份识别系统/二次监视雷达（IFF/SSR）向空中交通管制员提供飞机身份和高度信息；
- 交通防撞系统（TCAS）减少与其他飞机相撞的风险；
- 近地告警系统（GPWS）/地形规避告警系统（TAWS）减少飞机撞地或撞高地的风险；
- 距离测量装置（DME）提供测量距离已知信标的距离；
- 自动寻向提供距离已知信标的方向；
- 雷达高度计提供高于地面或海平面的绝对高度读数；
- 大气数据测量向其他系统提供高度、空速、空气温度和马赫数；
- 事故数据记录器连续记录规定的飞机参数以便于在严重事故分析中使用；
- 驾驶舱语音记录器连续记录机组的语音以便于在严重事故分析中使用；
- 内部照明为驾驶舱所有面板和显示提供均衡的照明解决方案。

2.4.5　飞行器和航电系统特征

尽管飞行器和航电系统都广泛应用现代数据技术、处理器和数据总线，但其技术开发是完全不同的。它的基本差异是其执行的任务导致显著的差异，具体如下：

1. 飞行器系统

飞行器系统有下述特征：
- 非数据密集型——信号类型多样化；
- 一般低数据速率和迭代速率（也有例外）；
- 更低的数据分辨力——通常 8bit，偶尔 12bit；
- 低内存和吞吐量；
- 根据请求显示密集型；
- 高物理 I/O 和布线强度。

2. 航电系统

航电系统有下述特征：
- 数据和信息密集型；
- 高数据和迭代速率；
- 典型 32bit 浮点数算术操作；
- 高内存和吞吐要求；
- 显示密集型；
- 非物理 I/O 密集型——极小的 I/O 布线。

2.4.6 任务系统

军用飞机要求一系列的传感器和计算能力以使得机组能够完成预定的任务。任务系统从主动和被动传感器获得外部世界的信息，并对这些信息进行处理形成情报信息。机组人员使用这些情报信息，有时也配合地面远程分析，对可能涉及的攻击进行决策。决策因而可能会导致发射武器进行防卫，这一操作要求有特殊的安全和完整性设计考虑。需要考虑以下因素：
- 攻击或监视雷达提供敌军和友军目标信息；
- 光电传感器提供目标的被动监视；
- 电子支援测量（ESM）提供发射机信息、范围和敌方接收机方位；
- 磁异常探测器（MAD）用于在攻击前证实海面下（潜艇）存在大的金属物体；
- 声传感器用于提供水下目标通过的检测和跟踪手段；
- 任务计算用于对照传感器信息并向座舱或任务机组工作站提供融合数据图；
- 防御助手提供探测导弹攻击和部署对抗的手段；
- 武器系统从飞机武器站准备、导引和发射武器；
- 通信使用各种不同的视距、高频或卫星通信系统；
- 位置保持在位置保持灯不允许使用情况下提供安全保持编队的方法；
- 电子战系统用于检测和识别敌军发射机，收集并记录通信量，必要时，提供干扰传输方式；
- 照相机记录武器效用或提供用于情报的地面高分辨图形；
- 平显向机组提供主要的飞机信息和武器瞄准信息；
- 头显提供主要的飞行信息和武器信息，同时允许头部自由移动；
- 数据链提供加密通信条件下的数据而不是语音的信息传输和接收。

2.4.7 任务系统接口特征

与广泛应用的数字化数据技术一样，任务系统使用大量电子传感器覆盖 10×10 电磁谱从 100kHz 到 1000THz，涵盖了通信、雷达和电光设备工作的电磁频谱区域。这是一个高度复杂的话题，建议读者参考作者出版的《军用航电系统》[3]一书。

2.5 地面系统

认识到机载系统将会与一系列地面系统进行交互非常重要，如图 2.8 所示。

- 飞行试验。飞机开发测试阶段，需要从飞机系统采集数据进行地面分析。设计师利用分析结果进行系统设计验证，并用于安全性和正确操作的证据，从到系统电缆的直接连接或从飞机总线网络采集数据，存储在可拆卸数据介质用于飞行后卸载，或通过遥测传输到地面站。

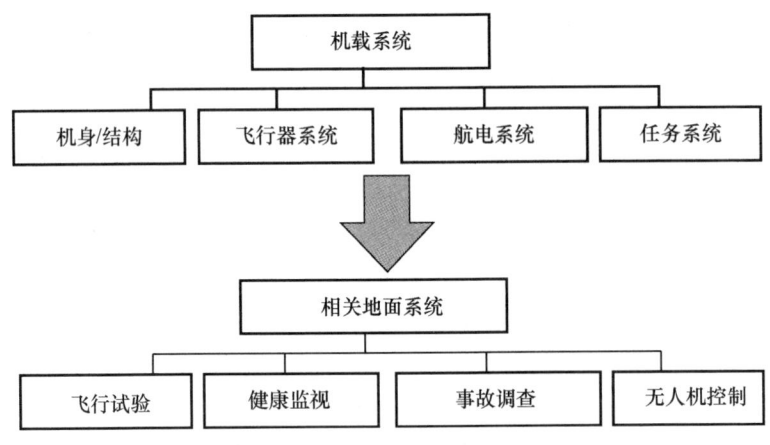

图 2.8 机载和地面系统集成

- 健康监视。连续监视机身、发动机和飞机系统并记录可观测的失效，但更强调采集数据识别性能降级趋势，便于制定设备拆件的智能化决策，如在很多型飞机上的发动机健康监视、结构健康监视和预测系统。
- 事故调查。从直接连接到飞机系统、飞机数据总线网络连续采集数据，便于辅助确定事故原因。数据通常存储在事故数据记录器上，设计能够耐受坠毁、火灾或沉入海中的严苛环境。补充数据由座舱语音记录补充，且当前正在讨论视频记录的必要性。

- 无人机控制。无人航空系统通常在人控制结构下用于采集信息并执行军事行动，即使这类飞行器具有更高的自治性，仍有必要在地面收集信息进行飞行并向飞行器发送指令。这要求飞行器设计有遥测和通信链路以下载信息并上传指令。

2.6 一般系统定义

根据特定用途，飞机一般配装不同的系统组合。一些系统集成进飞机作为一体，其余的则可能以托架或机翼固定的吊舱等作为任务设备载带。这些工程系统多数在格式上类似。一般的飞机系统如图2.9所示，显示了任意系统的主要属性。

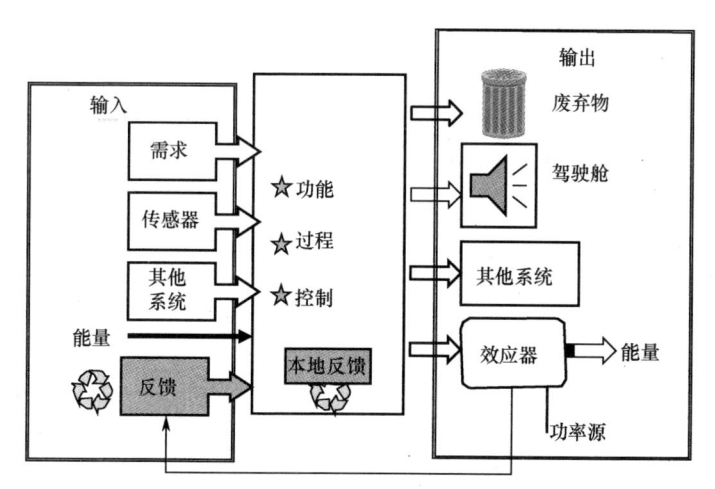

图2.9 一般飞机系统方块图

- 输入由下述组成：

  - 指令是到系统有意识的输入，以要求产生预期的响应。指令可由操作员或其他系统下达。较为典型的是由操作员移动一个选择机构产生指令，如油门杆、开关、控制杆、转向轮或舵。现代技术的进步允许直接从语音输入或光标控制装置（如鼠标或跟踪球）获取指令。
  - 传感器输入用于修正系统行为或提供信息使得功能或过程得以执行典型的数据由监视系统性能或环境参数（如速度、角度或旋转位置、变化率、压力、温度等传感器或测量装置）以模拟或数字形式导出。
  - 其他系统提供由待执行功能或过程要求确定的信息。数据可以模拟、离散或数字格式提供。

— 反馈从测量装置或输出装置中的传感器获得，允许执行控制确保输出的稳定性。

— 能量用于确保系统工作。电源通常以交流电流或直流电流形式提供。电源通常由系统调理输出正确的电压，并不受暂态或噪声的影响，确保其正确工作。

• 过程或功能可由智力的、物理的、机械的、电气的、电子的、流体的或软件驱动的方式执行。过程可由人，或通过自然的或生物的事件，或通过机器，或通过人和机器的组合执行。其中人机组合是航空航天和工业系统最常遇到的，其包含了大部分人机接口挑战。

• 输出由下述组成：

— 效应器是将电能转换为动能—旋转、线性或角度运动的装置，尽管高压电装置正越来越普及，但还是经常使用高压液压油或空气等其他介质。这些效应器通常称为作动器，通过其作动借助于机械机构控制飞行控制舵面、门、起落架等的运动。

— 其他系统可要求数据或指令作为输入以完成其过程。可以模拟、离散或数字数据形式。

— 机组座舱指示和告警，可使机组知道系统工作的正确与否。

— 废弃物由系统能量转换或系统工作产生。典型的废弃物是声学噪声、电噪声或干扰及热量或振动。所有这些产物都对其他系统有不良影响，且是另外一些系统存在的理由。例如，由一个系统产生的废热需要由另一个系统通常为冷却系统转换或耗散掉。废弃物若在设计阶段未得到认真考虑，会严重影响飞行器的性能。

— 反馈用于使系统确定其输出指令在预期时间尺度内达到了预期状态，且预期状态稳定。反馈可视为是系统的输入，并由外部世界或其他系统的测量装置导出。这些影响必须清晰理解，且必须在设计阶段考虑其对系统设计和性能的影响。

— 外部影响由外部世界或其他系统施加到系统或部件上。这些影响也必须清晰理解，且必须在设计阶段考虑其对系统设计和性能的影响。

还有一些因素会影响图 2.9 所示的一般模型，使某些系统的实现不理想。安全性、完整性、完好率、任务成功和用户感知都是影响系统设计的因素。考虑这些因素会导致引入传感器、控制过程和输出装置的冗余以容许失效，同时保持一定程度的安全工作。基本控制机构的完整性必须在整个系统中反映出来，包括功率源和提供给机组的预案信息。换句话说，系统必须端到端安全。一个双冗余案例如图 2.10 所示。

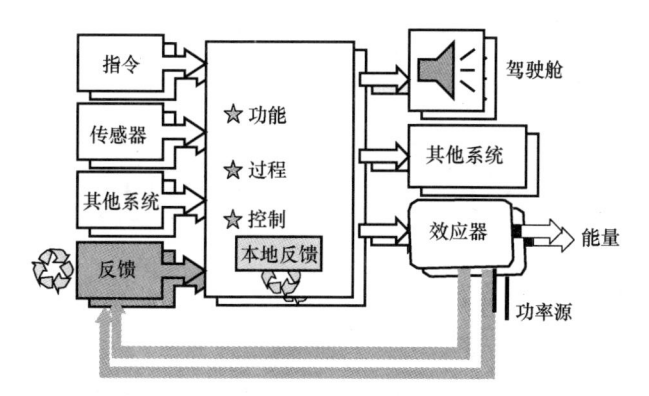

图 2.10 双冗余飞机系统方块图

在这个案例中,所有输入、功能和输出都是双路,且严格分离以避免故障或失效从一个系统传递到另一个系统——共有模式失效。这种方式可扩展到更深等级的多冗余,三冗余或四冗余在高完整性系统设计中较为常见。

第 10 章将介绍由多个不同冗余等级系统组成的飞机,这些系统都对整个产品的必要完整性和完好率目标有贡献。

参考文献

[1] Moir, I. and Seabridge, A. (2008) Aircraft Systems, 3rd edn, John Wiley & Sons.
[2] Moir, I. and Seabridge, A. (2003) Civil Avionic Systems, John Wiley & Sons.
[3] Moir, I. and Seabridge, A. (2006) Military Avionic Systems, John Wiley & Sons.
[4] The Collins Dictionary and Thesaurus (2011) Oxford University Press.
[5] MIL – HBK – 338B Reliability Engineering Design (1998).
[6] Jenkins, G. M. (1977) The Systems Approach, from Systems Behaviour (eds J. Beishon and G. Peters), Open University Press.

拓展阅读

Jukes, M. (2003) Aircraft Display Systems, John Wiley & Sons. See also references in Chapter 12.

第 3 章　设计与开发过程

3.1　引　言

第 2 章介绍了对于多种不同类型飞机系统概念的理解，这些系统需要被设计和开发为一个综合系统解决方案，以确保飞机列装后能执行其规定的任务。开发这一系统从用户要求到实现需要一种方法，使得人们能够以一种严格且一致的方式运用其技能和经验。意识到产品在寿命期将转多个阶段非常重要，包括初始概念、设计与开发、用户在役运行，直到产品不再需要。针对飞机而言，其整个寿命周期一般为约 25 年，若通过中期升级和翻新，寿命期可超过 50 年。即使在产品设计之前技术就成熟到可以交付生产的初始开发阶段，其持续时间也比某些技术的寿命区间要长。换句话说，新技术很可能在还未应用之前就已经过时，更不用说服役 25 年了。

在这样一个延长的寿命周期里，不可避免地存在技术的流行性、过时、要求更改、不同技能和过程的应用以及法规的更改等问题。为管理这些，需要有一种规范的方式进行设计和开发。本章将介绍在工程相关领域最好的实践案例并阐述寿命周期的过程。

贯穿整个延长的寿命周期，所涉及人的技能集合也会随之变化。最初，技能是理解工作要求和产生这些要求的概念。为将概念转化为硬件产品，要求功率生成、飞行控制、雷达、座舱显示等多个领域工程师共同协作，这些技能与第 2 章阐述的系统匹配。本章将阐述产品寿命周期案例并介绍在寿命周期内工程师的作用。

3.2　定　义

系统工程领域有很多重要的教训和优秀的实践案例，也有很多原理和实践与已建立的工程过程有相通之处，正如有人观察到的"系统工程不是一门新的学科，因为其历史根植于好的工业设计实践之中"[1]。这一领域的一些定义将用于突出好的实践、促进交叉融合，并为希望更多了解系统工程的读者提供参考。

第3章 设计与开发过程

与第2章系统的定义相比,系统工程有很多种定义。不同的团体和机构,以及系统工程专业人士已形成了对这一术语的理解。国际系统工程理事会(INCOSE)使用的定义如下。

系统工程是一种实现成功系统的交叉学科方式和手段。聚焦定义用户需求和开发周期早期所需的功能,编写要求文档,接着进行设计综合和系统验证,同时考虑下述完整问题:

- 运行;
- 性能;
- 试验;
- 制造;
- 成本与进度;
- 培训与保障;
- 报废。

系统工程综合所有学科和专业团体为一个团队,形成一个从概念到生产到运行的结构化开发过程[2]。

美国国防部[3]使用下述定义。

"系统工程"涉及设计和管理包括硬件和软件以及其他寿命周期组成部分的一个完整系统。系统工程过程是一个结构化的、规范的、有文件档案的技术工作,系统产品和过程通过它同时定义、开发和综合。系统工程使用多学科团队工作多数有效地实施为综合化产品和过程开发工作的一部分。

NASA[4]阐述的"系统工程"定义如下。

一种系统设计、创造和运行的鲁棒方式,并增加下述内容:

- 目标识别和鉴定;
- 产生备用系统设计概念;
- 设计权衡的性能;
- 最佳设计选择和实现;
- 确认设计正确建造和综合;
- 实现后评估系统达到规定目标的良好性。

这些定义的关键点在于参与系统设计和开发的工程师需要一个过程:

- 包括产品或系统的整个寿命周期;
- 考虑广泛的感兴趣团体或利益相关者利益和需求;
- 在多学科过程中涵盖了广泛的主题和领域;
- 考虑影响系统解决方案的项目和设计驱动器;
- 允许以可重复、一致的方式理解和管理复杂度。

这些定义的基础是假设系统设计和实现的方式必须是规范的、结构化的,以能够将很多种硬件和软件整合成为一个综合化可以完成某些功能的整体。这种结构化的方式是在工程或问题解决的"习惯和实践"中固有的。将其规范化成为一个过程意味着其可以重复运用并可以持续改进。

开发系统的工程师必须考虑影响工作成果的多种系统环境因素。这些因素（或称为设计驱动器）必须要折中得到满足用户和商业要求的平衡系统解决方案。设计驱动器将在第4章详细讲解。

设计和开发过程是过程和具有适当技能承担这项任务的人的组合。这一过程可运用在产品寿命周期的全阶段。更重要的是，需要在初始阶段就考虑寿命周期的全部阶段，换句换说，即采用完整寿命期的方式。下述阶段描述可对过程和所要求的人员、技术和管理技能提供深入的了解。无论是作为系统的开发者还是作为用户，人都是过程中不可或缺的一部分。在贯穿整个寿命周期内考虑人的问题是至关重要的（详细参考文献 [5-7]）。

3.3 产品寿命周期

图3.1 显示的是从概念到产品有用寿命结束后报废的典型飞机产品寿命周期。

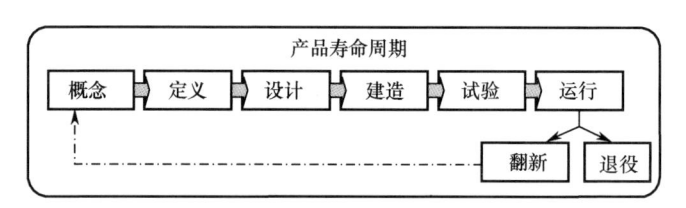

图 3.1 典型飞机产品寿命周期

各种产品的寿命周期可能与此不同，但是对于说明工程在基于系统的产品设计和实现中的作用是一个非常好用的模型。寿命周期与用户使用的采办寿命周期相似。

在寿命周期的每个步骤都伴随有一个工程过程，确保每个阶段的输出达到了所要求的品质。这个过程或工程活动序列是工程直观过程的形式化表征。多数系统工程组织采用可存档记录的过程，用于确保工作的可重复性和高品质，也用于确保工作在不同地点的工程师使用相同的过程。个别组织也已开发了其专用的过程和方法强加于过程并约束其使用。因此，在下述介绍中所指的过程倾向于一般性，或仅作为案例。

实际上，寿命周期的各个阶段并不一定是一个接一个的。在各种阶段经常会有重叠或并发性。为此，所有机构之间良好的沟通，对于确保工作按照清晰理解的接口进行非常重要。这种理解对于避免设计过程出现的错误和误解十分重要。下面介绍的是一个因为晚检测到错误而付出代价的案例。

除并发性之外，图3.1 所示的模型是令人误解的，其隐含的是寿命周期的全部阶段是等持续时间的，但实际上并非如此。图 3.2 更符合实际，并给出了现代飞机遇到的典型持续时间经验。

从图中可以看出，很多复杂产品（不仅仅是飞机）开发项目从概念到入役可能花费 10～20 年时间。一旦入役，很多种型号超出了被认为合理的时间跨度仍在使用。今天，仍有原始设计超过 50 年的型号在役，且经常从原型进行改进并执行新的任务。例如，很多商用载客飞机被改装为货运机，而一些商用型号被改装为军用部队运输机、监视平台和空空加油机等。这样的时间跨度已超出了原始设计工程师的工作生涯。

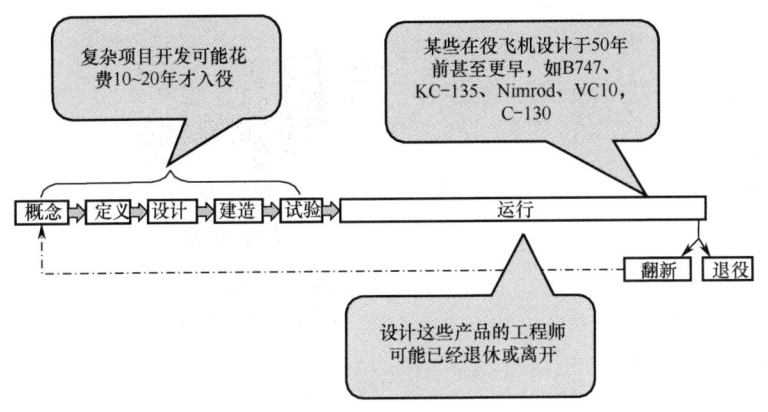

图 3.2　寿命周期持续时间的一些案例

图 3.3 所示是一些影响延长寿命周期的外部因素，多数是由于商业原因造成的，要求供应商和用户优先级在如此长的时间内要随之变化。

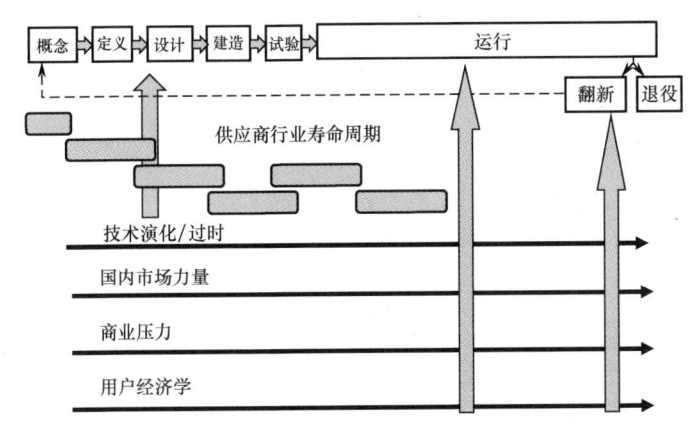

图 3.3　寿命周期的一些外部影响

该图中，首先值得注意的是供应商设备的寿命周期要短于飞机的寿命周期。供应商有多个用户，且由竞争需求以及持续开发产品的需求驱动，从而促使其不断应用新技术使其产品更具有吸引力。这就意味着在飞机寿命周期内的早期决策可能会导致选择过时的产品，而决策过晚则可能导致项目进度延后。过去会在工作阶段出现"过时"，而现在则是开发寿命周期初始阶段的一个威胁。有很多产品开发失败不满足用户需求的案例。一个良好的工程过程工作的部分挑战就是要确保不会发生这种情况，且在寿命周期每个阶段都能够检测出并消除错误和误解。这在并行工作中尤其重要，机构内的用户数量大，每个用户都要承担纠正错误的费用。纠正错误的成本与产品在寿命开发周期内的成熟度密切相关，如图3.4所示。寿命周期早期的产品是"软"性的，且容易更改，如理念、策划、笔记、粗计算。随着寿命周期的发展，由于缩比模型或原型更加物理化，或由于使用公用或共享信息的人或利益相关方数量的增加，产品逐渐变得更加"硬"性。对于共享信息越来越多地依赖，意味着若信息数据库变更则必须要重复更多的设计工作。基于此，必须要控制信息源的构型。本书第9章将详细阐述在产品寿命周期内如何管理产品设计的构型。

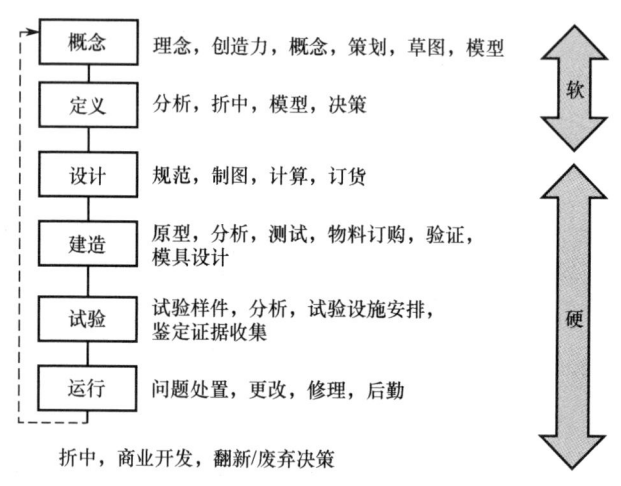

概念	理念，创造力，概念，策划，草图，模型
定义	分析，折中，模型，决策
设计	规范，制图，计算，订货
建造	原型，分析，测试，物料订购，验证，模具设计
试验	试验样件，分析，试验设施安排，鉴定证据收集
运行	问题处置，更改，修理，后勤

折中，商业开发，翻新/废弃决策

图3.4 寿命周期内产品的开发

图3.5展示的是在寿命周期内纠正发现错误的成本。当产品定义大部分限于纸面上或由一组人使用时，纠正的成本相比较少；当某些实物已制造出来时，纠错成本会快速增加。当产品服役后，纠正错误的成本随产品召回更改和维持用户服务的需求而放大。在失去声誉和宣传工作没做好时，尤其在产品报废期间用户会遭受能力或收益损失时，都会有隐性成本。一些研究显示，当产品在服役后纠正错误的成本可能比寿命周期早期发现纠正错误的成本大1000倍。

现代项目管理中已成功应用了一种解决大型复杂系统错误扩散的机制，这涉及风险管理和成熟度管理的组合。前者评估应用技术的风险以及项目过程中察觉的不确定性，后者尝试度量设计的成熟度——通过质询设计团队对每个阶段无残余不确定性的把握。通常，由代表主合同商、供应商和用户的项目独立专家和管理者团队进行评估，偶尔也可由"资深专家"支持提供独立的见解并注入之前项目的经验教训。这应当在每个过程阶段完成以及每个正式寿命周期审查前完成。

寿命周期的每个阶段要求组织内的各种团队开展工作并产生一系列可交付的成果。交付的成果形式可以是研究报告、图纸、试验数据、财务信息或硬件，或由组织内其他团队所需要的条目。

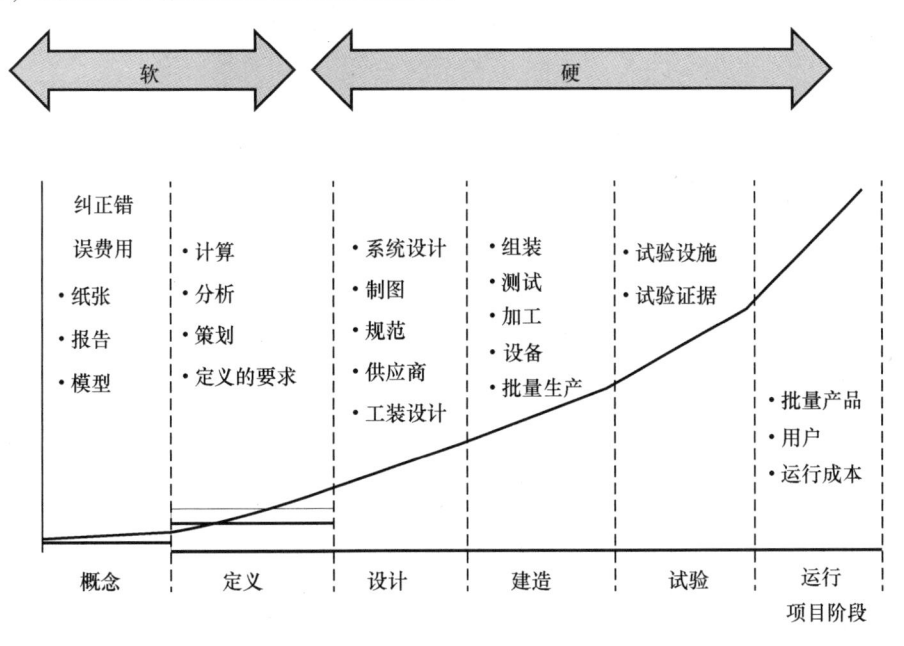

图 3.5 寿命周期内纠正错误的相对成本

这项工作需要理解所应用的整个工程过程、每个阶段（一个子过程）内要开展的工作、所要求的成果及成果的进度安排。为承担这项工作，需要各种技能的混合，工程团队需要各种不同技能的人组成并协同工作。团队中技能的混合会在整个过程中随之变化。技能初始集合将给予对要求和宽泛概念解决方案的理解，且将会发展成为覆盖一定数量的专业工程领域、开发单个系统设计的技能。接着，将这些设计变成硬件和软件解决方案，分别进行试验，并在批生产和交付用户之前将其组装成为一个整体。

与培养单项技能一样，鼓励理解其他团队成员拥有的技能可取得显著的成效。例如，某个理解采购和法律过程的工程师可在规范编制或谈判中利用这一知识。同样地，采购和合同商人员应当理解工程过程，以便于灵活地处理供应商和合同相关问题。下面介绍寿命周期各阶段，并给出每个阶段所要求的技能。

3.4 概念阶段

图 3.6 展示的是寿命周期中这一阶段相关的关键工程活动。用户要求可能非常简单，概念研究使用了公司所有资源去更好地理解并生成一定数量的潜在可行解决方案。其中的一些解决方案会在权衡折中时舍弃，并得到一个小的集合，优选为一个。这一解决方案得到审查并提交给用户。

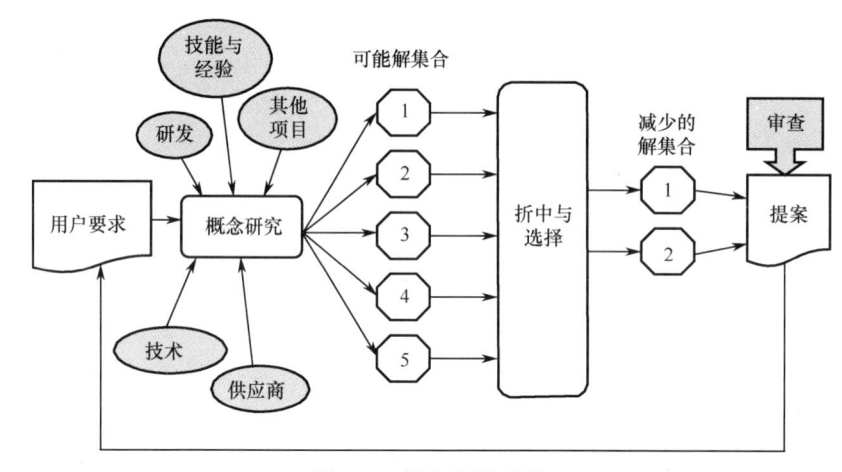

图 3.6 概念阶段过程

3.4.1 工程过程

概念阶段是关于理解用户提出的新需求，并形成满足这些需求的解决方案概念模型。用户持续评价其当前的有利条件，并确定其满足未来要求的有效性。新军事系统的需求可能由于当地或世界政治局势的变化，或持续变化的威胁要求调整国防政策等而产生。新的商业系统的需求则可由商业或休闲旅行者要求导致的国家和全球旅行模式的变化而产生。

用户要求可对行业开放，以便于能够制定专用的解决方案，或可结合当前研究和开发基础进行调整。这对于行业来说是讨论和理解要求的理想机会，符合用户和行业供应商的相互利益，以理解如何提出完全符合或满足市场要求的解决方案。但是，并非所有的研发由用户驱动，或全部由用户资助。整个行业作为向前看战略的一部分，要搜寻识别并开展投机性的自投研究，也可能是非项目相关"不会立即见效的培育"研究。这一阶段典型的考虑因素有以下几方面。

- 建立并理解要求系统的主要作用和功能。

- 建立并理解预期的性能和市场驱动器,如:
  - 航程;
  - 耐久性;
  - 航线或任务;
  - 技术基线;
  - 工作任务;
  - 乘客数量;
  - 武器质量、数量和类型;
  - 可用率和派遣可靠度;
  - 执行任务并满足航线的机群规模;
  - 可用的采购预算;
  - 运行或全寿命成本;
  - 通用性或模型范围;
  - 市场规模和出口前景;
  - 用户偏好。
- 建立在可接受商业或技术风险内满足要求的置信度。
- 形成对可制造解决方案的理解,从而产生建议的飞机型面,内部和外部构型以及初步的系统架构。

这一阶段的一个关键功能是在概念团队的处置中使用各种手段产生创意。图3.7所示的是在精细化产品开发中使用的创意产生过程案例。正是采用类似这样的过程生成了图3.6所示的解决方案,过程的折中和下选部分应当为下个阶段产生输出。重要的是,被丢弃的创意为将来团队存档,并作为重新回到这一阶段的资源。

这一阶段的输出通常为研究报告、图纸、数学模型或小册子。用户可使用这些成果通过引入新的信息或考虑识别到的风险进一步提炼其初始要求。正如这一阶段标题所示的,输出时概念设计,并不确保所提出的系统一定是最优的或者是可制造的。输出对于用户和行业达成一致并转到详细定义阶段来说是足够了。实际上,成果可能是多个可行方案,从而必须使用费效分析进行决策,且在极端情况下需要通过原型机建造和飞行竞标决策。近期的典型案例是美国联合作战战斗机,其中有两个原型,即波音的 X-32 和洛克希德的 X-35。洛克希德的 X-35 竞标成功,现在已转入生产,定型为闪电Ⅱ。

这一阶段的焦点在于建立在可接受的商业或技术风险内满足要求的置信度。可通过请求信息(RFI)形式征求确定成熟技术的基线。这一过程允许可能的供应商建立其技术或其他能力,并为平台集成商评估和量化竞争供应商的相对强度提供了机会,此外,也可为项目捕获之前因项目效益未察觉的成熟技术。

33

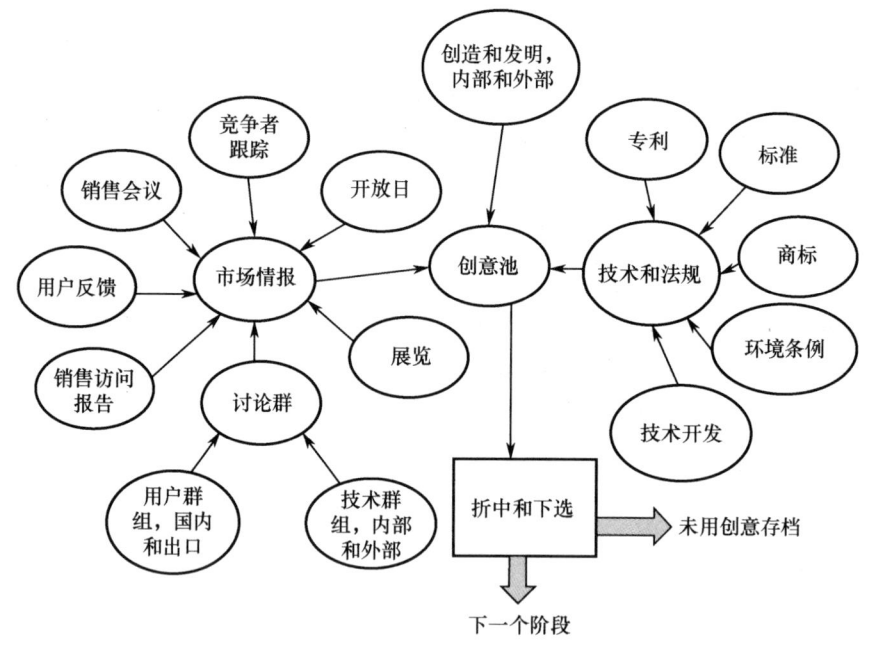

图 3.7 创意生成过程案例

3.4.2 工程技能

在这一阶段里，关键技能与构想满足用户要求的选项和解决方案能力相关，典型的技能领域如下。

- 理解要求。使用用户信息和商业情报确定用户需要什么解决方案，如何将其表述为可成功满足性能、成本和计划约束等的导向性商业策略。
- 研究与开发。新概念、过程或技术研究及其注入当前或未来项目。关键技能是确定发展哪项技术，何时将研究与开发指向并应用到特定领域，并确保聚焦的活动提供有利于商业的解决方案。
- 概念构思。从简单的要求陈述开始，逐步进入抽象概念，并慢慢向现实解决方案方向发展。
- 建议书撰写。以清晰简洁格式描述解决方案的能力，通常要满足严格的字数或页面限制，必须包括技术解决方案以及成本定义和实现解决方案的时间节点。
- 建模。将概念草案具体化为模型或通过仿真演示性能、可行性、质量、成本等方面辅助理解并为对比或不同概念提供可靠依据的能力。模型可以是解决方案的物理缩比模型，在笔记本电脑或大型计算机中的三维计算机设计模型或数学模型。

3.5 定义阶段

图3.8描述的是寿命周期这一阶段相关的关键工程活动。这一阶段将审查过的概念作为基线输入检验进行完整、确定性设计的实用性。概念转为产品定义的一系列文档并作为设计阶段的输入。

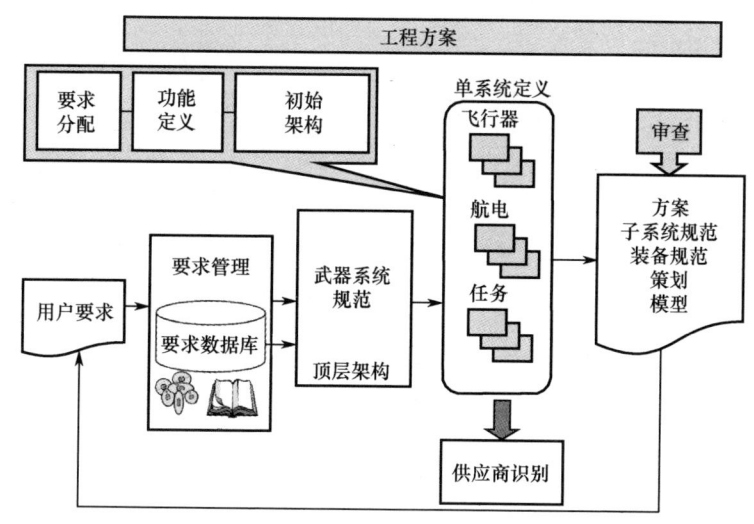

图3.8 定义阶段过程

3.5.1 工程过程

用户通常会在概念设计阶段整理所有收集到的信息并强化其要求。通常会发布规范或请求建议书（RFP）。工业部门可将概念发展为严格的概念，评估其技术、工艺和商业风险，检验完成设计并转入批产解决方案的可行性。这一阶段典型的考虑因素有以下几方面。

- 将概念发展成为解决方案的严格定义。
- 开发系统架构和系统构型。
- 重新评估供应商体系，确定哪些设备、部件和材料供应渠道畅通或需要哪些来支持设计。
- 定义物理和安装特征及接口要求。
- 开发单个系统的模型。
- 量化关键的系统性能指标，如：
 - 质量；
 - 体积；
 - 增长能力；

- 航程/耐久性。
- 识别风险并引入缓解方案。
- 选择并确认适当的技术。

过程中这一阶段要求采用严格的方法记录要求并建立更改的可追溯性。已有的要求管理工具，如在当前很多项目中使用的 DOORS 软件，使得要求可清晰的表述，并可记录设计解决方案。与此同时，可以开始使用 UML 或 SysML 工具进行设计建模。这些工具记录设计进展并形成鉴定阶段有价值的输入。

这一阶段的输出通常为可行性研究报告、性能预计、单个系统行为数学模型和工作性能模型集合。可由电路试验板或试验模型进行补充，以及从概念阶段模型开发得到的三维计算机模型形式或木质、金属物理模型等的样机。在某些情况下，若经费充足，用户可能希望继续进入到原型，请两家单位竞争进行原型开发并经过试飞，得到最佳的解决方案。这种方式一般用于非常大规模的生产合同，不允许出现单个未经试验的风险。例如，美国的联合作战战斗机，两家飞机公司各造一架原型机通过试飞演示能力和性能，由用户选择最终的解决方案。

3.5.2 工程技能

这一阶段关键技能是将概念解决方案转化为单个定义的产品以满足用户的要求。典型的技能领域包括以下几方面：

- 要求管理。系统要求的捕获、操作和管理，包括设计等级之间的可追溯性管理。通常涉及用数据库工具管理大量数据并使得要求与各种设计和试验阶段可以成功追溯。需要一种能够获取要求顶层视图，并将要求流向项目团队和供应商以逐步建立对于用户需求更加详细的理解，从而更好地理解如何构建完全满足这些需求的完备解决方案。
- 过程能力。它包括必要的设计工具开发和裁剪、开发适合的培训材料等。过程保障包括执行 SDR 工具、过程询问处置、帮助台等。
- 设计过程工程。开发、部署和控制将要使用的各种工程学科的可识别过程，尤其当团队散布多地时，如多国合作情况下，遵守工程受控可在整个寿命期得到一致的方法。
- 系统集成。复杂系统结构化和分割，通常要最小化子系统之间的接口复杂度，同时保持整体性，确保最终产品满足要求。
- 系统架构设计。建立满足要求的设计架构，并对架构组成进行功能的划分和分配。通常，从带功能位置和数据流指示的系统简单框图开始，一旦达成共识，架构即可开始显示越来越多的细节。
- 行为设计工程。从系统行为视角分析要求、识别潜在解决方案以及选择最佳费效解决方案。要求或解决方案可以多种形式表达，包括功能、状态、转换和面向对象的。

- **系统安全性工程**。解决认证要求和与飞机系统相关的安全性责任等系统工程方面。安全性工程包括危险识别、危险风险评估、安全性要求定义、设计和实现的安全性评估、安全性案例生成以及安全性管理相关的系统设计过程分析和评估。安全性工程除了被考虑的领域最佳实践外，还要求要熟悉标准、合同和法律要求。积累并记录飞机在役行为和实际风险的知识。
- **性能分析**。从性能视角分析系统行为，理解整个系统应当做什么及已设置了什么数值目标。关键技能是判断将要建模的主体系统比例，以最佳费效方式获得要求的分析结果的方法，包括性能预算、特征化、统计分析、进度分析等。另一项关键技能是选择和使用可用的工具建立各自系统的模型，并将模型进行组合表征完整的解决方案。
- **任务分析**。任务要求、任务类型和阶段或任务段定义、任务时间表以及完好率目标分析。任务定义为从飞行前简报到飞行后陈述的特定工作类型，也就是军用飞机的作战任务或商用飞机从机场到机场的航线。
- **人因和座舱/驾驶舱集成**。系统人因识别、潜在解决方案识别及其管理和实现，确保人（驾驶员和维护人员）和系统成功地集成在一起。
- **建模与仿真工程**。分析设计要求和解决方案，确定系统最为关键的特征参数，并以最佳费效方式对其进行仿真。
- **可靠性工程**。分析设计和要求，应用技术、方法及工艺保证并演示产品可接受可靠性和容错性。可靠性工程必须自顶向下通过规范贯彻到供应商技能集合。案例包括完好率目标与可承受性技术能力分析，安全性设计要求、保障、备件保有量、可测试性要求的折中，分析产品建立可达可靠性的可接受水平（FMECA），开发容错机制（冗余、逆向模变等），防御编程、"可靠"软件的开发和评估等。
- **维修性工程**。分析设计和要求，应用技术、方法及工艺，保证产品的费效性。一般由熟悉维修活动的退役或航空公司员工提供。需要有工具、可达性要求和地面设备的有关知识。
- **测试性工程**。分析设计和要求，应用技术、方法及工艺，确保产品在全部等级都有执行测试和诊断的满意能力，包括分析测试性要求提供机内测试、飞行前测试、建造测试、可服役性测试、设备更换后测试的架构。案例包括在整个飞行器等级（根据要求）测试整个系统（包括其组件及接口）健康的设计和工程能力。
- **预计、度量和公制化**。使用过程、工作分解结构（WBS）和产品分解结构（PBS）识别产品与设计、测试及建造所要求的工作，这使得可以预估完成整个工作所需的成本。识别、捕获和分析合适的指标来理解活动的实际费用并辅助进行过程改进、理解成本对项目风险和行情波动的灵敏度，这通常被视为项目管理任务。

- 设计-成本工程。识别系统设计选项和成本之间的关系，并选择设计选项满足成本要求，也称为成本独立变量法（CAIV）。
- 风险分析和管理。分析概念和设计以确定危及项目成功完成需重点关注的领域或不确定性，包括技术层面、供应商长期保证性、性能估计、新颖性等。对每项识别出的风险，应准备缓解方案演示风险如何被消除掉、应当留出多少成本。
- 规范与采办。外购系统、子系统及设备的识别、规范和技术采办，包括管理这些产品及其与产品接口区域的集成、定义硬件（处理器、线路板架构）上软件相关的要求/部件等。
- 武器/易爆物的安全性、监管和法规控制。详细审查设计，确保易爆物和烟火装置搬运和运输安全符合"健康、安全性和军械条例"，避免对飞行器、机组和维护人员造成伤害。
- 信号测量。分析和管理系统的声、光、电磁特征的优化。这对于军用飞机的设计师而言尤其有意义，他们需要设计一种尽可能远离雷达、可见光、声学、无线电或红外传感器探测的飞行器，从而降低被防空武器系统探测和瞄准的风险。
- 安保工程。确保与安保（即涉密）数据和信息处理与传递相关完整性的定义及技术开发，包括加密、防风暴等技术的开发。
- 设计验证（鉴定与认证）。识别待演示的要求/设计指标以及待应用的方法，便于完成设计验证；以最佳费效方式进行活动的管理和实现。对证据进行积累、分析、集成并评估，验证符合用途、使用安全。
- 构型管理。设计管理、控制和更改授权、构型/更改管理板和过程管理。这项任务持续整个寿命期。
- 质量管理/能力部署管理。当地项目管理系统/商务管理系统（QMS/BMS）的生产和维护；在商务中确保及时的完好率、感知性并平稳地部署能力提升；一致性内部听证和合作保证（向外部听证提供支持），处置非合作性并识别出能力相关的改进需求和关注点。
- 项目/商务管理。规划、网络图/进度图准备，定义性能里程碑和盈利管理操作。

3.6 设计阶段

图3.9展示的是与这一阶段寿命期相关的关键工程活动。设计阶段通常划分为初始设计和详细设计，初始设计在提交详细设计之前要进行审查，审查通过后提交详细设计并作为制造的输入。应当注意，即使在初始设计已做出的审

查决策仍可占到产品成本的80%。

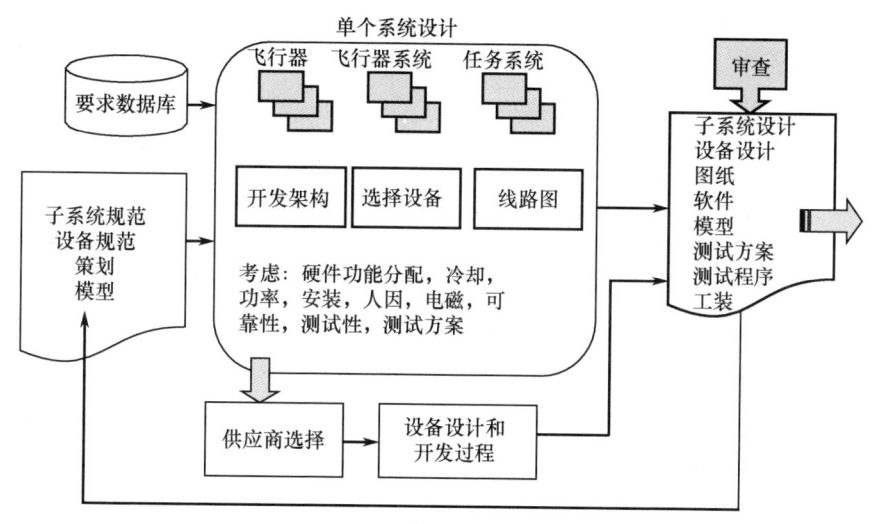

图 3.9 设计阶段过程

3.6.1 工程过程

若定义阶段的成果是成功的，且做出决策要进一步发展，接着工业界开始转入设计阶段。设计采用定义阶段的架构和草图并将其完善至可制造标准。机身详细设计确保结构具有良好的气动性，适当的强度且能够载运机组、乘客、燃油和将其变为有用产品的系统。作为详细设计的一部分，必须注意适用于飞机或机载设备的强制规定和条例。使用三维实体建模工具生成设计图纸，其格式可用于驱动机加工具制造可组装的部件。

系统在方框图基础上进一步开发生成详细的布线图。选择好买入设备和部件供应商，并已成为过程的内在部分，由其开始设计可在飞机和系统上使用的设备。实际上，为在现今飞机上众多复杂集成系统得到完全可认证的设计，需要一支由平台集成商和供应商组成的综合设计团队或综合产品团队（IPT）。

3.6.2 工程技能

定义阶段所需的所有技能，设计阶段也需要，这一阶段可视为定义阶段的延伸并成为一个可制造的解决方案。额外的技能包括以下几方面。

• 软件设计。应用如对象导向设计（OOD）软件设计技术产生初始和详细设计。注意：软件设计也涉及如要求工程、架构设计、性能分析可靠性、维护性和测试性工程、安全性等软件相关的其他技能。

• 物理设计。物理产品及其物理集成依赖关系的分析、定义和规范，包括要求分析、规范生成、接口控制要求和工程设计要求生成，以及满意装配设计和环境条件等的分析。
- 供应商管理。依据对建议请求书响应的供应商选择要求每个供应商都要可控，确保其知悉所有的项目进展和决策，且供应商的信息得到了协调，并提供给了项目团队。

3.7 建造阶段

图 3.10 所示的是寿命周期这一阶段的关键工程活动。

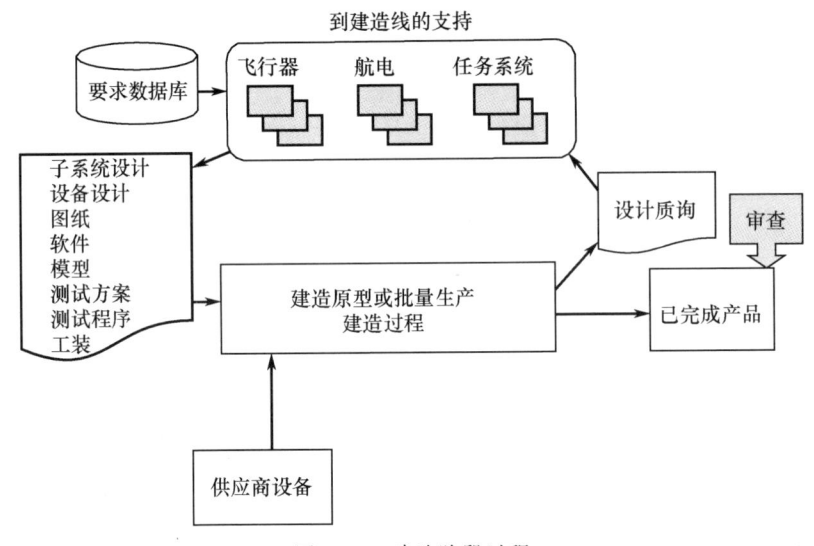

图 3.10 建造阶段过程

3.7.1 工程过程

飞机根据设计下发的图纸和数据进行制造，这包括详细的分组件制造及其逐步的组装，或与管路、线束管以及设备等的安装一起总装进整个机身。这一阶段的主要系统工程保障是在答复方案实际不可达或无法经济地量产情况下向制造商的质询提供服务。在建造的早期进行快捷高效的答复可减少量产中出现错误的概率。

3.7.2 工程技能

这一阶段的关键技能主要与向制造过程提供支持相关，确保问题一旦出现能够立即解决，一旦发现设计错误，能够纠正并把解决方案贯彻到设计中去。典型的技能领域包括：
- 设计知识以及解答制造问题的能力。

- 更改管理和构型管理的知识。
- 硬件/软件集成——软件载荷构型在目标硬件环境/设备下的集成和鉴定。
- 开发建造测试方法和编写试验程序的能力。

3.8 试验阶段

图 3.11 所示的是试验阶段相关的关键工程活动。

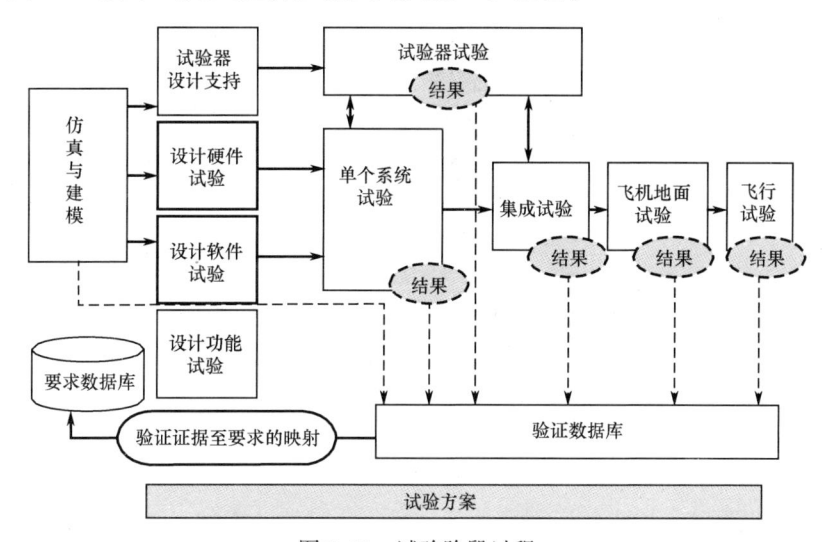

图 3.11 试验阶段过程

3.8.1 工程过程

飞机及其部件要经受严格的试验计划以验证其适用性。计划包括试验、设备的逐步集成、部件、分组件以及最终整架飞机。地面以及试飞期间的系统功能试验主要验证设备的性能和运转符合规定。试验程序结论和相关的设计分析、文档可作为飞机或设备认证的依据。

3.8.2 工程技能

这一阶段的关键功能与解决问题并保持试验进度的能力相关,正如之前所说的设计中的任何错误都必须解决,并更新设计数据集。典型的技能领域包括以下几方面。

- 试验设施设计。分析试验要求和试验设施所需的范围与规模以完成试验序列,包括单个试验台的设计及其在适当和安全的建筑物中的布置。
- 试验准备。定义试验规范、方法和通过/失败标准、试验大纲、试验测量技术,以及硬件、软件、子系统、系统和整个飞机试验使用的测试设备与仪表。

•试验执行。执行试验/评估活动，记录并分析试验结果的有效性，为鉴定提供证据。

3.9 运行阶段

图 3.12 所示是这一阶段相关的关键工程活动。

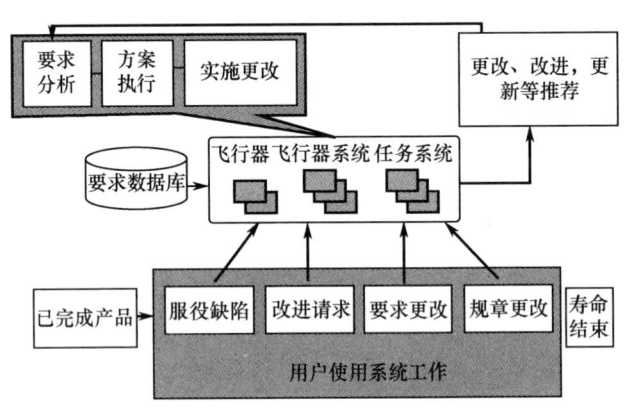

图 3.12 运行阶段过程

3.9.1 工程过程

在这一阶段，用户每天都会使用飞机。飞机性能通过正式的缺陷报告过程进行监视，便于制造商能够分析出现的任意缺陷或故障。将故障的可能原因归结为随机部件失效、操作员误操作或设计错误等。飞机制造商及其供应商应按照合同规定参加飞机运行阶段暴露问题的查处和归零。

3.9.2 工程技能

这一阶段关键技能与用户及装备运行保障相关。必须敏锐地以用户为焦点，并能够快速解决问题以最小化飞机停机时间。典型的技能领域包括以下几方面：

•需要利用所有可用的系统工程技能，根据要求来保障运行阶段。操作员通常使用查询报告系统，能够及时上报服役中暴露的问题并提供纠正操作。

•撰写试验要求的能力使得试验部门能够开展单个系统和集成系统的回归测试。

3.10 报废或退役阶段

图 3.13 所示是这一阶段相关的关键工程活动。

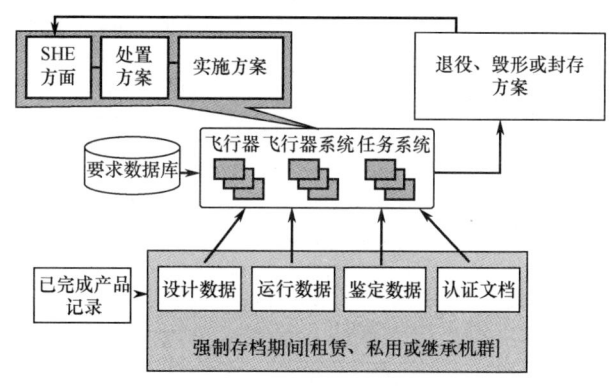

图 3.13 退役阶段过程

3.10.1 工程过程

在飞机有用或预报的使用寿命末期，必须对其未来做出决策。寿命终止可由不可接受的高运行费用（近期，以免除服务协约的决定进行演示）不可接受的环境考虑因素——噪声、污染等或由供应商试验器预报的机械或结构部件失效等确定。在军用领域，一型飞机的退役可由政治权益驱动，如减少国防开支或在某些情况下公认某种特定威胁已不复存在。若飞机不能继续使用，则可进行报废——卖废品或另作他用，如可由博物馆、飞机发烧团体购买或用在军事基地作为大门守护者。若飞机仍有一些残余、商用寿命，则可进行翻新。这一活动通常称为中间寿命升级，或转为不同的用途，如 VC10 和洛克希德 L1011 三星客机改为军用空中加油机。某些商用飞机在客用任务期后转为货用。在某些情况下，改装为军用需要进行深入的重新设计。

这是一个关键的过程组成是制定协助用户进行飞机退役管理的方案，确保其进行安全的拆卸、封存或毁形，并符合法规和公告要求。

3.10.2 工程技能

- 协助用户识别可安全封存的部件。
- 理解报废具有潜在危险的部件和消耗品，如燃油、滑油、润滑脂、制冷剂等的要求。
- 在项目记录中记录决策信息。
- 确保取得的设计和鉴定所有的设计授权记录在相关条例规定的时间段内得到了安全存储。这对于向备份飞机买方提供建议至关重要。

3.11 翻新阶段

图 3.14 所示是这一阶段相关的关键工程活动。飞机寿命期内某一阶段内

会有明显的翻新需求,这是由于飞机的原始任务会过时或被出售给期望更改其用途的用户。例如,利用商用客机改装成为货运或空中加油机。

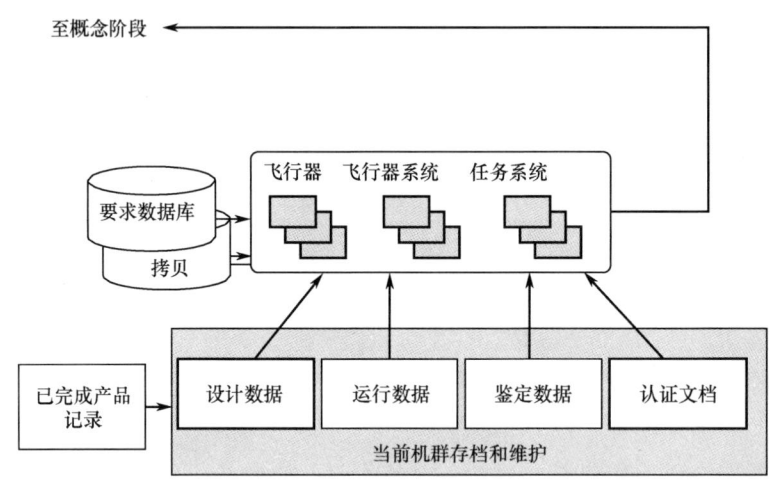

图 3.14 翻新阶段过程

3.11.1 工程过程

- 在项目记录中记录决策信息。
- 确保取得的设计和鉴定所有的设计授权记录在一定时间段内安全存档,以支持飞机在翻新期间继续服役。
- 将已经存在的类型记录返回至概念阶段着手进行翻新设计。

3.11.2 工程技能

与概念阶段所需的技能类似,翻新或改装需要采用开放式思维进行考虑。

3.12 整个寿命期任务

除了上述过程中特定领域的工程任务之外,贯穿整个寿命周期还会不断出现其他的工程任务。其中的一些任务与过程控制有关,同时,另外一些则需要对特定的跨学科领域施加一致的方法。这是一项重要的集成活动,用于确保所有领域的工程师在任何地方施展技能时遵循统一的标准和过程。在现代项目中,工程任务分散在国际合作伙伴中,这样的集成对于项目的一致性不可或缺。典型的这类活动案例包括:

- 工程管理。管理工程团队的活动并负责特定领域要求,确保要求在项目约束范围内。
- 项目管理。确保任务执行符合商定的进度、预算且满足性能指标。

- 构型管理。确保产品构型正确记录并公布给所有利益相关方，确保记录了构型的更改（见第 9 章）。
- 要求管理。用合适的要求管理工具分析并结构化用户的要求，将要求分配至特定的工程领域，在整个寿命期记录要求的更改。
- 风险管理。识别并登记影响技术、完备性、成本、进度或安全性的风险，确保每项风险正确编制文件并公布给其他风险管理者，备好缓解风险的成本方案。
- 鉴定与认证。从寿命期活动收集支撑项目能力的证据，演示满足用户要求且产品符合设计用途。
- 安全性。确保产品安全性采用一致的方法，应用安全性标准，遵循与安全性设计演示相关的所有过程[9]。
- 可靠性。确保对工程设计进行分析，产品满足可靠性演示指标和用户的完好率目标。
- 维护性。确保工程设计反映了用户采用适当工具、保障设备和具有适当技能的地勤人员保养飞机的需求。
- 测试性。确保设计考虑了各种因素，允许空勤和地勤执行飞行前和飞行后检查，证实飞机安全可飞，缺陷可被快速隔离进行快速纠正和修理。
- 人因。确保人机工程学和工作负荷相关的设计应用了相关的标准，飞机可由适当比例范围的空勤和维护人员进行安全操作，且没有不当的压力或健康和安全性影响。
- 电磁。确保单个系统工作不会引起相互干扰，系统可在高能射频传输、高静电或雷电等外部危险出现情况下工作[10]。
- 系统安保。确保军用飞机不会无意泄露信息，涉密数据的载入、存储和销毁等各方面可控。

参考文献

[1] Eisner, H. (2002) *Essentials of Project and Systems Engineering Management*, 2nd edn, John Wiley & Sons.

[2] International Council on Systems Engineering (INCOSE) 2033 Sixth Avenue, #804, Seattle, WA 98121, USA. www. incose. org, accessed April 2012.

[3] US Department of Defense [DoD Website: web2. deskbook. osd. mil], accessed April 2012.

[4] Shisko, R. (1995) NASA Systems Engineering Handbook. SP – 6105, Linthicum Heights MD. NASA Technical Information Program Office.

[5] Hall, A. D. (1962) *A Methodology for Systems Engineering*, Van Nostrand.

[6] Checkland, P. B. (1972). Towards a systems – based methodology for real world problem solving. *Journal of Systems Engineering*, 3, 87 – 116.

[7] Jenkins, G. M. (1972) *The Systems Approach. Systems Behaviour* (eds. J. Beishon and G. Peters), The Open University, Harper & Row.

[8] Mynott, C. (2011) *Lean Product Development*, Westfield Publishing.

[9] Drysdale, A. T. (2010) Safety and integrity in vehicle systems, in *Encyclopedia of Aerospace Engineering*, vol. 8 (eds R. H. Blockley and W. Shyy), John Wiley & Sons Ltd, pp. 5036 – 5044. Chapter 411.

[10] MacDiarmid, I. (2010) Electromagnetic integration of aircraft systems, in *Encyclopedia of Aerospace Engineering*, vol. 8 (eds R. H. Blockley and W. Shyy), John Wiley & Sons Ltd, pp. 5045 – 5057. Chapter 412.

拓展阅读

Eisner, H. (2002) *Essentials of Project and Systems Engineering Management*, 2nd edn, John Wiley & Sons. Kossiakoff, A. and Sweet, W. N. (2003) *Systems Engineering – Principles and Practice*, 2nd edn, Wiley & Sons. Meakin, B. and Wilkinson, B. (2002) The 'Learn from Experience Journey in Systems Engineering. INCOSE 12th, International Symposium, Las Vegas, July 2002.

Moir, I. and Seabridge, A. (2003) *Civil Avionic Systems*, John Wiley & Sons.

Stevens, R., Brook, P., Jackson, K. and Arnold, S. (1998) *Systems Engineering—Coping with Complexity*. Prentice Hall.

Schrage, D. P. (2010) Product lifecycle engineering (PLE): an application, in *Encyclopedia of Aerospace Engineering*, vol. 8 (eds R. H. Blockley and W. Shyy), John Wiley & Sons Ltd, pp. 4767—4784. Chapter 390.

Wise, P. R. and John, P. (2003) *Engineering Design in the MultiDisciplinary Environment*. Professional Engineering Publishing.

第 4 章 设计驱动器

4.1 引 言

第 3 章介绍了设计驱动器的概念或在系统设计中必须考虑的因素。这些因素的组合可在寿命期的不同阶段成为主导因素,并非参与设计的不同机构的每个人对于任一因素的重要性都持相同观点。取决于各自特定的学科和对手边问题——市场、工程、管理、经济、合同等的感知,每个人都会有各自的看法。这会造成机构压力、优先级的差异以及机构内沟通的不畅。每个团体根据各自的日程工作,继而损害到整体。

整体的系统方法试图使设计驱动器对所有参与者公开可见,确保其知道所有权、与任一因素相关的利益相关问题,建议变更优先级或平衡以及在合作方式中进行更改的需求。

设计驱动器出现在不同机构等级感受的系统环境中。可认为系统有一系列重叠环境,包含不同影响程度和交叉边界的驱动器,如图 4.1 所示。

为说明设计驱动器对机构等级的影响,下述环境用于描述具有不同优势的驱动器。

- 商业环境。考虑机构内部因素和外部压力对合同竞标的商业价值。通常,在这一阶段,在竞标成功后需要决策是否继续。
- 项目环境。一旦合同被批准,项目团队应关注对机构的影响,降低风险,确保有适当的技能、经验和资源可圆满完成项目。
- 产品环境。详细的设计和必须考虑的生产准备因素。
- 产品工作环境。确保设计引入了产品进入服役时可能遇到的全部已知的因素。
- 子系统环境。子系统和部件设计的详细因素。

这些等级代表了从概念到详细设计和硬件和系统安装的设计阶段。

图 4.1 所示是商业和项目团队在寿命周期早期必须考虑的高等级驱动器,这些重叠的驱动器与产品密切相关。为便于说明设计驱动器的作用,假设其源自特定的环境,并在该环境下起主导作用。然而,它们也会自顶向下影响所有

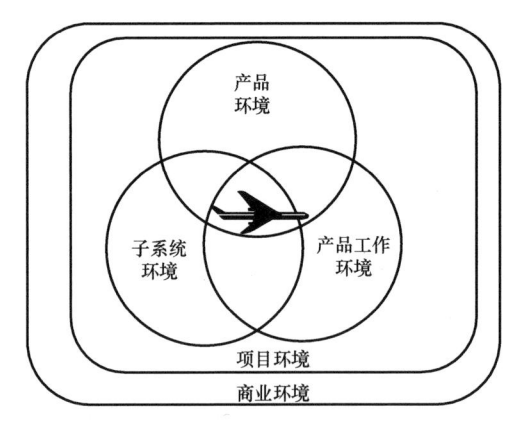

图 4.1 环境考虑因素

后续环境，即便在项目很早就做决策也会继续影响，这样有益处，但若未识别、纠正拙劣或非预期的决策也会产生相当的威胁。

正如第 2 章已阐明的，环境边界并非是不可理解的，下面描述的驱动器也不受限于任意一个环境。如图 4.2 所示的原始商业和项目驱动器贯穿始末，而另外的则仅作用在后期。

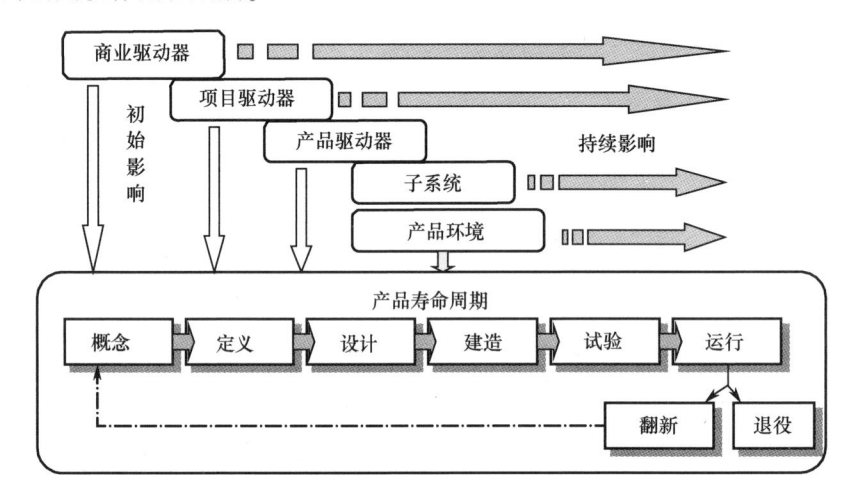

图 4.2 寿命周期中设计驱动器的影响

通常，子系统或系统的每个组成部分的实际实现都是一种折中而非理想的解决方案。本章将对系统工程师日常生活中的很多冲突的要求、期望、渴望和现实等提供深入的见解。本章将会列举案例驱动器，以说明需要由系统工程师应用的典型考虑因素。下面为清晰起见，设计驱动器将会以弹点列表形式提出。案例列表不是包罗万象的，明智的工程团队会集思广益提出设计问题的独创性观点，并利用用户要求和各自公司的商业战略规定各自的设计驱动器。换句话说，我们的公司能否提供用户所需。

4.2 商业环境中的设计驱动器

商业环境包含的驱动器涉及满足其股东、用户、雇员和当地社团的商业能力。不能漠视股东——他们是商业资助者和投资人。同时，也绝不能忽视用户，用户是购买投资产品的。这些设计驱动器在项目的概念阶段是占据主导地位的，这时，商业关注其能获得的商业价值，所要求的投资、风险的大小及影响。这些是项目进一步投资之前进行持续审查的重要因素。

这些驱动器在余下的整个寿命期内都有效，并将自上而下地分解到项目团队。一些典型的设计驱动器如图4.3所示，并分别描述如下。

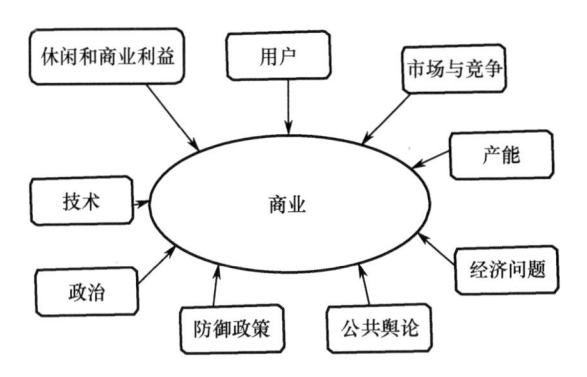

图 4.3 商业环境中的设计驱动器

4.2.1 用户

用户是最重要的，其需求需要得到充分理解、持续监视或跟踪，并得到满足。在日常生活中，我们都是购买产品的消费者，并根据是否喜欢产品或服务、产品价格是否昂贵、使用可靠与否等决定未来的购买。在此背景下，注意用户不是简单的采购商品行为者，这非常重要。既有工程团队内的内部的用户和供应商，也有与外部供应商的正式用户供应商关系。典型的考虑因素包括：

- 在要求定义过程的所有阶段，跟踪并监视用户的要求。
- 供应商必须清晰理解用户的要求，定期与用户一起核对解释，确认相互之间的理解。
- 必须与用户之间建立并在整个寿命周期保持良好的关系。
- 通常获取用户的早期要求知识，甚至帮助用户制定其要求非常有用。
- 必须理解用户的预算：有多少？何时可用？

49

- 若用户有产品的使用经历，是好是坏？该如何改进？
- 公司内的内部用户关系对于确保项目内信息流的相互理解至为重要。

4.2.2 市场与竞争

必须认识到产品市场是有限的。产品要成功，其必须满足要求，必须适合其用途（即完成预期工作），必须正确定价，必须由潜在用户注意到其表征的价值。典型的考虑因素包括：
- 产品是否有市场？
- 市场有多广泛？用户有多少？
- 市场中是否有另外产品的空间？
- 市场的可能份额是多少？
- 市场能发掘其他的消费者或开发产品的其他类型吗？
- 有多少竞争者？是否有其他对手的空间？
- 产品有多好？收集市场情报和用户喜好。
- 掌握产品的定价吗？投资、数量、回本时间是多少？
- 盈利和持续盈利的概率是多少？
- 在初始市场渗透后产品能开发吗？

4.2.3 产能

在接受合同之前，确定商业上有充足的产能可以给项目带来满意的结果至关重要，这就要求理解当前项目的状态、同时期竞标的状态和确定性，确保没有太多的事物，典型的考虑因素有：
- 当前技能资源部署和空闲产能状态。
- 当前设施是否有柔性和储备？
- 供应商基地是否有合适的产能？
- 是否要求外部采购？
- 是否有机会与战略合作伙伴分享工作？

4.2.4 财务问题

尽管潜在回报可能看起来很好，在竞标或支付之前仍有很多方面需要考虑，这些方面多数可归为商业审查主题。典型的问题包括：
- 新技术投资；
- 基础建设、设施、资源和产能投资；
- 投资和已有计划间资助的平衡；
- 可用的资金和利率；
- 投资回报和收支平衡点。

4.2.5 防卫政策

政府的防卫政策对于军用机载物资的销售和持续使用有影响。防卫政策可根据全球战略政治局势和当地战术事态形成，如冷战产生了适合战略核打击和防卫北欧的产品。更多近期的冲突越来越多地使用快速反应部队维持和平、快速处置冲突。在很多这些冲突中，确定使用的战术空中力量已成为决定性因素。典型的考虑因素包括：

- 为回应世界范围内政治态势和当前以及未来订单影响的防卫政策更改。
- 对国防预算持续的全球压力，造成常规作战飞机订单缩水，既有制造商间的竞争愈加激烈。
- 监视全球战略防卫评论和研究，观察走向并做出行动。
- 飞机产品寿命周期足够长，使得产品可以适应并满足变化的要求。
- 鼓励用户对产品、保障、基础建设、培训、设施等采取长远、更宽阔的商业视角。这要求政府担当提供稳定性的责任，不至于使得主供应商大量投资却发现原始要求已淡化或已消失。

4.2.6 休闲和商业利益

商用飞机市场由商业和休闲旅行者的需求驱动，并受到经济发展趋势和其他因素的影响，如 2003 年严重的急性呼吸系统综合征 SARS 流行病。用户和航空公司的青睐对于长期的商业安全非常重要。典型的考虑因素包括：

- 商用飞机市场必须对消费者要求做出反应，且必须监视商业旅行和度假目的地扩展的趋势；
- 由于新的客机设计用于满足具有挑战性的环境保护法规，商用飞机领域将开始主导航空活动；
- 商业和休闲旅行对于恐怖主义或贸易禁运等政治威胁敏感；
- 费用结构是吸引商业和休闲客户的重要因素；
- 费用结构（税费）环境法规影响以及可接受的材料和消耗品的使用。

4.2.7 政治

当地和国际政治在军用与商用飞机销售及运营起到非常重要的作用。除了产品的政治可接受性之外，技术的本质及其在国家之间的传播也会受到影响。典型的考虑因素包括：

- 原产地与用户所在国的政治态势可导致贸易禁运，影响出口潜力；
- 政治形势也会影响国家之间技术或物资的转让；
- 世界经济形势变化会显著影响军用产品的国防预算；

- 世界经济形势变化会严重影响商业和休闲旅行，导致需求波动从而影响飞机航程和大小；
- 环境法规要求飞机设计和经济运营有更加环保的"绿色"解决方案；
- 航空旅行的环境税会减少需求量。

4.2.8 技术

技术是飞机项目中的关键驱动器。在改进性能同时最小化过时性之间、开发和成熟度风险之间，存在着微妙的平衡。现代电子技术正在以相对非结构化和快递发展的 IT/PC 行业主导的速率高速发展，这意味着，在单个飞机项目寿命周期内可以经历到多代技术进步。现在航空工业追随 IT 和通信产业已建立的趋势，不再像 30 年前电子部件技术是基本的驱动器。采用技术的典型考虑因素包括：

- 在已知的项目时间尺度内，技术必须可用且可承受；
- 若技术需求需要专门为一个项目开发，则成本或失败的风险是什么；
- 行业研发投资并聚焦要求的关键技术；
- 必须制定过时性方案，理解其影响并及时响应保持产品贯穿寿命期的与时俱进和持续保障；
- 必须认识到项目使用的电子产品和技术以非常快的产品周期发展并经常由商用市场驱动，会受制于市场部件可用率和价格。

4.3 项目环境中的设计驱动器

这些驱动器与早期定义阶段评估需满足的要求，应用的标准，以及在成本、时间和性能限制范围内完成项目所需资源密切相关，是项目规划中的重要方面。一些典型的驱动器如图 4.4 所示，并描述如下。

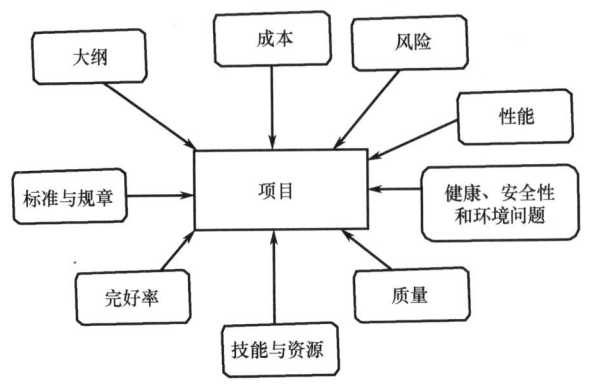

图 4.4 项目设计环境中的驱动器

4.3.1 标准和规章

飞机和其系统设计受很多严格的约束且必须与文献 [1] 第 10 章展示的标准和规章一致。这些标准和规章由航空工业经过多年建立，以在设计过程中作为一致性和可视化的衡量标准。但是，应用的确切标准会随用户的不同而变化，很多是由国家要求决定的。例如，现有完整的美国、英国、法国和北欧专用标准，尽管为北约设计的很多军用飞机倾向于严重依赖美国制定的标准，且商用飞机依赖于联邦航空管理局和其他的标准。

标准一般由广为认可的机构资助、开发、颁布和维护，如：
- 汽车工程师协会（SAE）；
- 联邦航空管理局（FAA）；
- 欧洲航空安全管理局（EASA）；
- 航空运输协会（ATA）（现为 A4A）；
- 无线电技术委员会联合会（RTCA）。

这些机构提供规定、咨询信息和设计指南形成的信息，飞机和系统设计师可据此满足强制性要求。当使用标准时的典型适用考虑因素包括：
- 用户通常规定期望应用的标准；
- 一些标准需要逐字应用，而另外的则提供指南和建议；
- 这些指南可用于生成项目专用的规范或方案；
- 需要记录项目使用的版本号，便于在产品寿命期内追溯标准的变化以及对设计产生的任何潜在影响。

4.3.2 完好率

用户期望其机队中随时都有一定数量的飞机可用，使其运行中执行军事任务和客机安排中断次数最小。运行完好率取决于很多因素，包括可靠性、飞机的日常维护、在修理飞机以及在用飞机。完好率可用数字表示并用于确定所需的机队大小，执行任务所需的飞机类型，以及设定可靠性和系统完整性的目标。典型的考虑因素包括：
- 为延误用户提供食宿或替代旅行的成本；
- 用户的不满意对未来商业的影响；
- 远离主作战基地的非计划内维护成本；
- 完成军事任务失败和后续对任务成功率的影响。

4.3.3 成本

项目投资费用的数量取决于对投资回报的期望。市场评估、竞标和设计都会产生费用，且是不可回报的费用（NRC）；制造或批生产和保障费用是可回报的。必须决定如何分摊或分期偿还市场和研发的费用，以及如何从向用户收取的定价中收回成本。必须采用严格的成本控制确保满足财务目标。典型的考虑因素包括：

- 所有工作必须在工作任务书中阐明，且必须对照进度安排进行正式的估计，确保时间和费用正确分配；
- 在预定的节点或里程碑定期监视成本；
- 尤其在寿命周期后期阶段，更改、返工和错误产生额外的费用会增加成本，减少利润间隔；
- 在寿命周期早期对设计进行彻底分析、核查和测试是值得投资的。

4.3.4 大纲

项目应当在特定的时间约束内启动和完成，设定主要的项目目标衡量成果。这是顶层大纲（或进度表），并据此编制更低层级的大纲。典型考虑因素包括：

- 大纲中应当分别识别的活动数量；
- 主要的里程碑——支付、审查和阶段完成节点；
- 利益相关方间的依赖关系；
- 关键路线；
- 风险。

4.3.5 性能

用户会定义大纲中满足其要求的性能参数，这些要求必须转换为特定的性能参数和容差，供设计团队将其分解到其设计中，供试验团队在试验中进行评估。性能点是合同中的重要内容，其演示的成果很大程度上决定了项目的成败。典型的考虑因素包括：

- 利用可用技术，用户的期望是否可达？
- 每个性能点如何演示？通过分析、建模还是试验？
- 性能可否进行建模以减少昂贵的试验？

4.3.6 技能和资源

具有正确类型技能、培训和经验的人员会对项目内可完成何种工作产生主要影响。因为没有合适的资源可用导致项目失败并不稀奇。大纲中的技术内容必须根据时间尺度要求进行平衡，确保合同能够履行。典型的考虑因素包括：

- 何种技能可用？
- 是否有稀缺技能？

- 需安排何种培训以保证合适的技能可用？
- 工作是否需要分包？
- 是否可在大纲中正确的时间点得到正确类型和数量的人员？

4.3.7 健康、安全性和环境问题

健康和安全性必须考虑所有项目相关人员的需求——设计、建造和管理项目的员工以及运营使用的员工和人员，如机组、维护人员和乘客。除了道义上的责任之外，已有法规指导机构向所有雇员和用户提供保护的职责。

飞机的一些环境状况已吸引了媒体和公众的充分关注，因而，企业不得不遵守有助于减少环境影响的政策。此外，企业从法律和合同上也不得不遵守强制执行特定限制标准的规章和标准。典型考虑因素包括：

- 必须咨询并遵守健康、安全性和环境规章——用户期望这样；
- 提供安全的办公、设备和厂房；
- 安全工作程序预案；
- 考虑新的、有潜在危险性的材料、处理和销毁；
- 污染物向当地环境的排放；
- 废弃材料处置；
- 再循环政策；
- 公众对于环境问题的意识导致对噪声、排放物、污染物和材料使用日益增加的控制；
- 尤其对于瞄准国际市场的产品必须考虑国际议定书和国内协议；
- 对环境排放的影响日益关注，如氟利昂对臭氧层的影响[2]；
- 产品必须设计最小化噪声、能量消耗、可见和不可见排放物，并最小化对环境的干扰；
- 在正常运行期间和保养期间必须关注减少对环境的影响；
- 存在获得燃油经济运行及环境保护的持续驱动力。

4.3.8 风险

必须持续评估成功完成项目存在的风险。风险评估在寿命周期很早就应该启动，并建立完整的风险数据库或目录及对项目性能的影响。可根据统计分析或建模技术使用风险分析工具评估各种组合出现的风险概率，如蒙特卡罗分析方法。很多项目使用现场风险日志或登记本，根据出现概率和对大纲影响的严重程度对风险进行优先级排序。这种日志需要认真控制和定期审查。典型的考虑因素包括：

- 在正确的时间框架内评估关于完好率的风险；
- 评估技术失效概率；

- 对每项已识别的风险准备缓解方案；
- 按照对于性能、进度和费用等的影响量化每项风险。

4.4 产品环境中的设计驱动器

这些驱动器与产品及其子系统和部件的设计密切相关，尤其与寿命周期的设计阶段紧密相关。一些典型的设计驱动器如图 4.5 所示，描述如下。

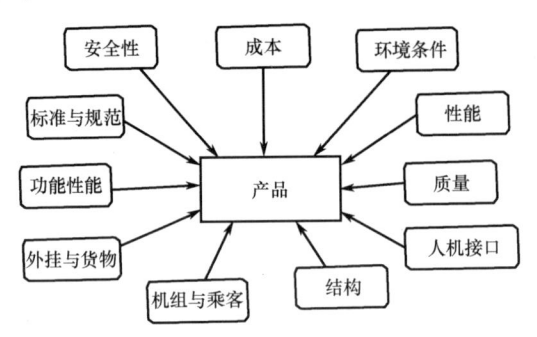

图 4.5 产品环境中的设计驱动器

4.4.1 功能性能

为满足用户要求，不得不执行大量功能。一些由机组完成，但大多数由系统响应的机组指令或完全自动完成。

系统工程师必须确定哪些功能需要执行并如何分配至单个子系统或设备清单。功能必须以可测量其性能的条款定义。这些条款包括：
- 使用适当的要求技术和工具以清晰的语言描述要求；
- 事件的时间或持续时间；
- 重复率或数据更新率；
- 来自传感器和其他系统的数据要求；
- 到效应器和其他系统的数据要求；
- 数据精度、范围和刻度。

4.4.2 人/机接口

现代飞机是非常复杂的机械，机械和操作员的接口应设计具有最大效能，便于飞机在所有时刻都能被安全操作，这是非常重要的。工作范围覆盖正常的无压力飞行、高负荷作战飞行、应急状态下的高压力飞行。在所有情况下，机组必须在清晰、设计良好且直观的环境下工作。典型的考虑因素如下。
- 操作员和飞机之间的接口定义。
- 空勤和驾驶舱控制与显示之间的接口：

—可达、感受力、阻尼、触觉识别以及机组尺寸范围；
—颜色、声音、速率、显示屏大小、字体、字符识别和其他显示问题。
- 维护人员和飞机之间的接口：
—设备质量、操作、健康和安全性；
—拆卸、更换或调整检查的便捷性。
- 进口和出口要求。
- 使用飞行服、防水服、生物/化学防护。

4.4.3 机组和乘客

机组和乘客的位置必须安全舒适。飞行员需要舒适，耐受长时间的飞行而不失去警觉性，而乘客为行程进行了支付，若他们不喜欢飞机可以选择另外的交通工具出行。这就要求客机在休闲旅行飞行中要提供更高等级的舒适度和服务。典型的考虑因素包括：

- 座席和约束力；
- 客舱空调和空气质量；
- 公用和个人照明；
- 行李存放空间；
- 空中娱乐/商务系统设备；
- 食物准备区（如厨房）；
- 卫生间和洗漱区域；
- 出口和安全性标识/照明；
- 应急设备——烟雾防护面罩、逃生滑梯、救生艇、救生衣；
- 应急氧气；
- 弹射座椅。

与这些考虑因素的一些内容相反，一些廉价航空公司运营商为降低票价，取消了空中餐饮服务，牺牲了腿部的活动空间。

4.4.4 外挂和货物

很多军用飞机都带有外挂（指的是包括武器、副油箱、侦察吊舱或目标无人靶机）。这些外挂由于有质量和阻力对于性能有影响，但是很多飞机由于物理尺寸的限制无法实现内挂。商用客机以行李、邮件或商用货运件形式携带内挂，通常装在标准集装箱或货架上。军民用货用飞机可以携带车辆或集装箱。典型的考虑因素包括：

- 外挂安装或发射器加固点；
- 抛投能力；
- 对性能的影响（质量和阻力）；

- 军械安全性；
- 货物集装箱标准和接口；
- 约束力；
- 行李装卸系统；
- 舱门/活动梯通道；
- 地面搬运设备。

4.4.5 结构

系统、外挂和传感器的安装对于飞机结构有影响。任何物体在结构中开孔都会减弱其完整性，系统工程师和结构设计师清楚在安装设备的一些项目时，需要安装什么，设计约束是什么，这非常重要。典型的考虑因素包括：

- 外挂的固定；
- 内部设备的固定；
- 检查舱口盖；
- 压力壳体密封垫；
- 内部结构上电缆孔、连接器孔、导管孔、管道孔等；
- 搭接和接地。

4.4.6 安全性

安全性对于乘客、飞行员、地勤和人口聚集的居民区都极为重要。系统按照特有的安全性设计程序进行设计。对系统、设备硬件和软件等级进行独立的危险性和安全性分析，整个系统设计消除影响飞行安全的错误或失效模式。典型的因素包括：

- 消除导致灾难性失效的单个事件；
- 消除共模失效；
- 引入鲁棒的软件设计过程确保没有导致系统以不安全方式执行的事件。

4.4.7 质量

一个唯一且强大的确保项目高质量和质量一致性的方法是确保所有设计团队都知道所应用的通用标准及过程，并且意识到需要遵守他们。在寿命周期的每个阶段进行严格的文档核查和工程文件定期审查的程序可确保独立观察员有机会进行建设性的审查并改进设计过程。质量管理体系应当到位，定义了机构、责任、使用的过程和程序以及定期审查政策。

4.4.8 环境条件

用户定义飞机在全球工作的区域，从而大体确定了飞机暴露的气候条件。

但是，如果专门为这一区域设计可能会限制其销售至世界其他区域，因此，最佳费效比的设计方法是设计可在全球范围内运行和使用。飞机和系统必须耐受的状态当前已经得到充分掌握，并已有测试标准用于在各种环境下验证设计，其中很多试验条件是极端严苛的。

飞机的使用条件决定了影响结构、系统和乘客的局部条件，并引入振动、冲击、温度等的条件。

系统工程师使用这些环境条件的组合界定其设计和试验要求。系统工程团队利用这些条件的手册或数据库，确保任意项目内方法的一致性。典型的考虑因素包括：

- 考虑飞机将在什么区域使用；
- 为扩大市场考虑设计在世界范围内运行的影响；
- 确定使用状态对内部设备和乘客的影响，并转换为工程参数；
- 理解飞机不同区域或隔舱存在的各种环境条件；
- 在手册或数据库中定义所有的工程要求。

4.5 产品工作环境中的驱动器

这些因素影响产品的设计，确保在寿命期内其能够在定义的环境中工作。工作环境由产品投放的使用条件以及其工作的区域决定。一些设计驱动器如图4.6所示，并描述如下。

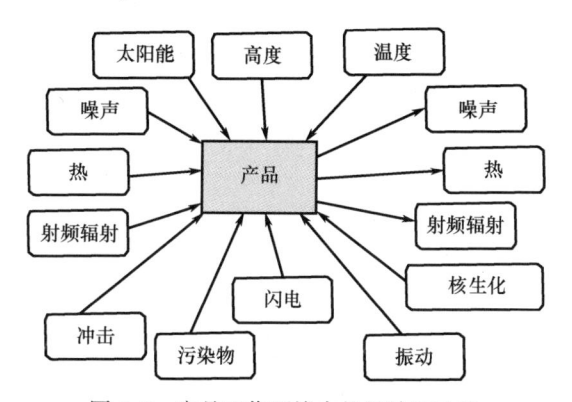

图4.6 产品工作环境中的设计驱动器

4.5.1 热

热是一种由功率源的低效率、使用功率的设备、太阳能辐射、机组和乘客，尤其在高速飞行时空气与飞机表面摩擦等产生的废弃物。因此，飞机上所有人员和物理设备都要承受热效应。这些效应包括影响人员的舒适度、引起设备部件不可修复的损伤等。典型的考虑因素包括：
- 若系统或系统部件可能受热影响，则其安装位置不应靠近主要热源或应为其提供冷却；
- 飞机环境控制系统（ECS）使用空气或流体冷却剂冷却设备；
- 某些系统执行功能时产生热量，必须与其他系统隔离或隔热，如发动机、大功率发射机；
- 某些系统产生的热量是有用、必须的，如飞行控制系统的液压装置。

4.5.2 噪声

噪声在飞机环境中总是存在的，由发动机或辅助动力装置、电机传动单元（如风扇和电机）、气流流经机身等产生。它会导致乘客或机组不舒服，同时到飞机的外部高噪声水平可造成损伤。典型的考虑因素包括：
- 高声压或声学噪声水平可损伤设备，应当避免在高噪声水平处安装。典型的区域有发动机舱、经受发动机排气的外部区域或高速飞行中可能打开的舱室，如炸弹舱。
- 设备产生的噪声对飞行员来说是件麻烦事，会导致飞行员疲劳或注意力不集中，如装在驾驶舱中的风扇、泵/电机。安装设备时，必须采取措施避免产生过大的噪声并保持机组的高效率。

4.5.3 射频辐射

设备和飞机有意或偶尔辐射射频。就飞机系统而言，射频辐射一般出现在10MHz至数十GHz之间的电磁谱。当设备或电缆安装不良时，或屏蔽不充分不正确时，会出现偶发的辐射。在无线电传输、导航设备传输、雷达或其他系统工作时会出现有意的辐射。射频辐射会导致系统功能中断或恶化，影响系统部件的工作或破坏数据。典型的考虑因素包括：
- 应用电磁健康策略使设备免受射频辐射影响。这涉及使用信号电缆隔离、屏蔽、搭接、电缆与设备分离、设备射频封闭。这将消除某些关键的电磁效应影响。
- 飞机机上本地设备影响引起的电磁干扰。
- 在飞机结构上或附近遭受雷击。
- 当地高能发射机（如机场）的主监视雷达或国内无线电发射机发出的高能射频。
- 辐射传输可向敌人暴露飞机的位置，可用作情报或识别打击目标的手段。
- 在军事领域，由电子支援措施团队分析信号可提供军用装备部署的有用情报。

- 公认信号情报是和平时期、紧张或冲突阶段最丰富的情报源之一。它对外交和军事胜利的贡献远超过采集和分析情报所需相对较少的投入[3,4]。
- 不正确屏蔽的加密通信可导致从飞机上泄露加密情报并可能由敌军探测到。
- 电磁健康策略也倾向于减少当地机载设备产生的射频辐射风险,供应商必须完全清楚演示兼容性的需求。
- 每个项目都应该有定义所采用策略的电磁健康方案。
- 发射机和接收机之间的相互干扰风险。必须小心设计射频系统避免这一风险。

4.5.4 太阳能

阳光照射在飞机表面上,透过窗户和座舱盖进入,因而,会晒到内部的一些部件。在高空长时间暴露在紫外线(UV)和红外(IR)环境下会损伤某些材料。在柏油路长时间停放时也会遭遇紫外线。典型的考虑因素包括:

- 阳光的紫外和红外成分可造成塑料材料的损伤,如褪色、断裂和脆化。这会影响内部装饰,如显示屏的边框、开关/旋钮手柄。
- 受影响最大的是飞机外蒙皮上的天线等,需要遭受高空、长时间暴晒。
- 若飞机在飞行中或停机时遭受阳光直射,座舱的器件也是易受损伤的——现已知道在世界某些地方,座舱温度可超过100℃。
- 全部这些器件都必须设计耐受上述效应且必须进行试验。
- 眩光和反光会影响机组的视觉性能,对显示器的可见度产生不良影响。

4.5.5 高度

很多飞机工作在海平面至40000英尺[①]之间。常规情况下,协和飞机工作高度达50000英尺,某些军用飞机工作高度远大于这一高度。导弹和宇宙飞船可进入同温层并在真空中工作。常规飞机内部保持一定压力,机组和乘客可以耐受,因而,在飞机蒙皮之间存在压力差。压差波动可导致快速或爆炸性失压,这是损伤的一个潜在原因。典型的考虑因素包括:

- 飞机可在高达50000英尺的高度常规工作,有时可更高。人员和设备会暴露在电离辐射下,可影响人员健康,和使闪存单元致密化。
- 设备和飞行员必须能够在海平面至50000英尺之间高度的压力范围内工作。
- 压差会影响密封元件的性能。
- 尽管座舱、客舱和设备舱正常是加压的,快速或突然失压(压力变化

---

① 1英尺(ft)=0.3048米(m)。

速率大），可导致部件失效。损伤、密封失效、座舱抛盖或战斗损伤的结果会出现这种情况。

4.5.6 温度

所有飞机都期望能在从北极到沙漠条件的各种温度条件下工作，尤其当上电时，环境温度对内部温度的影响可作用至设备上。外部环境的温度是一个关键的设计考虑因素。典型的考虑因素包括：

- 飞机可在 -55 ~ +90℃ 的极端温度范围内工作。温度范围取决于产品预期部署的位置。某些情况下，在热或冷浸渍后环境会更加严酷。在世界上的某些区域，-70℃ 并不罕见。
- 飞机可在世界范围内条件下工作，经受温度极限，某些情况下，在不同环境带之间正常工作区域期间会经历十分明显的温度差，如加拿大北部、冰岛、挪威、沙特阿拉伯和亚利桑那州。
- 比较经济的做法是，设计和开发系统能在世界范围内工作，提高市场潜能，避免重新设计或重新试验。
- 飞机可在热或冷状态下或遭受太阳光直射条件下的延长时间段内停放。关键设备应能够在这样的条件下立即工作，但并非整个系统都需要如此。

4.5.7 污染物/破坏性物质

飞机外部和内表面以及安装的设备在正常环境下可被物质污染导致腐蚀损伤或故障。污染可以渗漏、泄露或喷射等直接方式出现，或由污染过的手操作被间接污染。设备和内饰必须规定并设计最小化污染后果。典型考虑的污染物包括：

- 燃油；
- 滑油和润滑脂；
- 除冰剂；
- 风挡清洗剂；
- 液压油；
- 饮料——咖啡、茶、软饮料；
- 冰；
- 雨水和湿气侵入；
- 沙尘；
- 霉菌。

4.5.8 闪电

多数飞机预期可在全部气象条件下工作，有时不可能通过调度飞行或航线避免闪电条件，必须采取措施限制雷击的影响和相关的结构损伤以及诱导的电效应。典型的考虑因素包括：
- 一年中的任何时候都可能遭遇闪电；
- 雷击可损坏局部结构，并在飞机电缆中诱导产生非常高的瞬态电压；
- 雷击诱导响应可摧毁整个系统；
- 所有设备必须搭接，且搭接在石墨表面上，并用专用箔片镶嵌提供导电通路；
- 设备和整架飞机都应经过雷击试验。

4.5.9 核生化

军用飞机非常可能进入可能被化学介质故意污染的战场环境。飞机和设备必须在这种沾染和洗消环境下能够生存。典型的考虑因素包括：
- 生物战剂。一种由炸弹、导弹或喷射装置施放的活的微生物或毒素。飞机和设备沾染后可伤害空勤和地勤人员。
- 化学战剂。一种由炸弹、导弹或喷射装置施放的化合物，适当扩散就会产生丧失能力、损伤或致命后果。飞机和设备沾染后可伤害空勤和地勤人员。
- 核效应。冲击波、辐射和电磁脉冲，可损伤飞机、设备、通信和人员。

4.5.10 振动

所有设备都承受从机身耦合进固定件的振动。振动可接着耦合进电路卡和部件，导致电缆、连接器插针和电路板断裂。若出现共振模式，则后果更严重。典型的考虑因素如下。
- 正常工作中遭受的振动：
  - 随机或连续施加的3轴振动；
  - 在固定频率和方向处的正弦振动；
  - 飞机设备安装区决定的特定振动形式；
- 战斗机和攻击直升机上的炮击振动；
- 特定安装中的抗震固定支座；
- 柔性设备机架。

4.5.11 冲击

暴力或剧烈冲击可导致设备和部件从固定座分离开。接着其会成为松动危险物可造成设备其他件或人员的二次损伤。冲击可导致设备内部部件分离导致故障。典型的冲击原因如下。
- 飞机剧烈机动；
- 粗猛着陆；

- 坠毁状态；
- 人工操作期间的意外掉落。

4.6 与子系统环境的接口

子系统环境中的驱动器可直接影响子系统的设备和部件。这些驱动器影响设备到设备、设备到结构、设备到机组的接口。这些接口引出了前期描述的很多派生要求。一些典型的设计驱动器如图4.7所示，并描述如下。

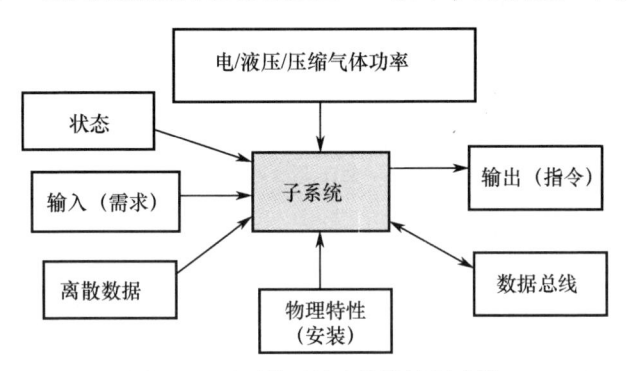

图 4.7 子系统环境中的设计驱动器

4.6.1 物理接口

这些接口影响设备在飞机上的安装，对于设计者而言非常重要，并直接影响生产和装配。这一阶段的任意错误都会蔓延至量产中，且会多次重复出现。典型的考虑因素包括：
- 质量和中心（CG）；
- 设备相对于飞机或安装托架内的可用空间包线的尺寸和宽高比；
- 压紧机构/附件；
- 连接器类型、数量和样式；
- 电缆/管路连接；
- 设备和部件调整、修理与拆除检查口需求；
- 设备和部件的方位；
- 突起/管道/开孔。

4.6.2 功率接口

系统部件需要连接到一个功率源为其工作提供能量，并将能量从一种形式转化为另一种形式。典型的考虑因素包括：
- 电源——有适当额定电流和保护的交流或直流电源；

- 搭接和接地——这是电和信号屏蔽的重要考虑因素，用于确保结构所有的部件不管是金属的还是非金属的是搭接在一起的；
  - 硬件保护和隔离；
  - 电缆/线束大小和连接；
  - 液压功率——压力、流体、管路连接类型、流体特性、工作温度；
  - 压力/压力损失/流量；
  - 压缩功率——压力、温度、管路连接类型。

4.6.3 数据通信接口

数据在系统之间通过数据总线或数据链的以串行或并行的电子格式传送。数据总线接口通常由连接多个部件的控制单元实现。数据总线效率高，可减少传输数据所需的电缆数量。典型的特征包括：

- Mil-STD-1553B（Def Stan 00-18，Stanag 3838）。双电缆变换器耦合总线的指令/响应，军用，类型专用数据格式，使用 1Mb/s 传输率的信息格式。
- ARINC 429。得到公认的商用航电总线标准，有定义的协议、信息格式和数据名称/标签。通常传输率为 110kb/s。
- ARINC 629。使用 2Mb/s 数据传输率的民用标准，技术与 Mil-STD-1553 类似。
- 现代数据总线类型包括 IEEE-1394、CAN 总线、AFDX、ARINC664 等。
- 数据总线传输必须使得引入控制回路的延迟（数据等待时间）不足于降级系统的性能。
- 数据总线架构的完整性必须适用于其用途。

4.6.4 输入/输出接口

在控制单元中执行的系统功能需要用来自系统部件的信号测量流量、运动量、压力或温度等特征参数。控制单元发出指令信号，将能量转化为某些部件的运动或将信号提供给机组。

- 离散输入。开关（通/断）类型输入从 1 个固定状态切换到另一个，如 0~28V，起落架从收起到放下，着陆灯从亮到灭。
- 模拟输入。用于表征状态变化的连续变量模拟信号，如增大或减小推力的油门指令、飞机高度变化指令。
- 驱动作动筒或电机如燃油活门、泵的电输出。
- 移动舵面或舱门如升降机、炸弹舱门的液压输出。

4.6.5 状态/离散数据

- 状态数据用于向系统部件指示其他系统部件的状态，如工作中或已失效，通常作为一种测试的产生结果。测试可由系统——机内测试自动启动或由机组启动。

- 产生的告警信息用于通知机组特定的状态或失效，如"滑油压力低""着火"。
- 状态或离散值通常以通/断两状态信号进行表示。

4.7 过时性

过时性长期以来一直是个重要问题并贯穿产品的整个寿命周期。贯穿整个寿命期进行过时性管理的技术可参阅文献 [5]。

在有长开发时间跨度和长服役持续时间特点的复杂航空产品中，很多情况会出现过时。除了过时性技术和部件的案例外，过时性经常是初始工作要求、设计和制造过程、设计工具包、机构技能、保障和运行以及支撑的信息处理系统的主要因素。

若没有意识到过时性会产生影响且不能满足原始规范或在市场中失去竞争力，会导致产品寿命周期产生巨大的费用。

过时性是对航空和防务能力开发、保障、装备完好率与全寿命保障服务的主要和日益增加的风险。

过时性与技术强烈相关，尤其在现代技术快速成熟的方式下更是如此。从新技术开发到进入服役交付，大约为10年或20年。在选择航电系统使用的电子器件尤其明显。缺乏持续的供应会刺激设备的更新换代，而继续用过时设备服役并工作至不得不更换为止，则会导致维护成本高昂，且飞机完好率会降低至不可接受水平。

然而，过时性不只影响飞机，同样也会影响主要的基础建设项目。这意味着商用飞机的设施有压力，军用飞机基础和保障能力无法满足长期保障规划。

现代飞机设计和制造是复杂结构、系统和设备的集成。很多飞机系统定义为安全关键和保障主导的。这些系统根据航空要求设计和制造，并经历了严格的鉴定和认证计划。其开发和制造寿命周期长，并预期在维护和保障下工作40~50年。

过时性定义如下：

因为产品停产、原材料不可见、法律影响或产品保障服务的撤销，导致一个部件不连续或突然丧失原始供应源的供应。

过时性可在产品寿命周期从概念到报废的所有阶段出现，所有形式的系统、设备（包括地面设备、硬件和软件）、资源（人员、工装、过程、材料、知识、环境和设施）都会受到不可控过时性的影响。

部件过时性是最明显的问题，尤其在电子或航电部分，由于技术飞速发展，其功能、性能和完好率都会过时。

新产品现在选择的部件在系统服役时或之前很大可能会过时，或当后续需要时已不可用。

4.7.1 产品寿命周期中的过时性威胁

过时性也是飞机及其系统设计、开发、制造和鉴定的主要因素。这里的关键因素是技能资源、设计工具和主机以及过程等在漫长的开发寿命周期与服役寿命期中会过时，这在现代电子系统的快速成交中尤为突出。

图 3.3 显示的是产品寿命周期中某些涉及的时间跨度。军用和商用飞机原始购买者购买时都有很长的服役寿命，并且可由第二采购商通过租借或改装他用进行延寿。对某些飞机型号在原始设计决策和退役之间为 50 年并不少见，这比很多人的工作周期要长，因此，人员技能有过时性就不稀奇了。

图 3.3 也显示了在主产品中影响过时性起始的一些因素。一个主要的因素是重点从定制昂贵的飞机部件和设备更改为开发用于商用与国内市场的部件，因有大量的成交量从而可以大幅削减成本。为满足国内市场需求，这些市场要求有非常短的开发时间跨度和快速变化的技术寿命周期，导致接受几乎流行的、与飞机产品扩展寿命不适合的短寿过时产品。

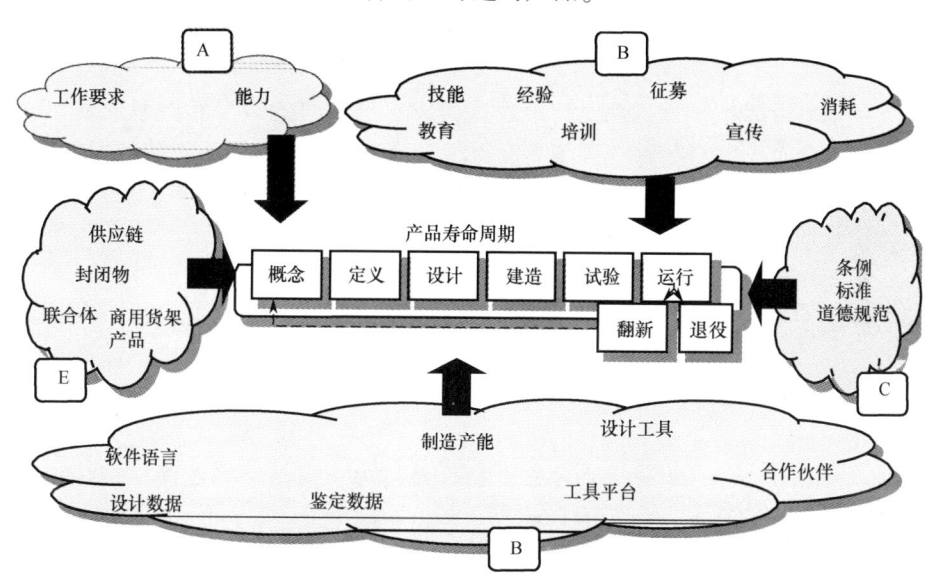

图 4.8 系统寿命周期中对过时性的潜在影响

图 4.8 展示的是飞机系统寿命周期中存在的消除过时性机会。通常认为材料、部件和技术是过时性和老化的主要影响因素。但是，有很多因素对任意航空项目施加影响会导致过时，系统的整体视角在理解整个风险中非常有用。参考图 4.8，这些影响包括下述项，并会进一步讨论。

- 要求规范；
- 人员；
- 规定；
- 设计、开发和制造；
- 供应链。

1. 要求规范

用户从其未来所出现的需求中提炼出要求，并以竞标的形式提供给航空工业。在军用领域，要求会基于对已知或疑似威胁的理解并根据已有武器系统库制定。在引入新产品和召回已有产品之间保持能力的正确平衡非常重要。确保引入新技术具有低风险也是非常重要的。这听起来简单，但是在过去其曾经导致从要求开发、项目启动到产品开发到入役，在极端情况下可能会花费20年或更长时间。

用户要求本身可能是过时的不足为奇，最近的案例是来自苏联威胁的撤销，冷战曾经导致了用于欧洲机械化战争武器系统的入役，代表性的有空中优势战斗机、航空母舰、深度打击武器、核潜艇和战略导弹防御系统等。很多武器已不适用于很多国家今天面临的"非对称战争"，这种战争多在城市中发动并与平民聚集区距离很近。

作为结果，国家需要处置因过时威胁强加的过时能力，需要花费大量经费维持武器库处于可作战状态。

在军事世界中，过时性也会出现在构成军事威胁的国家武器库的发展中。雷达系统会由于隐身技术的进步而变得过时，一些武器会因为对抗技术的进步或对敌战术的更改而变得过时。因敌方是对防御能力的主要威胁，明智的做法是将敌方包含在军事系统的相关方分析中。

在商用航空中，航空公司的要求由休闲和商务旅行等商业问题驱动。当前的趋势是发展大型、跨洲际飞机，这对于机场和客运处理设施的设计有很大的影响。区域和超声速运输系统有减少趋势，至少在英国商用飞机产业是如此。廉价航空公司正在以低票价和"无服务"旅行的方式吸引乘客，这一行动催生了新的航线也使得另外的航线变得过时。

公共和政治压力要求飞机要更经济、更环保，以减少对全球环境的破坏。这会引领更加清洁的飞机，但是已有型号的大量成本意味着过时的、高污染的飞机仍会以某些形式继续服役。

因此，在这些压力作用下，过时性可能会影响特定的航线、飞机型号、燃油和润滑剂以及机场。

2. 人员

人员施加的主要影响在于完成项目满足原始要求的劳动力能力。现代项目中给定了漫长的开发时间，总会有在贯彻全寿命期保持适当技能和经验的问题，其中，技能的应用需要根据执行的任务变化。有技能和经验的人员提供原始概念定义——创新、天赋、原始思想、概念掌握等，这一阶段相对较短。他们并不需要具有适当的技能将概念变成现实——详细设计、产品定义、标准理解等。

贯穿整个项目大纲的技能和教育管理对于保持正确的劳动力平衡、控制劳动力和培训的成本不可或缺。寿命周期技能要求的变化如图4.9所示。

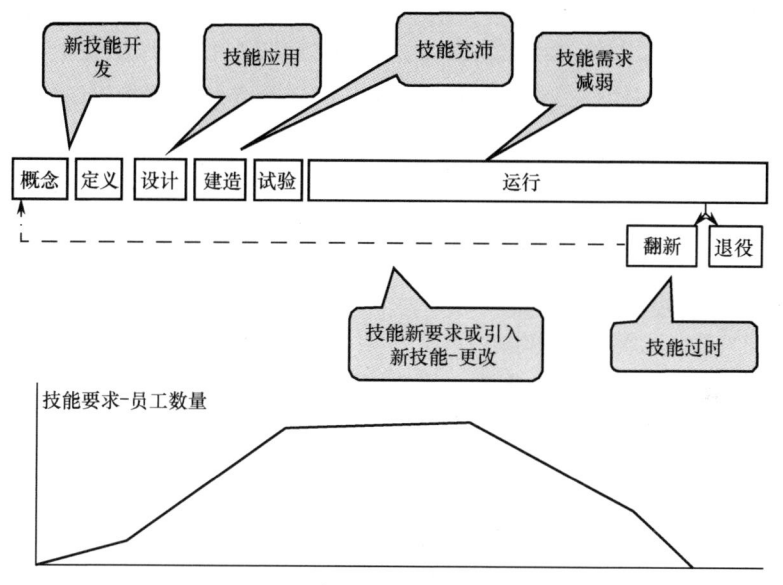

图4.9 寿命周期内技能要求的变化

这张图描述的是新项目在早期经常要求有新技能，劳动力一般通过适当的培训或招收有适当技能的新员工获得。随着项目的开发进行，有技能员工数量增加，并在整个设计和开发阶段保持稳定，并随着产品进入制造和运行数量逐渐减少。为应对初始服役的询问，可能需要对技能进行演练，但很快就会停止并熟练。

在这一下降至过时期间，会出现员工的调动——从缺乏动力、看不到进步的道路到期望保留其技能，从而会使得员工转移到另外的项目中，离开公司，升职步入管理岗位。

由于技术的过时性，特殊技能也会弱化。一个案例是采用 Ada 作为军用项目的优选软件语言。在商业世界中，C++ 开始流行，院校更喜欢教授新语言而不是 Ada，使得 Ada 的供应商减少其编译器的支持规模。因而，Ada 变得过时，而新的航电设备都是用 C++ 编程的。军用系统上的用户必须继续用 Ada 保障飞机，一定程度上会保留这些技能并维护编译器。不过由于 Ada 和 Ada 兼容的硬件和软件的限制，会最终限制系统能力的进一步扩展。

3. 规定

规定应响应技术和技术、商用及政治环境中的压力并进行更改，这会导致标准及其适用性的更改，反过来会导致技术和制造过程和程序的更改。这会影响飞机组件（如镁铝合金）和电子元件（如铍）建造的材料选择，保护材料（如镉）和消耗品（如燃油、苯）或制冷剂（如氟氯化碳）的处理选择。一些更改是出于环境原因规定的，一些则出于健康和安全性原因。不管是哪一种情况，制造商必须遵守规定并演示服从性。因而，很多材料在飞机寿命期间会变得过时，且一般情况下允许保持在役，但在新项目中是禁止使用的。

这为制造商和用户提出了一个大问题，其不得不记录使用过的材料并监视员工的健康状况和其环境保护义务。必须进一步考虑在寿命末期或事故、坠毁事件中的污染物沾染的安全处置。

4. 设计、开发和制造

一个已服役 50 年的当代项目可能建立以下述媒介保存的设计记录：

- 纸制图纸——绘图板和图库；
- 亚麻布——绘图板和图库；
- 聚酯薄膜胶圈——绘图板和图库；
- 缩微胶片——缩微胶片/胶卷阅读器；
- CAD 数据库——工作站；
- 软盘——桌式计算机和操作系统依赖性；
- 磁盘——桌式计算机和操作系统依赖性；
- 光盘——桌式计算机和操作系统依赖性；
- 远程存储库。

所有这些类型的介质应当存储直至产品退出现役，并在退役后规定时间内向服役后所有者提供任意正式的咨询或坠毁调查支持。这意味着读取介质的机器也需要储存并保持可用。这需要设计者必须提供存储和维护成本的不动产。在现代系统，这意味着保留整个设计和开发期间使用的计算装置以及不同版本的操作系统。由于不再有磁介质稳定性和完整数据恢复的长期保证，因此仍有更新数据的需要。

小型存储装置过渡到存储库的过时性会增加风险。现在数据的所有者可在防火和安全的仓库中保存物理存储装置。将数据置于远程存储库中意味着访问更不可控且存在信息被盗或乱用的风险。

5. 供应链

不可避免地，所有这些问题都会通过原始要求规范传递到供应链。由于规定的材料、过程和部件会随时间、开发技术（尤其电子元件）、商业市场压力、规章和标准更改等过时，因此供应链也有其需要处置的过时性问题。

"规划性过时"这一术语是用于描述制造商为缩短有用寿命或限制消费型

产品和商品的耐久性以刺激购买换代商品所用的技术。由于越来越多的使用货架产品、硬件和软件，这一问题在航空和国防工业内日益增长。

一份 FAA 报告[6]声称由货架产品组成的商用飞机系统由于商用市场对零售商改进产品功能和性能施加的压力将保持增强状态。

主合同商应当在项目最早期就开始介入供应链的过时性规划。

4.7.2 管理过时性

图 4.10 所示是管理过时性的基本框图，更多的细节可见参阅文献 [7]。考虑过时性非常重要，甚至应当在概念阶段就开始考虑并着手制定全寿命周期过时性的管理方案。方案应当考虑所有方面，不仅包括外购器件，而且包括技能和机构基础建设问题。

波音公司对电子元器件过时性问题做出了回应，并在过时性管理[8]主题进行了报告。

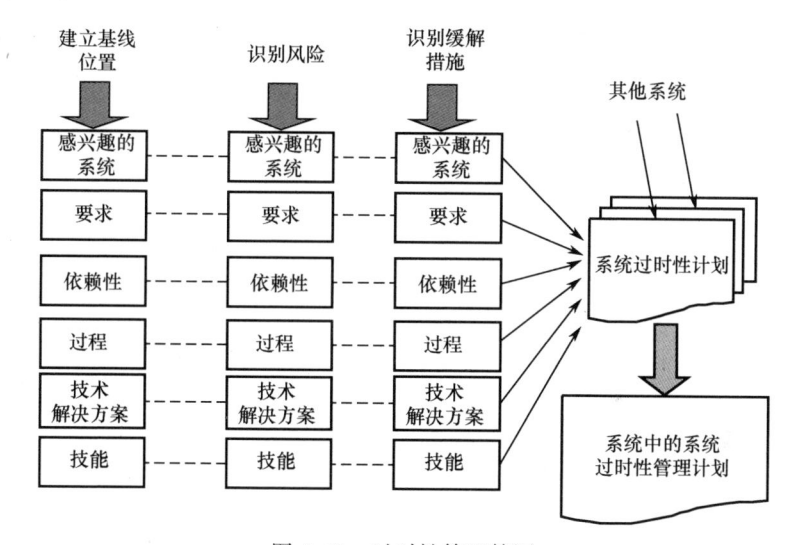

图 4.10 过时性管理简图

参考文献

[1] Moir, I. and Seabridge, A. (2003) *Civil Avionic Systems*, Professional Engineering Publishing.

[2] Bamford, J. (2001) *Body of Secrets*, Century.

[3] Schleher, C. (1999) *Electronic Warfare in the Information Age*, Artech House.

[4] Montreal Protocol published by the Vienna Convention for the Protection of the Ozone Layer and the Montreal Protocol on substances that Deplete the Ozone Layer. United Nations Environment Programme. www.unep.or/ozone.

[5] Aerostrategy Commentary September (2010) From Tooth–to–Tail and Back Again: Military Sustainment's Difficult but Possible New Mission.

71

[6] Federal Aviation Administration, Report of the Challenge (2000) Subcommittee of the FAA Research, Engineering, and Development Advisory Committee, March 6th 1996, Use of COTS/NDI in Safety Critical Systems.

[7] Jones, D. A. and Seabridge, A. G. (2012) Managing obsolescence in the project lifecycle, in *Encyclopedia of Aerospace Engineering*, vol. TBD (eds R. H. Blockley and W. Shyy), John Wiley & Sons Ltd, in press.

[8] Boeing AERO No 10 – March 2000. http://www.boeing.com/commercial/aeromagazine/aero_10/, accessed April 2012

拓展阅读

Duncan, Y. (2003) Lifecycle management and the impact of obsolescence on military systems. http://www.vita-technologies.com, accessed July 2012.

Peter, S. (2004) Beyond reactive thinking – we should be developing proactive approaches to obsolescence management too! *DMSMS Center of Excellence Newsletter*, 2 (4)

Peter, S., Frank, M. and Ron, K. (2007) A data mining based approach to electronic part obsolescence forecasting. *IEEE Transactions on Components and Packaging Technologies*, 30 (3), 397–401.

Peter, S. (2007) Designing for Technology Obsolescence Management. Proceedings of the 2007 Industrial Engineering Research Conference.

Singh, P., Sandborn, P., Lorenson, D. and Geiser, T. (2007) Determining Optimum Redesign Plans for Avionics Based on Electronic Part Obsolescence Forecasts, SAE 2007.

Solomon, R., Sandborn, P. and Pecht, M. (2000) Electronic part life cycle concepts and obsolescence forecasting. *IEEE Transactions on Components and Packaging Technologies*, 707–7171.

Sandborn, P. and Singh, P. (2005) Forecasting technology insertion concurrent with design refresh planning for COTS-based electronic systems. Reliability and Maintainability Symposium (2005).

Singh, P. and Sandborn, P. (2006) Obsolescence driven design refresh planning for sustainment dominated systems. *Engineering Economist*, 51 (2), 115–139.

第 5 章 系统架构

5.1 引 言

系统架构是在设计和开发工程过程中的重要工具。通过将顶层要求映射到基本建造模块，形成对概念阶段的早期可视化的一部分。经常用方框图描述功能和数据流以及功能依赖关系。接着可开发严格的架构，增加更多的细节，并将功能引入到物理映射并对功能分配达成一致意见。这是一个决策将哪种功能向供应商开放投标的合适阶段。

架构也是固定外部约束的有用工具。例如，决定使用特定的商用航电标准（如 Arinc 429）将自动决定某些架构的原理。其他的设计驱动器可包括决定使用商用货架产品或同样限制设计的用户库存件。这些限制可记录在架构图和备注上。

系统架构是概念型面的表征，独立于任意物理实现可被可视化的系统形式。其使用方框图格式作为便捷的简化符号，是一种理解系统标准的简单易用方法。这种简单的可视化可对概念进行表征，并促进不同工程学科之间的讨论，在接口、功能分配和标准达成一致，不需要转入过细的内部布线连接或详细部件就可以开发架构。这对于软件和硬件建造模块的物理和功能表征来说是正确的，且对于设定和协商边界和接口尤其有用。

除了制定设计决策之外，系统架构是辅助识别早期权衡的待选方案、使用电子数据表进行不同架构设计之间的费用、效益和性能对比简单模型的理想工具。

5.2 定 义

"架构"或"系统架构"这一术语在系统工程中应用较多，这一术语来源于土木工程或建筑设计。当系统工程师讲系统的架构时，与建筑师讲建筑的概念类似。在土木工程中，术语"架构"定义如下[1]：

- 设计并监理建筑建造的艺术与科学；

- 一种建筑或结构风格；
- 建筑或结构集合；
- 任何物体的结构或设计。

《牛津英语词典》中的[2]架构定义为："与建筑布置的结构和装饰细节相符合的特殊方法或风格。"

"建筑师"定义为："策划、构思、设计或建造以达到预期结果的人。"

建筑师往往在一张空白的纸上设想设计的形式和结构。接着，将基本的指南原理和标准项至基本的架构，分解至单个部件，确保在产品开发全过程保留设计的完整性。完整性包括美学品质例如风格或式样，以及诸如居住环境、取暖、服务等功能方面。

对于模式、形式和结构鉴赏，其应用已超出民用建筑行业。古希腊线形文字B语言的解译是由建筑师取得而非语言学家，并得以推测出建筑师的特点或能力。

"建筑师眼里看到的建筑并非只是外表、装饰和结构特征的混合；透过外观并区分模式、结构元素和建筑框架的显著部分[3]"。正是观察式样而不是细节的能力使得建筑师能够推测出线形文字B的语言是希腊语，而语言学家则陷入细节和哲学争论，忽略了关键点。

通过上述定义和观察得出形式、结构和秩序是建筑的基本特征，而不是细节。因而，建筑师必须具有处理这些特征的技能，并建立适用的形式和标准，以便于建筑人员能够遵循其设计并建造出完美的建筑。在飞机系统工程中，基本的架构原理通过系统设计层自动向下至设备的每一项，构成硬件和固件解决方案，如图5.1所示。

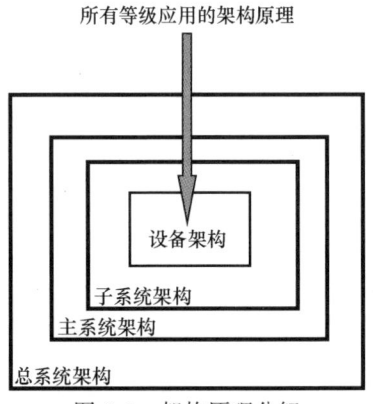

图5.1 架构原理分解

5.3 系统架构

在系统工程中，在设计早期思考形式或结构，而不是详细的工程解决方案是最方便的。在这一抽象层级,可决定所要求的主要功能建造模块以及这些模块之间的通信方式。例如,在计算系统中,计算机架构定义为计算机系统硬件组件的设计和结构。这一术语包含了一般的考虑因素,如系统是否基于串行、并行或分布式计算,当中多台计算机连接在一起,也涵盖了更多的细节,如中央处理单元内部结构的描述。根据由 CPU 处理的数据字节长度和数据总线的带宽,微型计算机通常采用 16bit、32bit、64bit 的架构进行描述。

同样地,当设计系统时,工程师经常说到功能、处理标准、接口标准、软件语言和连接功能的数据总线标准。一旦在这一层级达成一致,该原理在由所有机构介入的详细设计中的每一层级中应用。

系统架构开始的时候经常表征为简单的方框图,这样可以方便地看到所需完成的主要功能、数据双向通信机制以及功能之间的相互依赖关系。在主要高等级功能和数据双向通信标准命名的基本规则建立起来时,则可以进行架构方框的详细开发。这与建筑的地基方案和轮廓定义、批准建筑和服务预案应遵守的标准类似。图 5.2 是这一过程的演示,说明了在一般系统架构中架构原理的分解。

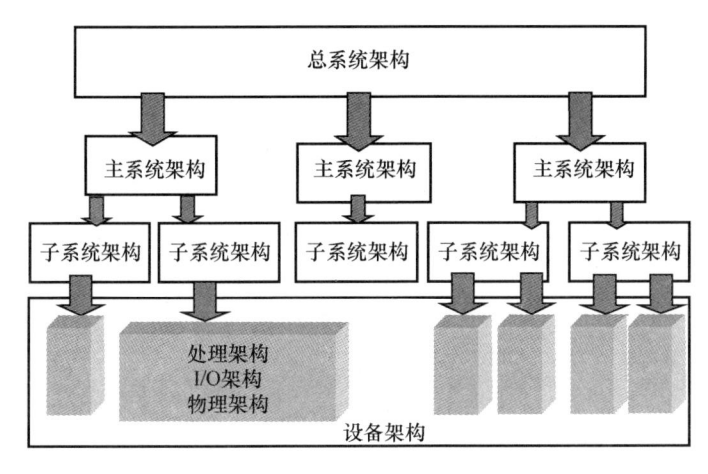

图 5.2 一般系统架构案例

承担架构标准控制或设定的工程师称为系统架构师。架构师能够熟练应用技能设计建筑,并致力于寻找简单的表征而不是详细的设计,其目的是以一种简单明了的形式产生设计的高等级视图的介质,可用于促进争论、达成共识并记录设计阶段,参与项目的所有部门可将其作为自己工作的可靠基础。

作为起点,一个总系统架构案例如图 5.3 所示,图中飞机系统可划分成有通用双向通信的特定系统组:

- 通用系统;
- 航电系统;
- 任务系统;
- 客舱系统;

- 数据总线。

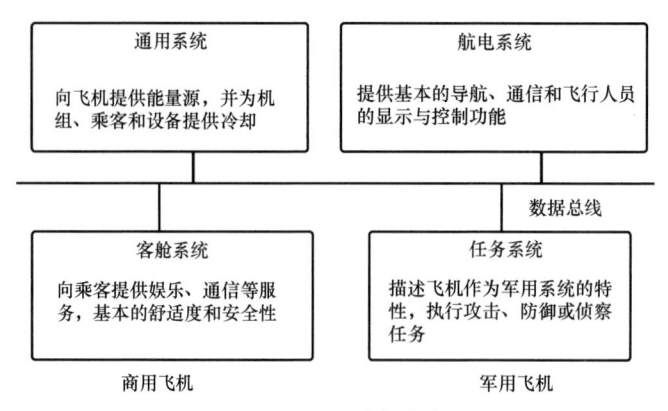

图 5.3 顶层系统架构案例

提供每个系统组的简短功能描述。采用通用数据总线标准意味着可以定义接口和数据格式。分组并非随意定的——每组的要求完整性差别很大。通用系统通常是安全关键的，且由于故障可危及飞机和机组安全，必须设计为故障是极罕见的。航电系统是安全相关的，其损失会危害飞机。任务系统失效会导致性能降低。从安全性角度看，可容许客舱和娱乐系统损失，但用户满足度会减少。

尽管这是非常简单的起点，但这是各个团队识别其责任和设计方法、进一步定义架构细节的使能器。正是在这一阶段，建立用于通信、安全性、完整性、可用率和设计制造的标准，并应用于后续所有等级。

图 5.4 说明的是每个系统组进一步开发后的架构。

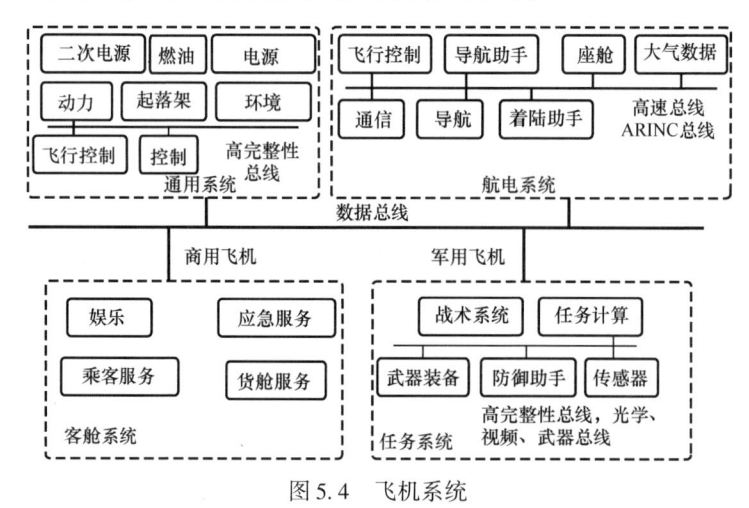

图 5.4 飞机系统

5.3.1 通用系统

已开发了通用系统组说明单个系统是需要的。多数这类系统都有主要的机械部件、如泵、油箱、操纵杆等，但在这一架构中说明需要这类系统非常合理。由于通用系统需要控制和监视组件，因此，这也包含其中。为与飞机其余部分通信，需要通过批准的双向通信形式数据总线进行连接。但是，通用系统对于飞机的持续安全运转并保持其鲁棒性是必不可少的，这需要设立高完整性总线。这种总线可与飞机总线采用相同的物理实现，但可包含不同等级的冗余或不同的消息调度协议。

5.3.2 航电系统

已开发的航电系统组同样说明需要高速总线以满足座舱显示系统之间的双向通信要求，且需使用商用 ARINC 总线标准，如 ARINC429 或 629，满足货架航电子系统要求。军用航电系统也需要遵守标准军用总线标准，如 MIL-STD-1553。

5.3.3 任务系统

任务系统组与军用飞机相关，使用高完整性武器总线和光学、视频数据链。

5.3.4 客舱系统

客舱系统组对空中娱乐系统有特殊要求，如高品质视频和音频通信。这可能要求有视频或光学数据连接。在很多情况下，允许某些客舱系统功能丧失。尽管这可能让乘客烦恼，但不会影响他们的安全性。

5.3.5 数据总线

在每种情况下，应保持关于主要数据总线的选择决策，遵守其消息协议。

虽然这是系统的一种简单表征，但其定义已进一步并达成了一致。图 5.5 所示的通用系统组已说明了控制系统的更多细节和通用系统的连接。

这一开发表现出下述特征：
- 飞行控制系统是 4 余度，并直接连接到数据总线；
- 通用系统控制由连接到数据总线上的 4 台计算机子系统执行；
- 通用系统组件（作动筒、传感器等）的连接由离散电缆完成；
- 推进系统为双—双余度，并直接连接到数据总线；
- 与其他航电系统的连接通过数据总线完成，包括座舱显示和控制；
- 数据总线是复式的，所有通信保持两通道。

这标志着在系统架构定义上又前进了一步，并进入了可向系统架构块分配功能的阶段。

架构方框图并不限于大型系统的可视化。这项技术也可由设备设计师使

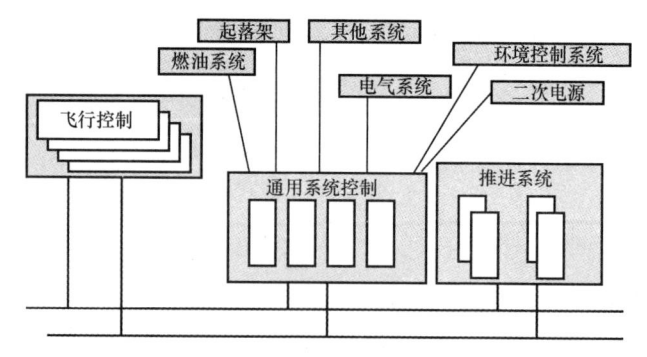

图 5.5 通用系统架构案例

用，如上述所属的系统管理处理器。处理器内部构型和架构如图 5.6 所示。

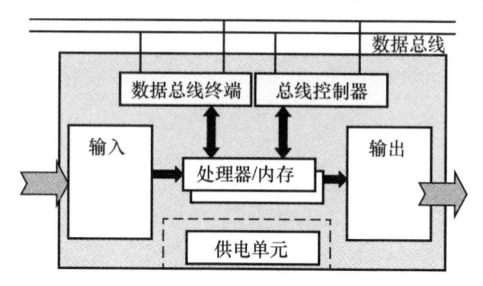

图 5.6 系统管理处理器架构

这说明了如何将处理器划分为主要组件，如输入和输出接口、数据总线连接和控制、处理器和内存以及供电。这种简单视图可确保在设备设计中保持外部系统的冗余、隔离和完整性原理。

5.4 架构建模与折中

图 5.7 显示的是一个单个系统的架构——作战飞机燃油系统。图中显示了由燃油箱及其计量探针、液位传感器、增压泵和传输泵，燃油管路和单向活门、安全活门组成的燃油、加注和放油、输油机构。

与适用于系统制造所需的详细图纸相比，采用这一架构表征可以轻松得到系统的整体印象：
- 三维燃油箱模型；
- 油箱安装细节；
- 管路敷设图；
- 电路图；
- 单个部件数据表单。

在这一架构等级适合用电子数据表进行建模，从而可以比较多个不同的架构，并进行折中找到最佳解决方案。在飞机寿命周期早期阶段，在多个任务样

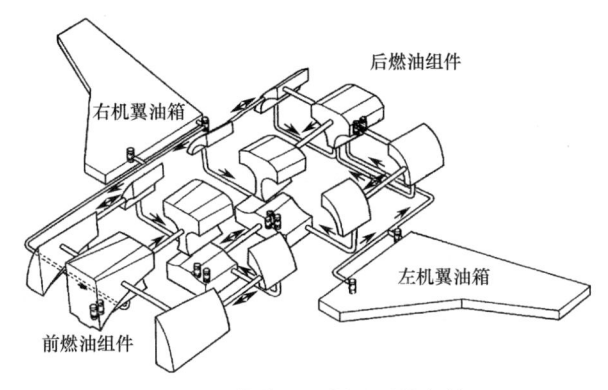

图5.7 作战飞机燃油系统架构

本条件下，通过样本任务得到热载荷、电负载、燃油效率等载荷剖面，建立系统的组合模型进行折中非常有用，这使得系统工程师可查询无效的系统组合，并将其从选项列表中筛除，也可以查询有效的组合并进行完善。

5.5 开发架构案例

图 5.3 所示的是一个顶层系统架构，说明的是飞行人员控制与显示功能的要求。这在图 5.4 得到了进一步发展，显示了与其他系统的接口。图 5.8 所示的为双人驾驶舱提供控制与显示功能的显示系统简单架构，这一通用显示系统的主要组成有：

- 数据采集/集中器。从其他系统获取要显示的数据，选择最适合的数据源并进行数据完整性检查；
- 显示管理计算机。确定了显示模式和要显示的内容；
- 符号/图形发生器。以符号文本形式构建符号和图形；
- 显示单元。由显示曲面和显示装置电子器件组成。

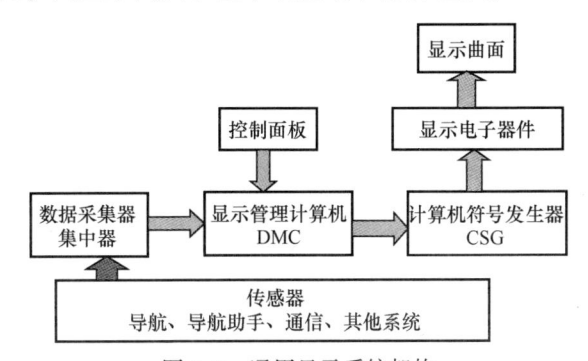

图 5.8 通用显示系统架构

这一架构在图 5.9 中得到了进一步发展，所示的系统架构为 3 显示管理计算机、6 个显示屏和 1 个切换机构组成的冗余结构。这允许机组可根据飞行阶段以及机长和副驾驶职责选择最合适的信息。架构也表明数据采集/集中和符号生成功能已被吸收进显示管理计算机中。到飞机数据总线机构的连接也支撑连接到其他系统。这一架构进一步开发、不断细化，直到出现布线图。最终的实现如图 5.10 所示。

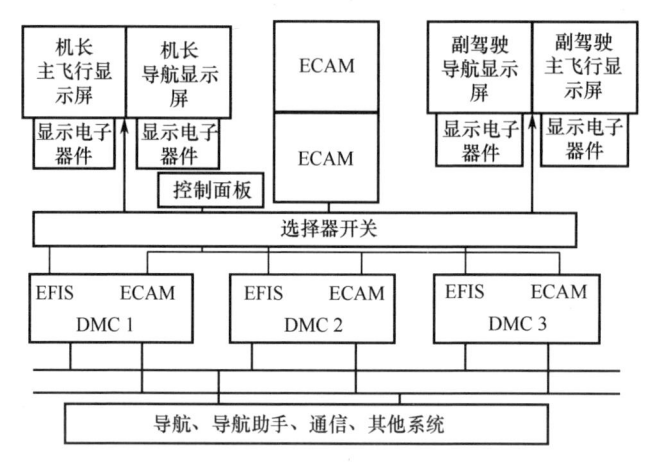

图 5.9　已开发的显示系统架构

图 5.10　A340 驾驶舱

5.6　航电架构的演化

随着飞机性能的提升，航电技术的应用也突飞猛进。可靠的涡轮喷气发动机使得军用和民用飞机性能得到了巨大的进步。为利用这些进步，飞机航电系统在能力和复杂度方面得到了快速发展，如图 5.11 所示。

图中所示的是从 20 世纪 60 年代至今的航电架构演化情况，这一时期的关键架构进步主要包括：
- 分布式模拟架构；
- 分布式数字架构；
- 联合式数字架构；
- 综合模块化数字架构。

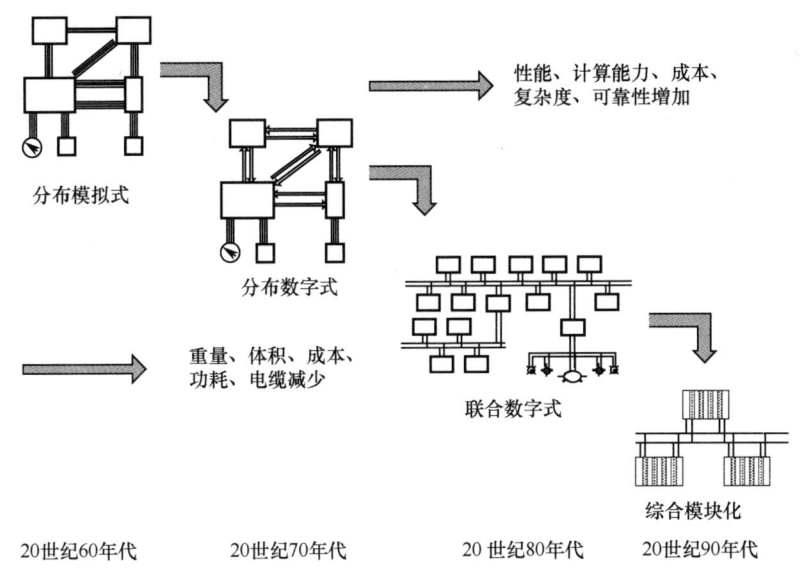

图 5.11　航电架构演化

这些架构的演化主要受第 4 章飞机等级的设计驱动器影响。其能力和性能既由当时可用的航电技术建造模块支撑又受其限制。正如图中所示，贯穿这一阶段很多特征发生了变化。增加的指标有：
- 性能和能力；
- 计算能力；
- 复杂度；
- 可靠性；
- 成本。

减少的指标有：
- 重量；
- 体积；
- 功率消耗；
- 布线。

随着 20 世纪 60 年代数字计算技术的到来，70 年代首次在架构上得到成功应用。适用于航空严酷苛刻环境的数字计算机的出现使得计算能力和精度相比于模拟时代有了飞跃。串行数字总线的开发极大地方便了主要系统单元之间的双向通信和数据传输。在早期，通过相对缓慢的半双工（单向）、点对点数字式连接实现，如 Arinc 429 和串行数据链。

微电子技术和第一代集成电路的到来使得飞机上越来越多的系统应用了数字计算技术。同时，更加强大的数据总线如 MIL - STD - 1553B 提供了更高数据传输速率的全双工（双向）、多点通信能力。这使得 20 世纪 80 年代发展起来的联合式架构成为可能，其中开发的多数据总线架构用于满足增加的数据流和系统隔离要求。在这一阶段，航空电子部件主要是为专用解决方案订制的，很少使用航空领域外的产品。

在航空领域外的工业领域中，尤其在信息技术和个人计算领域中电子器件与技术达到了远高于航空领域能够承受的能力水平时出现了最新的进步。使用商用货架产品技术开始流行，综合模块化航电架构开始追随并应用其他业界技术的发展。每种架构的关键属性描述如下。

5.6.1 分布式模拟架构

分布式模拟架构如图 5.12 所示。在这种类型的系统中，主要单元通过硬线双向通信，没有应用数据总线。这会导致有大量的飞机电缆，且若系统需要更改，改动会极其困难。这些电缆与供电、传感器激励、传感器信号电压和系统离散模式选择以及状态信号等相连。

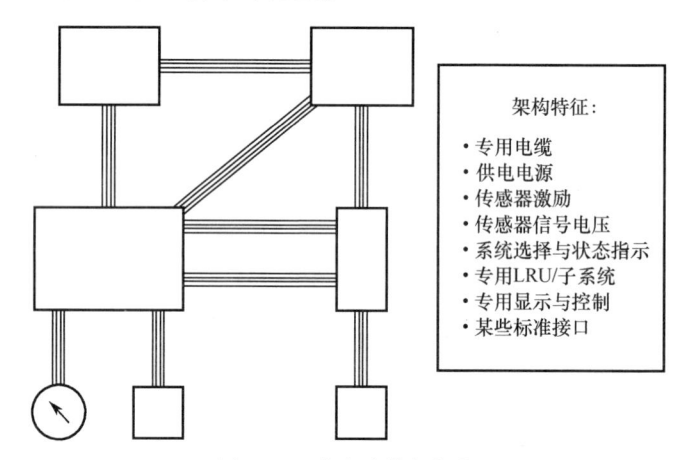

图 5.12 分布式模拟架构

这一系统有专门的子系统和控制与显示。显示为机电式，且工作时极其复杂，要求仪表制造者具有很高的装配和修理技能。

使用模拟计算技术不能提供后来系统的精度和稳定性。模拟系统易出现偏离或漂移问题，这些特性尤其在飞机长时间受热浸或冷浸时会更加明显。模拟系统中测量旋转位置的唯一方式是采用同步角度传输系统。较老的模拟式飞机——业界称为经典飞机，包含大量的同步器和传递航向、姿态和其他绕轴转动参数的其他系统。文献［4］是一篇介绍很多老式模拟技术的优秀信息源，其第 5 章专门详细介绍了同步数据传输系统（同步器）的特性。

老式设备非常笨重且运动部件多、可靠性较低。这不是批评，当时的设计者已经尽了全力利用了可用的技术，在这种类型的设备中可发现很多非常巧妙的工程解决方案。另一个问题是维护某些复杂仪表和传感器所需的技能逐渐变得稀缺，因而使得修理成本持续攀高。之前已讲过，这类系统很难更改，当经典飞机需要加装飞行管理系统等新设备时，会产生很大的问题，要求保证经典飞机遵守现代空中交通管制程序，这已远比飞机 40 多年前服役时面对的程序要复杂。

这类典型飞机有波音 707、VC10、BAC 1 – 11、DC – 9 以及早期的波音 737 系列飞机。这些类型有很多飞机仍在飞，如执行军事任务的 VC – 10 和 KC – 135（一种波音 707 派生型）。他们将继续工作一段时间，但是由于飞机结构问题的凸显以及维护成本的日益增加，其数量会逐步减少。

5.6.2 分布式数字架构

适用于机载使用的数字计算装置的成熟，导致了数字计算机的应用，允许有更快的计算速度、更高的精度且没有偏离和漂移问题。安装在这些早期系统上的数字计算机与今天的相比有很大差距，笨重、计算周期慢、内存非常有限且再编程困难，且若要更改需要将其从飞机上拆下来。

分布式数字架构的简化版如图 5.13 所示。这种系统的关键特征描述如下。

主要功能单元含有各自的数字计算机和内存。在早期军事应用中，内存由磁芯元件组成，非常重且只能在大修厂进行离机重新编程。这与有限内存的实时计算机编程缺乏经验、几乎没有有效的软件开发工具等交织在一起，使得维护代价高昂。

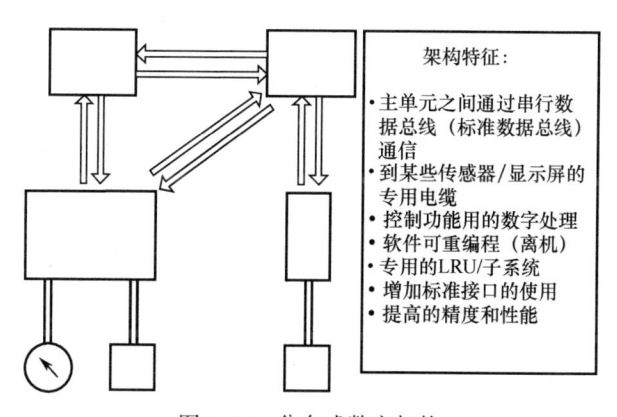

图 5.13 分布式数字架构

在后期阶段，随着电子可重编程内存的出现，尤其在民用中受到更多青睐。

伴随数字处理的一个很好的特征是采用了串行半双工数字数据总线 Arinc 429 和"狂风"串行总线，使得重要的系统数据可在飞机主要处理中心之间以数字形式进行传递。尽管以今天的标准看有点慢（Arinc 429 110kb/s，"狂风"64kb/s），但这代表了前进的重要一步，且应用这项技术，导航和武器瞄准系统得到了大幅的性能提升。

在这一阶段，尽管单元之间数据传输能力已有显著改善，系统仍然是功能专用的。数据总线的采用——尤其是 Arinc 429 衍生了一系列标准化不同类型设备之间数字接口的 Arinc 标准。因而，这些设备开始标准化，使得生产惯性导航系统的不同制造商能够备有标准的接口。这最终使得不同制造商系统之间标准化，并可轻松地进行系统修改或升级。

座舱显示也是功能专用的，同前述的模拟架构一致。显示仍旧是复杂的机电装置并伴有类似问题。在后期的实现中，显示变为多功能，在民用领域开发了下述显示系统：

- 电子飞行仪表系统（EFIS）；
- 发动机指示和机组告警系统（EICAS）——波音和其他；
- 电子校验与维护（ECAM）——空客。

本章之前已展示了空客 EFIS/ECAM 的顶层系统架构。尽管在后期给系统增加一套额外的单元仍旧困难，但数据总线的确移除了大量飞机电缆，在 Arinc 429 实现中，数据总线是复用的，这样设备之间的一个链接失效不会导致系统不工作。

总体而言，尽管这些早期数字系统的开发和维护远非易事，但即使采用这些早期的数字技术也给系统准确度和性能带来了巨大的收益。

这一系统的典型机种有：

- 军用："美洲豹"、"猎人"MR1、"狂风"和"海鹞"。
- 民用：MD-80 系列，空客 310 和后续型，波音 757/767、747-400 和 737-300/400/500，Avro RJ。

5.6.3 联合数字架构

接下来发展到了如图 5.14 所示的联合数字式架构。

联合数字式架构（从现在开始后续所有介绍的架构都是数字式）主要依赖应用极为广泛的 MIL-STD-1553B 数据总线，该总线最初由美国空军莱特-派特孙发展实验室设计，从最基本的标准经过两次迭代发展成为 1553B 标准，也有英国国防部的对应标准。

1553B 总线的最终采用提供了显著的优点，但也有一些缺点。优点是这一标准在整个北约成员国范围内都适用，这为巨大的军用市场及其他提供了一种

第 5 章 系统架构

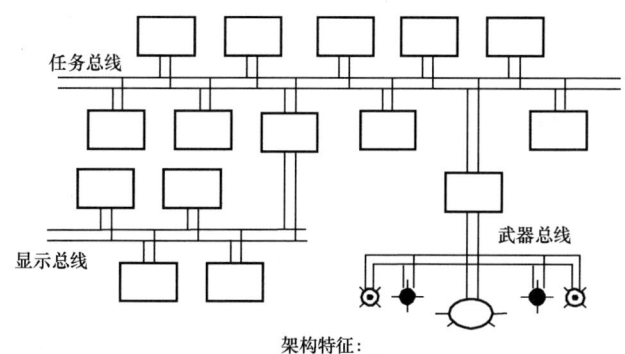

架构特征：
- 标准全机双冗余全双工数据总线——1Mb/s或更大。
- 专用系统/子系统数据共享；机载可重载。
- 大量使用标准化部件。
- 多功能数字显示屏；少数专用仪表。

图 5.14 联合式数字架构

统一的数据总线标准。这是一项非常成功的应用，巨量的电子器件市场意味着数据总线接口装置由于保持了批量，其价格可降低。如之前的数据总线实现一样，证实这一装置和数据总线远比期待的要可靠。因而，最终的系统架构比之前的架构更加鲁棒和可靠。

联合式数字架构一般使用专用的外场可更换单元和子系统，这类系统数据的广泛可用性意味着显示器和其他之前没有应用航电技术的飞机系统如公用系统或飞机系统取得了显著的进步。

尽管有更高的数据率——接近 ARINC 429 的 10 倍以及狂风串行数据链的 15 倍，这一标准从另外角度看又是其自身成功的受害者。全双工（双向）、多点通信协议意味着可以很快在数字数据传输取得巨大的进步。但是，系统设计师很快意识到在实际系统中，由于数据总线加载考虑因素，大约 30 个可能的远程终端只能使用 10~12 个。当时，政府采办局的政策坚持在军用系统进入服役时，为便于将来扩展只能利用 50% 的可用带宽。同样的能力限制可适用于处理器的吞吐量和内存。因此，不管是数据传输还是计算能力方面，系统设计师都不能使用全部的能力。

同样也认识到，没有必要让每个单个数据总线设备与飞机上其他设备通信。确实有充分的系统原因通过数据总线对系统进行分割，确保所有相似用途的系统彼此交换信息，并提供总线间的桥接或不同功能区域之间的连接。在这个前提下，很多架构与图 5.14 描绘的类似。考虑轻微的差异这一架构代表了今天在飞的多数军用航电系统：F-16 中寿升级型、萨伯 Gripen、波音 AH-64C/D 等。

民用团体对于采用联合式方式热忱不高，而将大量投资投入到在民机中得到广泛确立并证实有价值的 ARINC 429 标准中。这一团体不喜欢 1553B 相关的实现/协议问题的细节，并对应决定派生出一个新的民用标准，并最终成为

85

ARINC 629。

MIL‐STD‐1553B 使用"指令‐响应"协议要求用一种称为总线控制器的中央控制实体，民用社团表达了对于这种中央控制基本原理的关注。面向民用的 ARINC 629 是一种 2Mb/s 系统，系统使用防撞协议，向每个终端提供了各自的时段可将数据传输到总线上。这代表了一种分布式控制的方式。为对争论双方公平起见，他们工作在不同环境中。军用系统由于要对持续演化的威胁态势做出响应，要求有新的或改进的传感器或武器，因此要进行持续改进。一般地，民用工作环境更加稳定，系统改进要求远少得多。

ARINC 629 仅应用于波音 777 飞机上，是一种联合式架构。航空领域的发展步伐和达到技术成熟所需酝酿时间可能意味着波音 777 是 ARINC 629 实现的唯一用户。

伴随着电子存储集成电路尤其是非易失存储的逐步成熟，借助于飞机级数据总线联合式架构允许在各种系统的外场可更换单元和系统中进行软件重新编程。这是一个在维修性方面对以前施加约束取得的巨大改进。对于军用系统，在任务接着任务基础上，授予其对基本任务设备重新编程的能力。对民用市场，联合架构允许迅速引入工作改进或升级。

更高集成度的联合系统通过双向互联数据总线提供的大数据处理能力，提供了巨量数据的捕获能力。

5.6.4 综合模块化架构

航空工业的商业压力已催生了其他的解决方案，或许印象最深刻的是如霍尼韦尔公司整体采用货架产品的综合模块化架构，如图 5.15 所示。

最终架构使用耐用的商用技术提供机柜之间的数据总线双向通信。有趣的是，公务机是在这一架构领域很多早期开发的最初领军者。

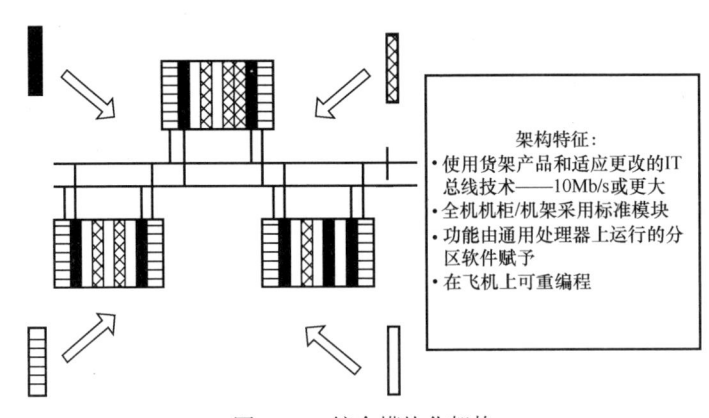

图 5.15 综合模块化架构

当公务机 30 多年前首次进入市场时，其显得有点不合时宜——通常，它

第 5 章 系统架构

们用于象征所涉及公司首脑的地位,飞机的利用率按照每年飞行小时数计非常低。在过去 10 年里,部分所有权——拥有公务机部分产权,意味着这些资产正不断被使用,经常每年飞行超过 3000 h。例如,湾流 GV 和庞巴迪全球快车等顶级机型可提供 6000 英里[①]的洲际飞行能力。这为政府部长或首脑以最快的可能时间在全球范围内进行公务活动提供了巨大的便利。最后,在当前环境中最为重要的是公务机飞行是极为安全的。

在 Raytheon 地平线公务机使用的首要史诗级系统案例,是应用了 10Mb/s 的以太网提供了连接模块化航电单元(MAUs)的数据总线,当中放置了系统模块。在典型的系统中,总共 4 个 MAU 放置了航电功能相关的所有模块以及诸如燃油、临近开关接口等的公用功能。这些很多都是标准模块。在先前的架构中,系统单元或外场可更换单元都曾是功能专用的。在这种架构中,功能分散在公用系统模块中,且系统的工作功能完全由软件赋予。高完整性的软件执行系统提供了子系统软件功能的分割能力。

其他的系统如空客 A380 飞机航电系统则使用了称为 AFDX 的 100Mb/s 快速以太网。在这一系统中,机箱按飞机功能域进行分割,驾驶舱、客舱管理、能量管理和公共管理。在这些功能域相关机箱中安装的标准航电模块由一个供应商提供。图 5.16 所示为 A380 的典型航电架构。

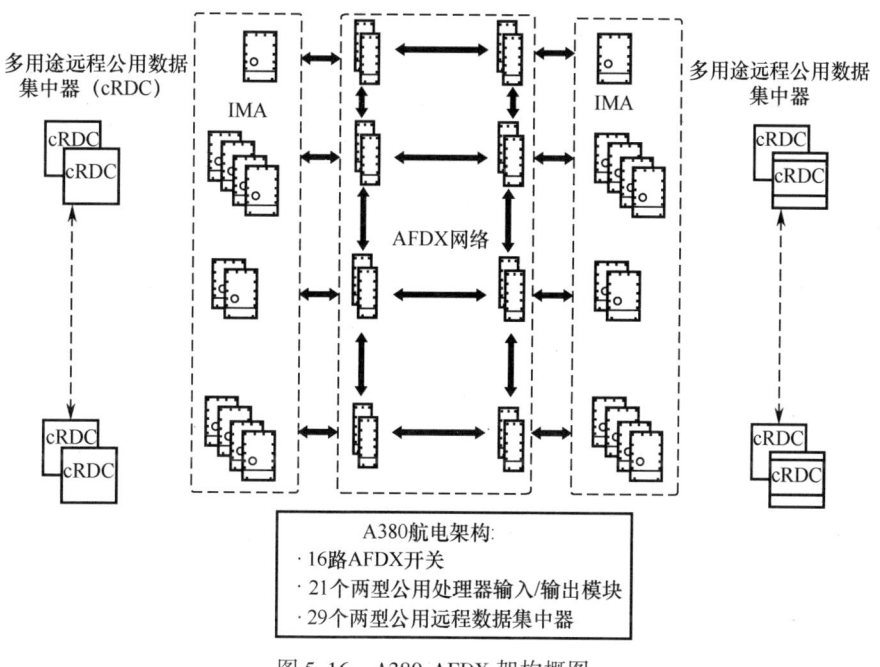

图 5.16 A380 AFDX 架构概图

A380 航电架构:
· 16 路 AFDX 开关
· 21 个两型公用处理器输入/输出模块
· 29 个两型公用远程数据集中器

---

① 1 英里(mi)≈1.61 公里(km)。

系统功能嵌入在分割软件中,并借助于专用的下载数据总线下载至公共处理器输入输出模块(CPIOMs)。这使得在特定 CPIOM 内能在足够的完整性下分割各种飞机系统的控制方案非常有必要。不能忽略同一功能区域(硬件和软件)内驻存多系统组合关键度完整性的实现和保证能力。与 CPIOM 类似,AFDX(数据总线)和飞机系统的很多接口模块(I/O)都是标准化的,且由一个供应商供应。这种架构的主要特征是:

- 所有功能域使用共同的核心模块组;
- 标准化的处理元件;
- 软件工具、标准和语言使用通用化;
- 省去了大量的特殊和专用 LRU;
- 可适应特殊的飞机系统接口;
- 提供贯穿整机的调整修正效益;
- 改进了航空公司的后勤;
- 为应用于将来项目提供了可扩展架构的余地。

参考文献

[1] *The Oxford Interactive Encyclopedia*. Version 1 (1997) The Learning Company.
[2] *The Oxford English Dictionary*. (2011) Oxford University Press.
[3] Chadwick, J. (1987) *The Decipherment of Linear B*. Cambridge University Press.
[4] Pallet, E. H. J. (1987) *Aircraft Instruments and Integrated Systems*, Longman. ISBN 0 – 582 – 08627 – 2 [1].

拓展阅读

Maier, M. W. and Eberhardt, R. (2002) *The Art of Systems Architecting*, 2nd edn, CRC Press.
Moir, I. and Seabridge, A. (2003) *Civil Avionic Systems*, Professional Engineering Publishers.
Stevens, R., Brook, P., Jackson, K. and Arnold, S. (1998) *Systems Engineering – Coping with Complexity*, Prentice Hall.

第6章 系统集成

6.1 引 言

"系统集成"对于不同的人和不同的机构具有不同的含义。本章将介绍系统集成的一些方面并向读者提供一些"形而下"的设计警告和详细审查确保解决方案安全。

由于工程师们致力于追求高效的解决方案且往往需要将很多种功能引入到硬件部件、外场可更换项或软件包等单个装置中,这些都会出现集成的问题。系统集成的设计驱动器与成本、重量、可靠性以及某些情况下的技术挑战等息息相关。此外,个人计算机等多数计算装置支持多任务解决方案。

尽管系统集成有很多成效,但也存在一些缺点。一些集成后的解决方案表现为界面简单,且提供简单的人机接口,有点像苹果的 IPOD,但实际上装置内有高度的混合和复杂度。在复杂的飞机系统内包含了各种各样的航电和飞机系统,系统硬件、软件、数据和功能等各等级的集成是巨复杂的。

或许掌握概念的最简单的方式是提供一种集成系统的熟悉案例,如人。

人是理解"系统集成"这一术语的很好案例,其包含了系统集成的各个重要要素。飞机可视为是交互子系统的复杂集合,与人类似。实际上,随着无人航空系统尤其是自治无人航空系统的出现,理想情况下,最小化操作员介入的集成系统已快速成为设计师发展未来系统的目标。图 6.1 显示的是人与飞机之间的相似性。

人的框架由骨骼和周围结构组成,并将适当的原料转换为能量,经过复杂的处理系统将能量转化为运动,可感知周围环境的状态,根据环境条件进行响应和补偿,最终进行有意图的活动或提供运动能量。人可同时进行多项复杂任务:

- 获取并处理各种传感器的信息;
- 思考、分析、计算、判断;
- 执行必需功能——呼吸、血液循环、平衡、运动、消化等;
- 有意图的对接收到的信息做出响应;
- 对外部刺激做出本能反应;

- 在决策时进行道德和伦理考虑。

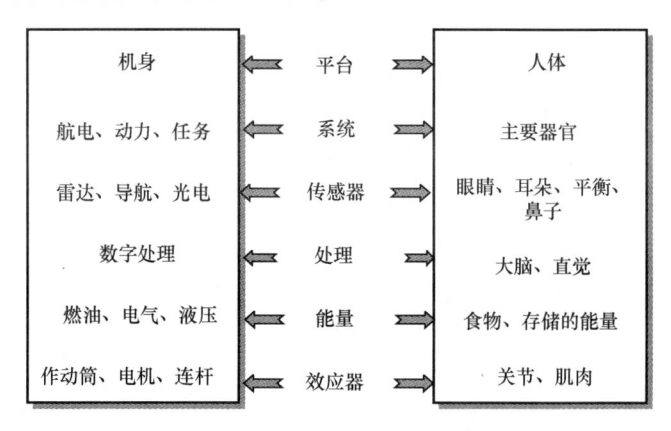

机身	平台	人体
航电、动力、任务	系统	主要器官
雷达、导航、光电	传感器	眼睛、耳朵、平衡、鼻子
数字处理	处理	大脑、直觉
燃油、电气、液压	能量	食物、存储的能量
作动筒、电机、连杆	效应器	关节、肌肉

图 6.1　系统视角下人与飞机的比较

这可表现为合并或集成单一数据、信息和知识源从而执行某项功能。人是一种高效、天生的信息集成器。例如，知道某人在什么地方、想去哪是一种简单、直觉的功能："我们的方向感由来自内耳中的平衡器官以及发出四肢位置信号的肌肉和关节感受器的集成信息导出。"[1]。人体的很多机能都具有吸收、集成信息并以不同方式反应的能力。

因此，人代表了复杂信息获取和处理的成功交互和集成，以及一种支撑其完成功能的能量变换方法。这与补偿物理环境变化的能力以及评估威胁并做出反应的能力是一种中心特征。这一能力确保了人类作为全球环境的"最高等"动物的地位。这也是飞机武器系统的一个关键要求。在飞机中，使用传感器信息、外部世界知识以及能量至动作的转换，必须由模仿人的大脑本能处理的计算系统进行处理。在有人操作的机械中，使用机械、电子/电气手段将所有这些操作汇集到一起，是系统集成的一种关键技能。根据达尔文的生物进化论，正是遗传影响和接收到的智慧在长时期进化过程中形成了人的智力发展。另一方面，一架飞机必须在相对较短的时间段内设计满足特定的要求集合。为此，需要各种技能和过程，产生能在各种工作场景下完成各种活动的飞行器。这一任务就是系统集成。

6.2　定　义

系统集成可以多种方式解释，在飞机行业常用如下解释：
- 部件级集成。部件或外场可更换项目确保其提供的离散功能对于其所在的整个系统有贡献的能力。
- 系统级集成。将之前由离散控制项目执行的离散功能和特征合并至控制通用区域。
- 过程级集成。产品部件逐步整合为单个、可工作、被测过的产品。
- 功能级集成。识别由很多单个功能合并的集成功能，形成一个可演示的性能度量。
- 信息级集成。信息的记录和核准，用于定义、设计、记录并认证整个系统的适用性。
- 主合同商等级集成。在产品整个寿命周期，设计、开发和制造精确满足用户要求的复杂产品的能力。
- 应急特性集成。一种子系统之间交互作用的现象，可能非有意设计但作为组成系统的应急特性表现出来。

6.3 系统集成案例

通过举例说明对每种集成的理解。

6.3.1 部件级集成

部件级集成非常重要，因其提供了构建子系统或系统的方块。一定数量的电子元器件一起组装在电路板上时，形成一个 LRI 或系统的模块。同样，一个电机、旋转阀、相关的管路、固定法兰和连接器可组装在一起形成一个飞机燃油系统使用的电动伺服阀。在大型飞机中，大约有 30 个或 40 个这样的阀提供加油、放油、发动机供油以及燃油输送等所有燃油系统功能。

在更小的等级，这样的部件级集成一般在满足特殊用户规范的特殊设计电子装置中才会有。这要求装置可重新编程或在基底可设计引入逻辑功能，使得装置可设计执行特定功能，通常称为"固件"，且要求软件程序作为设计过程的一部分。这样的装置可称为专用集成电路（ASIC）。ASIC 设计用于集成系统的早期案例是由原史密斯工业设计制造（现为 GE 航空）的组合 MIL-STD-1553B 远程终端和总线控制器芯片。

每个部件都有关于工作环境、安装位置、方向、固定等的特殊要求。相同的部件在安装到飞机不同位置或系统中不同部件中时可执行不同的功能。

6.3.2 系统级集成

Warwick 介绍的系统级集成案例如下[2]。
1. 航电集成

航电集成——在减少离散控制单元、通用计算系统功能性能和数据总线双向通信的基础上。

典型案例是英国验证机项目中（1986 年首飞）的公共系统管理系统

(USMS)开发。这一系统利用分散在 4 个通用计算模块中,执行了之前需要 20~25 项设备才能完成的功能,如图 6.2 所示。不仅减少了飞机上设备的数量,也减少了大量的电缆,从而降低了设备的总重量[3]。此后,进一步发展为很多新项目中都可见到现代飞行器管理系统(VMS),也能在推进系统中看到类似系统,其将发动机众多的控制设备集成为一个发动机安装的控制单元[4]。在航电领域,功能正在集成进少量开放架构的计算单元中。在通用计算、存储和带有标准背板互联的接口模块基础上,这样的系统允许将功能分散在整个系统架构中。这种形式的集成案例有波音 777 飞机的信息管理系统(AIMS)和电载荷管理系统(ELMS)[5],以及波音 787、空客 A350 和 A380 的飞机系统控制器[4]。在军用领域,基于这一原理欧洲战斗机"台风"、洛克希德·马丁公司的 F-35 也有 VMS。

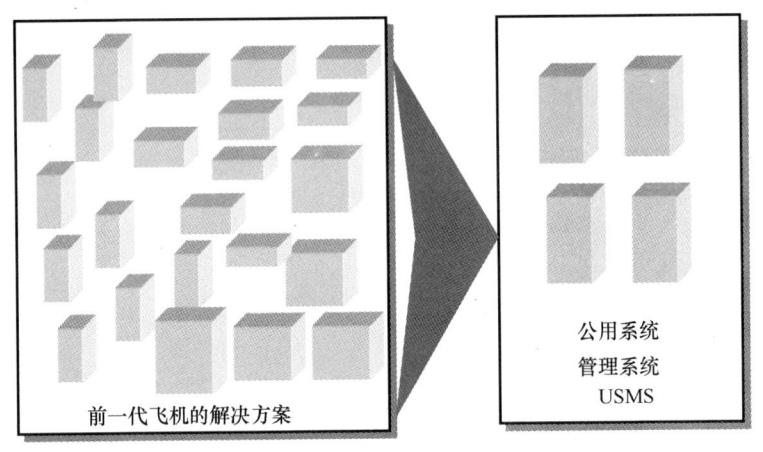

图 6.2 试验验证飞机中的公用系统管理

2. 座舱集成

座舱集成——在减少离散、单用途显示屏以及多用途显示屏和语音系统出现的基础上。

座舱和驾驶舱曾经都是以单独开关、控制杆、指示器和灯的布局进行设计或发展的,并以飞行员凭直觉就知道在哪看到或摸到的方式进行分组。不管怎样,总的印象是以不同的格式或表现方法提供信息的装置有一大堆,且已经有因为仪表误读和选择控制不正确导致了事故[6]。多数现代飞机驾驶舱或座舱都是基于平板液晶显示屏,在多功能屏显上向飞行员提供彩色信息[5],并可根据要求以"页面"形式选择图形和文本。为引起飞行员对关键状态的注意,也使用声音和合成语音。现代飞机驾驶舱与前一代之间的差异如图 6.3 所示。

座舱设计的一个重要方面是在设计中取得整体的一致性。座舱或驾驶舱由一定数量的不同子系统组成,且其从飞机系统中的各种源接收信息。

此时，对显示格式、字体和字号大小、颜色、照明等级或告警音调等设立相同的设计准则至关重要，可确保信息表征的一致性、减少信息误读和潜在的错误。

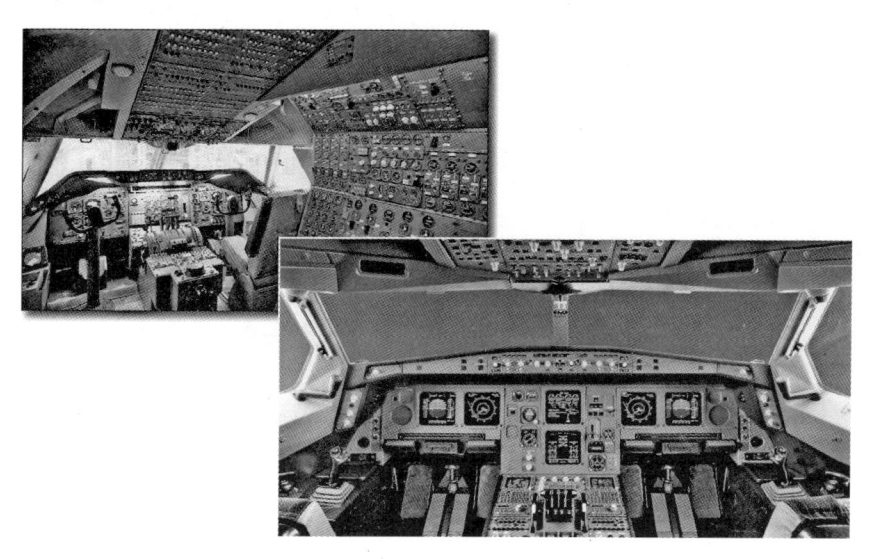

图 6.3　现代飞行驾驶舱和前一代之间的比较

这一等级的集成可产生非常整洁的座舱环境，并仅在需要时推送系统的状态信息。在正常工作期间，这种设计非常适合，但信息也会深埋在显示页面中，需要大量的按键才能得到想要的信息。因此，需要非常小心和关注显示屏的模变问题并最小化这一风险。

3. 传感器集成

传感器集成——在多用途传感器、传感器数据的处理和融合为单一的综合性的、可识别的态势显示基础上。

设计用于军用侦察作战的飞机引入了很多的不同传感器，使其可通过不同途径探测到感兴趣的目标。典型的传感器包括：

- 各种类型的雷达用于地面、空中和海基目标的"电"探测以及气象规避；
- 夜间或弱视条件下使用的电光热图；
- 可视数据采集的电视和数字相机；
- 用于探测雷达和无线电发射的电子支援措施；
- 声传感器；
- 用于探测导弹马达的紫外和红外探测器；
- 反潜战中用于探测海面下大型磁体的磁异常探测器。

这些传感器接收的信息，可综合提供海面或陆地和周围空域的战术态势图，有时也称为已识别的空面图（RASP）（图6.4），并由飞机的指挥团队用于定位、识别并跟踪目标，区分敌友并实施攻击。通常还可查询机载情报数据库或从外部源和其他作战力量接收的情报。

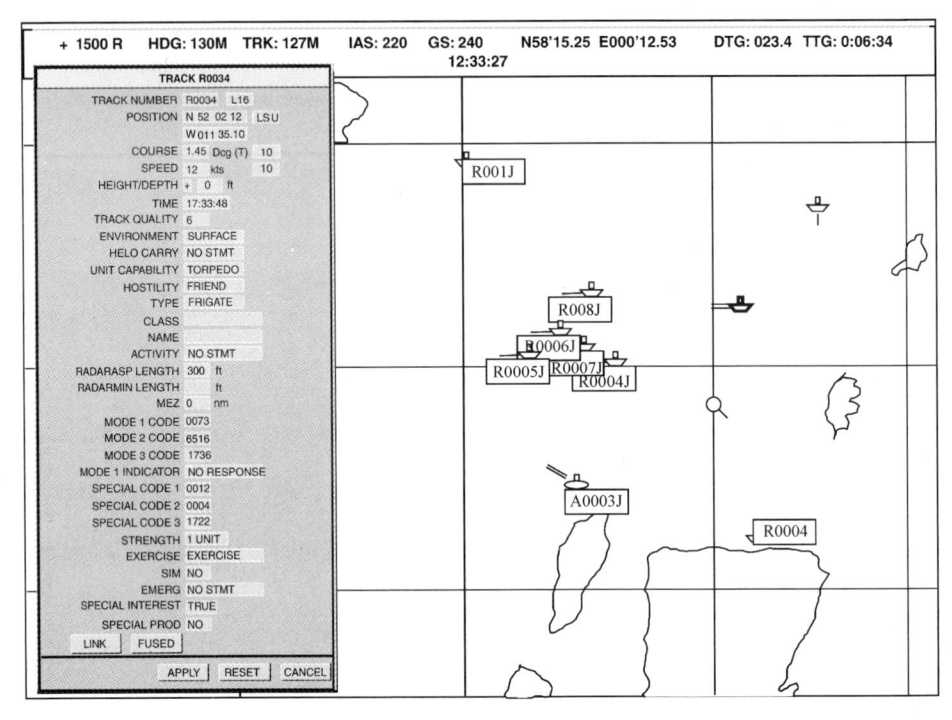

图 6.4 战术态势显示案例

4. 控制集成

控制集成——在减少离散单用途控制，使用多用途和软键控制的基础上。

典型案例是在多功能显示屏使用"软"按键和可编程按键，按键由飞机处理系统给定标签，当其激活时执行相关的功能。例如，当"系统"页面显示"燃油"键时，按键操作会选择"燃油"页面；在这一页上，挨着相同开关标签为"油箱互连"，按键会激活油箱的互连次序，如图 6.5 所示。精心设计和布置按键以及按键大小写有助于减少不恰当选择的风险。使用物理"软"键的一种备用方法是使用触摸屏。

又如战斗机中确保最优人因布局的"手在油门和操纵杆"HOTAS 控制集成案例。在这一案例中，在作战条件下飞机飞行的全部必要控制和开关都集中在上面，使得飞行员在遂行任务时手不需要离开油门和操纵杆。

在军用项目中，很多汇总固定翼和旋翼飞机应用了 HOTAS。图 6.6 所示是 F/A-18C/D 超级"大黄蜂"战斗机的油门和操纵杆，油门和操纵杆上集成了全部关键的控制，确保了在所有作战任务中有效的单人操纵性能，可使飞行员在"空空"和"空地"两种模式下控制武器、传感器和航电系统。由于

HOTAS 允许在任务中最关键的阶段进行更加快捷高效的操作，其在几乎所有现代军用飞机座舱中得到了应用，在战斗中，飞行员无法保证在座舱中搜寻正确的开关，也无法保证将手从油门和操纵杆上拿开而不引起非指令性操作的风险。将功能组合进一个开关和控制集合是一项极具挑战性的人机工程学任务[7]。

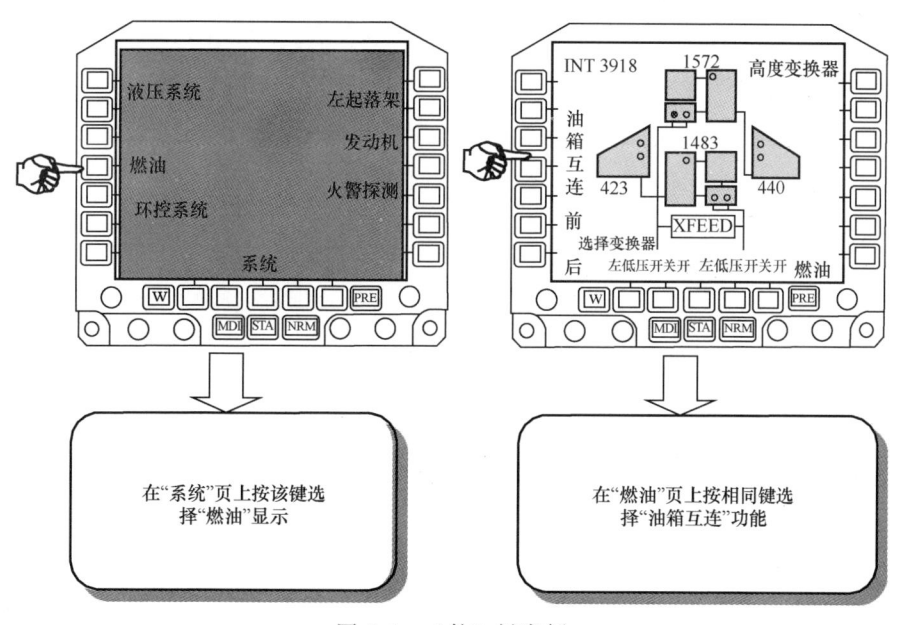

图 6.5 "软"键案例

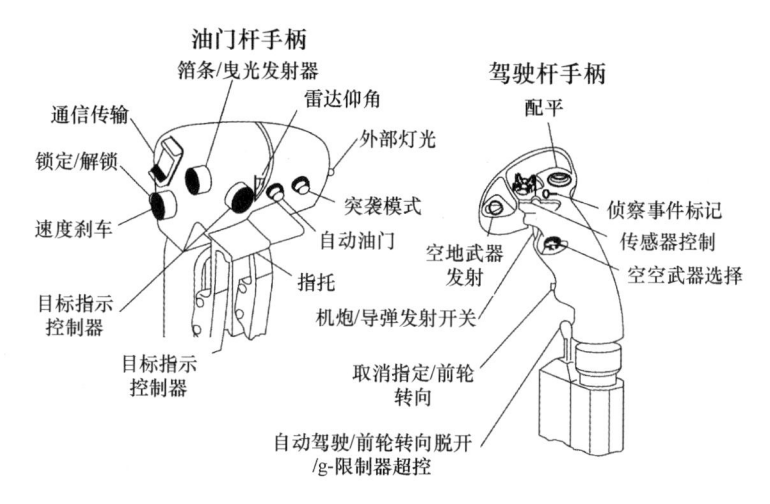

图 6.6 F/A-18 超级"大黄蜂"的手在油门和驾驶杆（HOTAS）概念

5. 数据库集成

数据库集成——在多种系统共享访问公用数据区域的基础上。

复杂系统的设计过程产生了定义产品设计的很多数据库，如三维模型数据、接口、软件设计、硬件记录等。这用来捕捉设计基线以及任意的更改。图 6.7 所示是设计数据库的典型来源。工业领域中在多合作伙伴、供应商协同环境下开发产品已经成为发展的潮流。不容置疑，这种联合在地理位置上分布宽泛，通信和信息共享是一个问题。这就需要一种过程，能够与用户、设计合作伙伴、供应商和分散的制造机构等其他内部或外部参加者安全、有选择性的交换、审查和管理产品信息的更改，并要求有一种管理大量信息和数据的机制。要求所有授权机构能够简单但是安全的访问共享数据环境。

  PTC 公司的 Windchill 软件就是这种机制的一个典型案例[8]。这是一套可用于快速分布式协同开发产品的综合模块化解决方案，其消除了机构内存在的传统边界。Windchill 为各种数字产品信息生成了一个单一的系统记录如通常来自不同工具包的计算机辅助设计（CAD）工具、设计数据、规范、试验方案、信息和结果、供应商数据等。用户在计算机桌面上通过基于网络的分布式系统就可以获取这些信息。

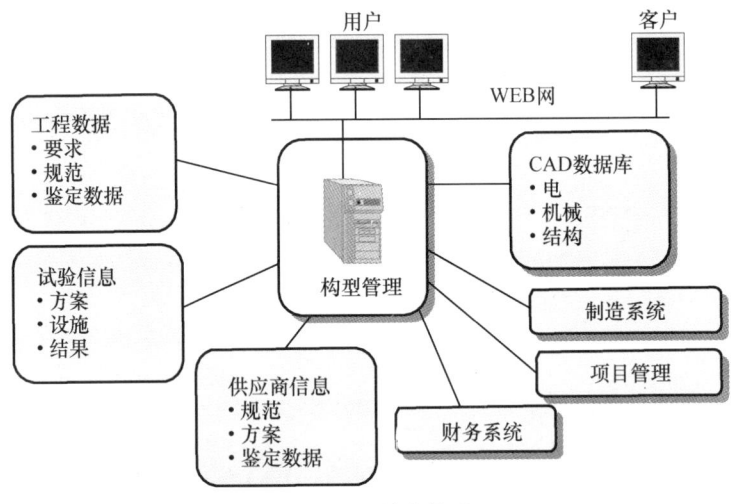

图 6.7 设计库构成

  一个机载数据库集成的案例是使用多源情报数据向前线飞机机组提供威胁的复合视图。使用各种战术和战略数据库提供诸如下述威胁的性质、位置和部署：

- 面对空导弹基地；
- 高射炮基地；
- 侦察和威胁雷达类型；
- 电子战能力。

  这些信息可用于任务规划和飞机航线规划以躲避主要威胁集中区，配装适当的电子对抗手段。战术和战略图像的主要信息源如图 6.8 所示。

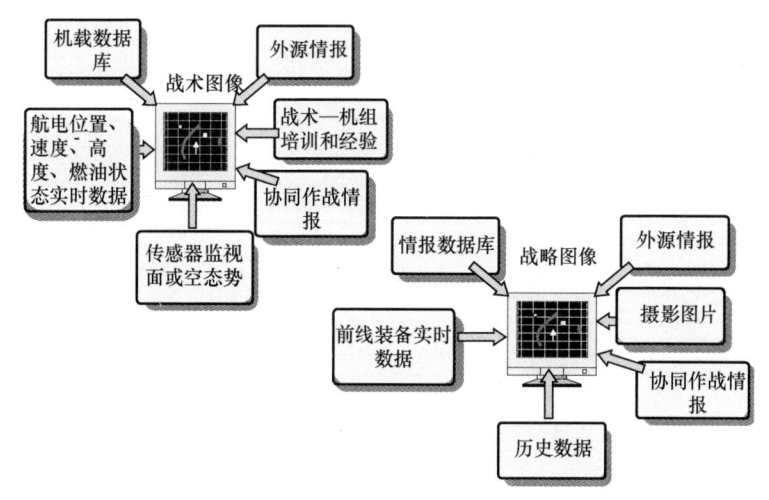

图 6.8 战术和战略图像

6. 知识集成

知识集成——在基于知识的系统基础上向机组和地勤提供信息和协助。

信息由多数军用飞机采集得到作为其遂行任务的主要产物或副产物，接收来从通信、无线电频率信号、摄影图像、人的观测等的数据。这些数据可与历史数据进行组合分析并用于提供战场空间的战略或战术视图，如图 6.8 所示。

知识数据库用于给人提供补充，用于解译信号模式和识别目标类别。现代技术可识别出轮船、飞机或地面车辆、人等。这些知识在和平时期通过不断提炼并形成一个持续改进的情报记录，在战时则可用于掌握潜在敌方的准备状态。

关于飞机系统状态的知识对于地勤人员有重要价值，可用于快速周转、规划最优的修理和维护基地位置。飞机上的维修数据记录系统已存在很多年，但是其主要采集失效状态信息，用于地面查询并识别故障部件得以进行修理。现代系统采集失效状态信息并关注指示潜在失效的趋势，例如滑油中碎屑数量增加或泵压力随时间出现逐步下降。结合知识数据库和算法，也可从趋势中确定出最可能的失效源，并可更加精确地确定出故障及到单个部件的位置。这种信息不用等到失效出现，对于提供修理和更换件操作的就绪状态更加有用。这样的系统常称为是预测与健康管理系统（PHM）。信息可存储在一个可拆除的卡中连接到地面数据库，或直接在飞行中通过数据链系统传输至地面。

另外一种关于飞机运行的知识是事故数据记录系统（ADR）。在整个飞行过程中连续记录预先选择的强制或可选系统参数，并可在事故后用于事故调查。

6.3.3 过程级集成

从子系统或模块级经系统到完整产品的渐进测试通常称为"集成"。这实际上是 V 形图右边分支所示的案例，如图 6.9 所示。在这一案例中，集成涉及完全测试的功能、模块和接口，以及最后发展到对完整产品的最终测试。多数测试活动需要在实验室中进行，最终在建造期间转移到飞机上，并接着在飞行中测试。

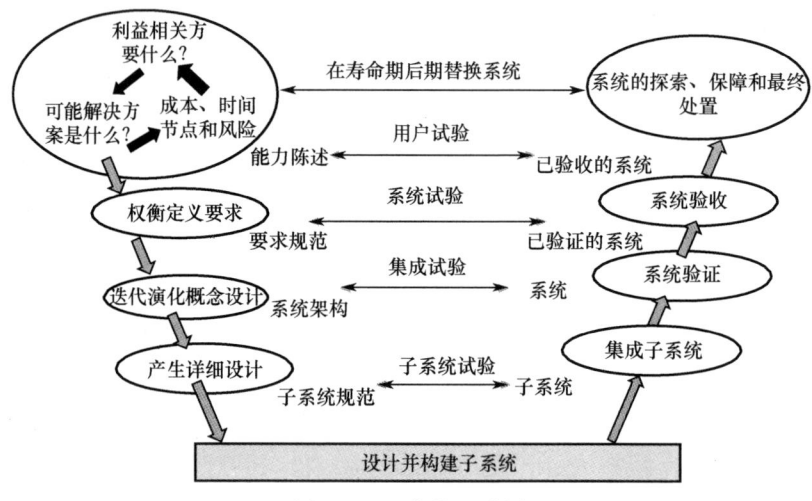

图 6.9　经典的 V 形图

V 形图右手部分是顶层系统要求的分解和验证，并最终将要求分解到模块的设计。左手部分显示的是模块集成，硬件和软件集成与系统测试的渐进程序，即确认过程。第一步涉及应用追溯性矩阵证实所有原始要求已完全达到或得到满足。

这使得系统中的每个组成部分都完全得到测试，并在与其他系统关联或作为整体进行后续测试之前验证测试结果。这一过程的目的不是用于发现并纠正故障，其主要目的是获得文件证据证实系统执行了其工作要求，且来自渐进试验的所有证据代表了整个系统。这些过程与主要的系统开发里程碑关联在一起，详见 6.5.2 节。

这一过程的另一种表征方式是用螺旋模型。Barry W. Boehm 给出的定义：螺旋开发模型是一种风险驱动的过程模型发生器，用于指导多个利益相关方进行软件密集型系统的并行过程。它有两个主要的显著特征：一个是循环逐步递增系统的定义和实现程度，同时减少风险程度；另一个是有一系列的里程碑节点用于确保利益相关得到可行的、相互满意的系统解决方案。

螺旋模型组合了迭代开发或与原型化采用瀑布图模型的系统性、可控性。允许进行产品的递送式发布或通过围绕螺旋的每个时刻进行递进完善。随着螺旋的展开和经济性影响的增加，螺旋模型也清楚地包括了风险评估。识别技术和管理的主要风险，并确定如何减轻风险有助于控制开发尤其是软件开发中的风险。图 6.10 所示是简化的螺旋模型以及开发中的主要阶段：

- 确定目标；
- 评估备选方案和风险；

- 开发验证并重新定义产品；
- 计划。

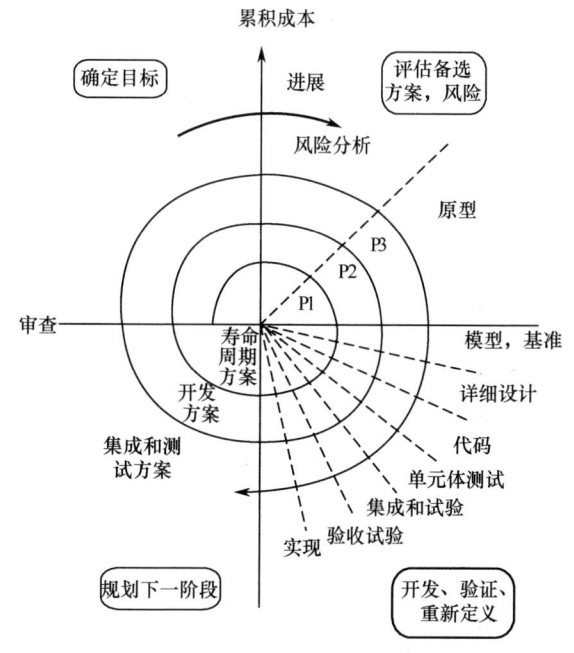

图 6.10　螺旋模型简化图

在这张图中，起始点位于 9 点钟位置。图示是典型设计用于载带和部署小型传感器包的小型无人机系统的开发案例。在起始点，设计师对飞行器预期用途有了愿景。在第一螺旋处，使用货架产品的快速原型使得可对系统的基准特征进行评估、权衡和风险评估。接着，在进入下一研发阶段之前，可产生原型系统或仿真，用于建立概念验证。

在建立满意的系统关键特征参数基础上，接着需要制定开发方案提供框架，进行更加细致和更多投入的开发工作。第二螺旋周期则对这一过程进一步提炼完善，但在建造第二原型（可能使用实验室硬件）之前，仍需考虑备用解决方案和风险。

第三个螺旋则将研制工作推进至初始飞行试验和开发。随着螺旋的渐进上升，风险的成本按比例增加。螺旋模型可提供一种井然有序的开发过程，不断对项目的目标进行递归审查，这样可在每个阶段对成本和风险进行折中，并产生可接受的成果。

进一步的螺旋则涉及传感器包和任务包线的改进。也可包含基础平台能力的进一步开发和扩展。

折中模型适合用于相对较小、自成体系的项目，不适用于大型、更加复杂的"系统中系统"的开发。

6.3.4 功能级集成

飞机必须执行的功能要求来自不同的用户。一些要求可由用户清晰的给出，而另一些则从经验中导出，来自于性能要求或对标准、法规、过程和技术等的理解，所有这些都需要一定程度的工程决断提取得到。这一过程在第 2 章已进行了论述。

这些要求自顶向下工作通过分解结构（WBS）反映飞机整个系统和子系统关系，分解到子系统和通过设备的规范中。图 6.11 演示了要求的分解过程。

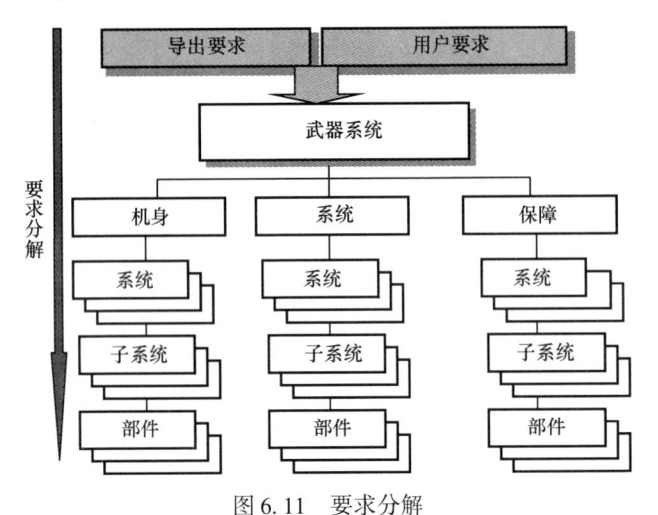

图 6.11　要求分解

为确保分散研制产品的功能定义是综合的，可在贯穿整个产品生产线进行审查，如图 6.12 所示。这种审查考虑物理和功能接口，确保产品团队贯彻并使用了通用的标准和惯例。这项工作通常由工程集成独立团队承担，其任务是确保将独立的产品组合形成一个集成的功能整体。

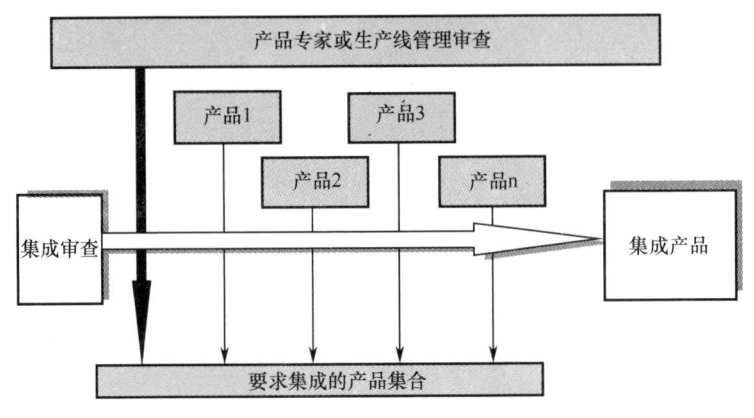

图 6.12　产品的单独和集成视图

飞机的整个功能是很多独立功能的组合，通常可方便地将组合功能视为一个整体，并识别对整体有贡献的独立功能。

系统架构的案例如图 6.13 所示，其中，中央位置所示的是常规的飞行控制系统，从飞行员、经过飞行控制计算，到作动筒、到控制舵面。在导航与控制系统中，包含了发出方位、速度或高度指令的其他系统，飞行控制系统需要影响飞机的重心进行高效的机动。现在已可作为增加的子系统选项执行飞机航线控制的不同功能。例如，在极端实现方案中，所有功能集成进了飞行管理计算机。

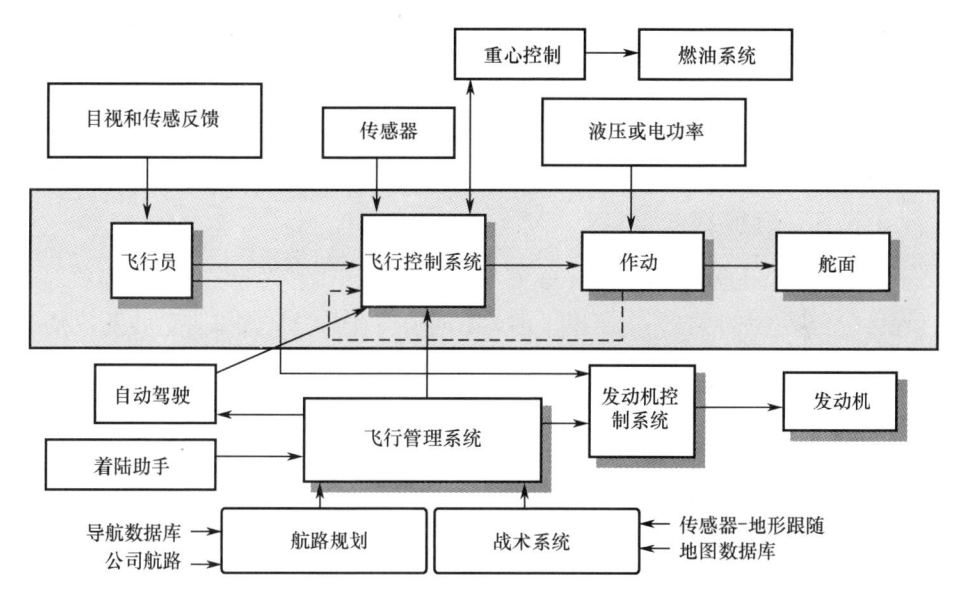

图 6.13 导航与控制架构案例

图 6.14 所示是如何组合子系统成为一个综合功能——导航与控制，并建立单个的产品。这确保在产品寿命周期早期就能建立综合功能，且项目所有单位都理解了其鉴定标准。

这一思路可用于开发建立其他的功能，例如：
- 信息管理。采集信息并提供给机组，最佳的信息表达途径以及全面理解人机工程。
- 目标获取和打击。传感器的选择和模变用于识别轨迹和选择目标，选择适当的路线打击目标，并向机组和其他参与者提供信息。此背景下的目标指的是敌方目标、空投区域、搜救目标或目的地。
- 通信管理。管理所有的内部和外部通信。
- 显示与控制管理。座舱或驾驶舱及其组成系统的设计集成提供理想的机组工作环境。

图 6.14　导航与控制案例

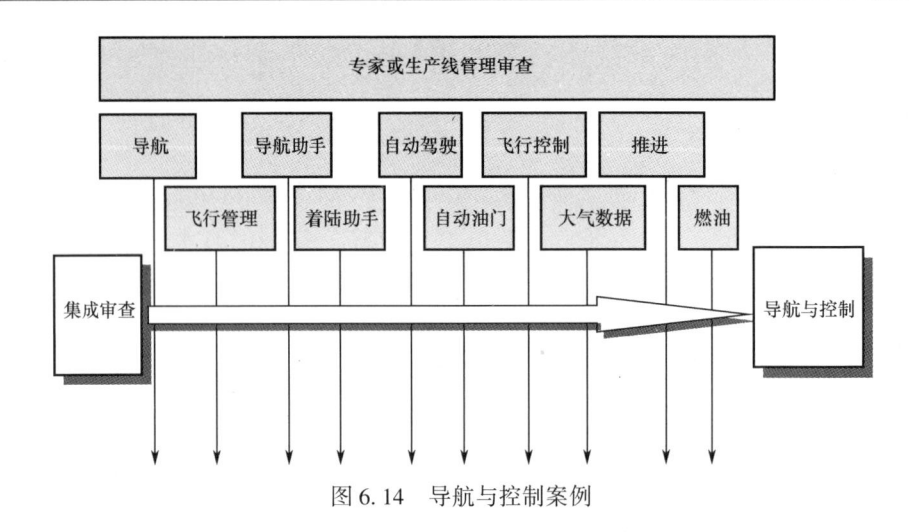

6.3.5　信息级集成

产品的寿命周期通过飞机开发每个阶段的文档进行控制。在图 6.11 所示过程中的每一个阶段必须记录以显示要求的分解，与设计和来自试验及建模获得证据的交联，证实最终产品安全、鲁棒且符合预期用途。

这种方式采集到的信息对于向用户和管理部门演示飞机适航不会危及飞行员和大众安全是不可或缺的。产品的控制由构型控制的应用实现。这意味着所有模型、图纸、报告、分析和部件的发布都需要针对飞机的型号进行记录。任何与型号记录不一致的偏差或修改都需要以可控的方式引入。这项任务通常由首席工程师或首席设计师负责。

6.3.6　主合同商级集成

主合同商的系统集成，包括了全部上述内容甚至更多。这涉及在整个寿命周期内提供满足用户要求产品各方面的管理。

系统集成师负责整个产品及其各部件协同工作的方式。

飞机成功的一个关键因素是看其能够多好地满足其工作任务和环境。这不可能通过仅关注飞行器的某项特征参数实现，而取决于整个系统包的特征参数，包括机组、飞行器及其内部子系统、训练和保障系统，以及军用飞机中的武器和保障军事设施等。

军方用户关注生存力、隐身和低寿命周期费用等关键指标。商业用户则关注完好率、采购价格和运行成本。这些指标很大程度上由系统组成单元如何集成决定的，这些任务包括：

- 在早期概念阶段跟踪、理解和影响用户的要求；
- 以结构化方式捕获要求，并将要求分解至产品定义、制造和运行的各个方面；
- 确保要求正确解译且对设计解决方案可追溯；
- 确保设计在所有组成子系统及其硬件、软件、固件和人机工程解决方案中具有一致性；
- 在单元体、部件、子系统及系统等级进行设计的测试和证实，包括模型和仿真，采集证据证实设计可靠、鲁棒、安全且符合用途；
- 编译并控制完整的设计记录，包括全部假设和计算。

6.3.7 应急特性集成

本节介绍一个应急特性案例，用于说明飞机的子系统如何通过初始设计中没有正视的"交互"进行高效的集成[4]。图6.15所示的是飞机系统能量耗散的热流动。

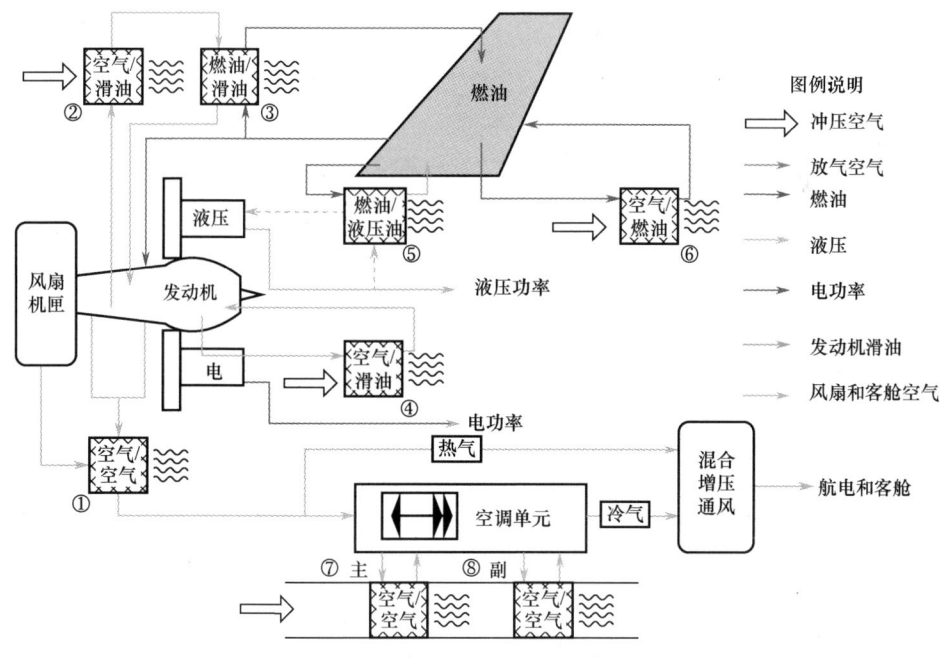

图6.15 现代飞机系统中的热传递案例

图6.15中：①表示从发动机风扇机匣引气，用于冷却发动机放气空气；②表示冲压空气用于冷却主滑油散热器中的滑油；③表示燃油用于冷却辅助滑油散热器中的滑油；④表示电集成驱动发电机（IDG）中的滑油由冲压空气冷却；⑤表示液压回油管路流体在回油之前由燃油冷却；⑥表示燃油由空气/燃油热交换器冷却；⑦表示冲压空气用于空调包中的主热交换器；⑧表示冲压空气用于空调包中的辅助热交换器。

在某些极端情况下，如军用隐身飞机，热能量的最终处置会影响飞机的热信号特征，必须寻找机外的热处置机制减少热寻的导弹探测的威胁。

在雷击期间分析通过机体结构和蒙皮的电流流向；分析机身焊点和系统部件接地中的电流流向和结构载荷都可观测到类似效应，尤其在金属和复合材料混合的结构中尤其有意义。

另一个案例则关注的是燃油系统和指令、指示必须流经的计算机和数据总线路径。图 6.16 所示案例是燃油系统传感器发送信息至座舱显示，接着机组操作，达到作动筒，例如，燃油箱指示燃油低以及飞行员要求传输燃油。

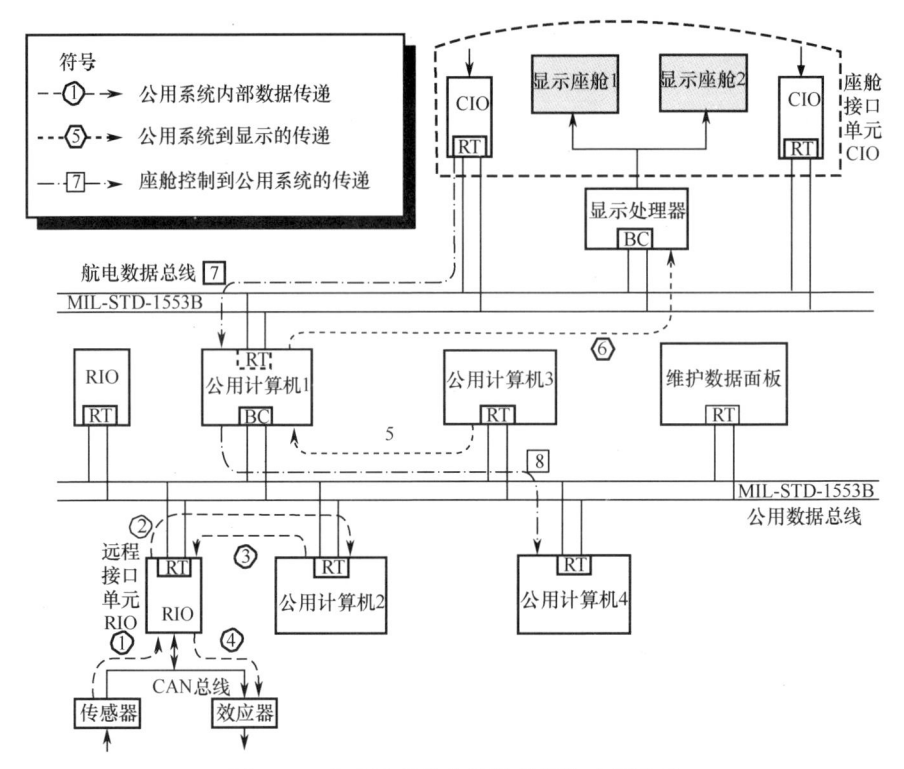

图 6.16　集成子系统中的数据等待时间案例

经级联系统数据总线的数据流集成会有一些关于数据等待时间或"陈旧数据"的有趣结果。在数据经由数据总线交换的场合下，由于数据只能进行周期刷新，总会有数据陈旧的情形。这种数据的陈旧性能在系统设计中这些解决，但这一问题需要被识别出来。

三种典型的数据传送如图 6.16 所示，对于燃油系统，这些可表征为：

- 系统内的数据传输。图中所示的 1-4，数据在系统基础上共享且不涉及飞行员。这样的数据传输可涉及燃油传输泵随着燃油的消耗，接收指令自动加满特定的燃油箱——这是燃油计量与传输系统之间的内部交换。
- 系统到座舱。例如 5-6，将系统来的相关数据传输至座舱，当飞行员要求时也可是机载燃油及单个燃油箱燃油量相关的数据。

- 座舱到系统的传输。飞行员选择如请求的燃油传输 7 和 8 借助于座舱接口单元输入至系统，而离散的飞行员燃油模式选择则输入系统计算机中。

可见，飞行员和系统交互相关的复杂操作可包括所有上述传输类型。一个系统时间延迟影响的案例是，若平均每次存在 10ms 的延迟，则从传感器到告警指令回到传输泵的潜在总延迟时间可能会有 180ms，且必须附加上飞行员响应告警、决策并接着选择传输的延迟。有时这种延迟会带来安全隐患。当数据的等待时间完全不可接受时，会导致系统不稳定。

6.4 系统集成技能

系统集成技能对于从前述所有方面理解整个系统都有关系。掌握全部的接口和交互对于设计、开发和认证系统，指导过程参与的各种机构至关重要。在概念阶段，关键技能是理解并制定出顶层要求，从而可将其分解为更加容易管理的模块。掌握模块之间的连通性和依赖性对于后续识别每个模块的要求非常重要。

主合同商必须保留系统功能性能的审查——看其如何满足用户要求以及如何演示。认证和鉴定审查则通过计划和审查所有的测试，确保试验证据之和证实系统性能和安全性标准的符合性。

技能集合之和则是管理复杂系统端到端开发的能力。

图 6.17 所示的是一些系统的复杂度，说明的是在大型复杂系统中功能是如何实现的。

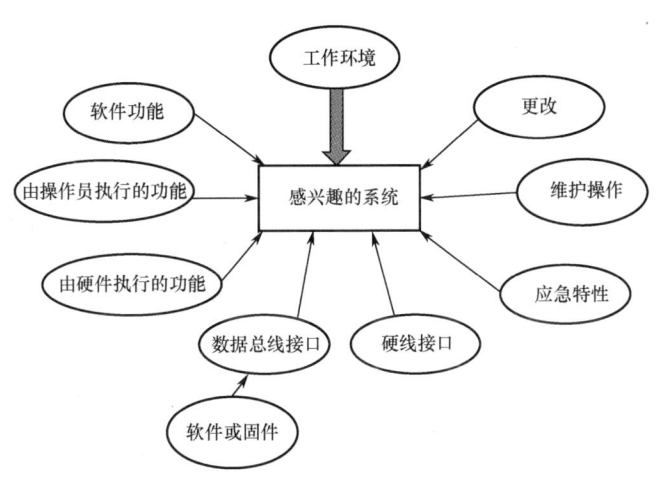

图 6.17 大系统复杂度示例

感兴趣系统由用户要求导出的功能构成，这些功能由包含在系统处理器中的软件执行，或由作动筒等硬件执行，或由飞行员操纵飞机实现。实现这些功能的设备之间通过硬线离散信号互连，或通过适当的数据总线方式互连。整个系统安装在飞机上，承受的环境条件可在整个飞行包线或整个世界范围内变化。一些子系统以应急特性的形式可与另外的系统进行交互，并可通过开发中使用或日常工作以及维护操作形成的更改对功能整体施加影响。

因此，理解大型复杂系统如整架飞机的正常工作只能通过理解其所有子系统及其集成的影响获得。这要求首席工程师对交付飞机的安全性和有效的性能以及用户接收飞机满怀信心，所有单独系统并集成进行详尽的测试产生认证证据。图6.18给出了为管理这一过程所采取的一些集成视点：

- A是理解机构中单个工程团队产生的单个系统，产生支撑满意系统性能的设计和测试证据。
- B是从单个系统组合建立的已知集成功能的评估，包括导航与控制、综合通信、武器管理等。
- C是由机构团队进行的审查，确保其约束以一致性方式引入并贯穿整个设计，包括安全性、可靠性、完好率、可测试性、人因、电磁兼容等。
- D是可能会出现的应急特性审查及其风险评估。这项任务难度大，主要是因为通过检查识别应急特性非常困难；通过适当的建模这可变明显，但这需要对集成系统进行建模而不是简单的单个系统。

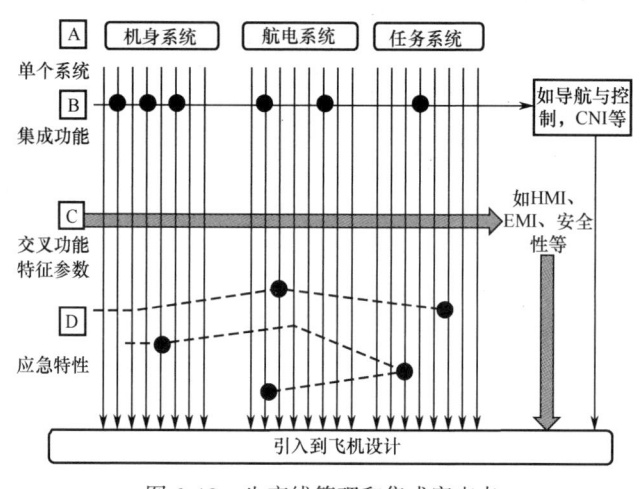

图6.18 生产线管理和集成审查点

6.5 系统集成管理

图6.19描述的是系统生产相关的系统开发过程，包括从合同授予到生产阶段的各个里程碑。

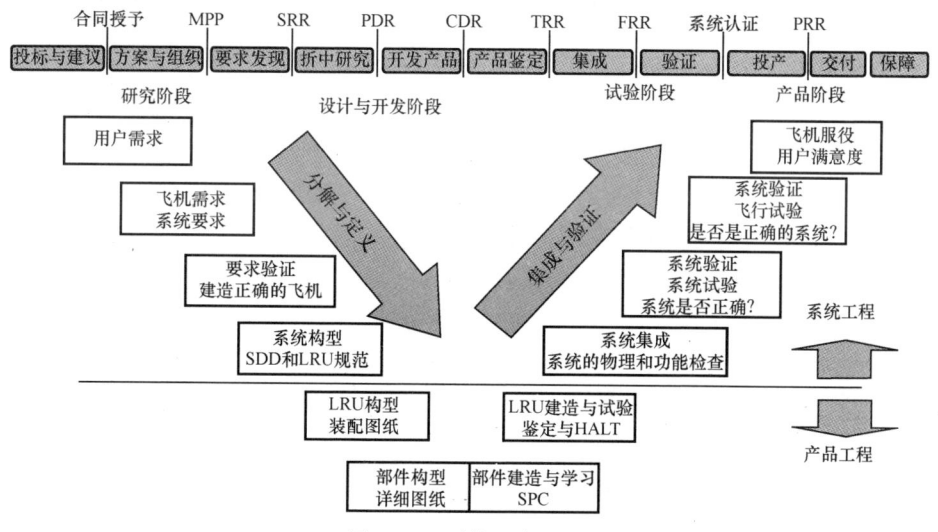

图 6.19 系统开发过程

6.5.1 重大活动

开发工程相关的重大活动包括：
- 概念和相关的研究；
- 定义；
- 设计；
- 建造；
- 试验；
- 运行。

这些活动可与第 3 章描述的过程部分对准。

6.5.2 主要里程碑

图 6.19 给出了硬件和软件开发过程中的主要里程碑。实际上，在现代飞机的每个子系统中都包含了在微处理器或微控制器中嵌入的软件，以执行系统的功能。硬件和软件功能开发必须在开发期间进行协调。硬件开发如图 6.20 中的上侧所示，软件开发如下侧所示。

- 合同授予。下选系统供应商，承担系统开发任务。
- 项目主计划（MPP）。规划系统开发活动，使得开发时间进度与整个飞机一致。
- 系统要求审查（SRR）。收集和审查所有的系统要求。SRR 是对系统要求的第一次顶层多学科审查。这是一种对于系统要达到什么目标的完整性检查，是对要求的顶层概述和对于原始目标的符合性审查。成功达到这一里程碑会转入初始系统设计，并引领硬件和软件要求分析的并行开发。

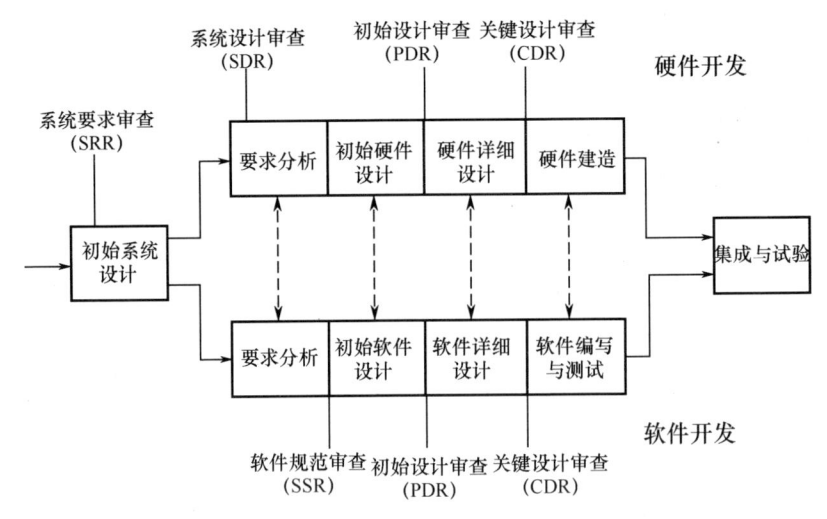

图 6.20　硬件和软件过程主要里程碑

- 软件规范审查（SSR）。对软件开发执行类似的功能。惨痛的教训表明好的软件设计关键是需要花费大量的精力用于确保在转入软件代码编写和测试之前充分理解了软件的要求。
- 系统设计审查（SDR）。在要求分析阶段执行用于确保设计满足当前理解的设计目标。
- 初始设计审查（PDR）。系统设计、权衡研究表征以及优选系统设计选择的初始审查。初始设计审查过程是第一次对初始设计（软硬件）与导出要求符合性的详细审查，这通常是在调用主要设计资源转入详细设计过程之前开展的最后一次审查。设计过程的这一阶段是调用必要项目资源和投资的最后一环。
- 关键设计审查（CDR）。在转入硬件开发建造之前进行设计的关键审查。
- 测试准备审查（TRR）。审查测试大纲和开发所要求的设备，证实产品和试验设施准备就绪可开展试验。
- 最终准备审查（FRR）。在进行验证过程之前对测试大纲和设备进行的最后的详细审查。在 CDR 时，主要的工作转入项目设计，CDR 提供了识别最终设计缺陷的可能性或对设计实现路径的风险折衷。CDR 是在大的投入和最终设计决策之前审查并更改设计方向的最后机会，CDR 后的主要设计更改会带来经费和进度上的重大损失。
- 系统认证。开展并记录系统性能和测试结果的过程累积，使得可向认证管理机构提供所有必要的文档对系统进行认证。

- 生产准备审查（PRR）。审查所有的必要过程确保系统的生产平稳及时。

该图的主体显示的是 V 形图中系统要求的分解和定义以及集成和验证过程（如图 6.9 和图 6.19 所示）。水平线上的过程与系统工程相关，线下的则与产品和部件工程相关。

6.5.3 分解和定义过程

关键步骤包括：
- 识别用户需求；
- 识别飞机需求——系统要求；
- 要求验证——建造正确的飞机；
- 建立系统构型，开发系统描述文档（SDD）和 LRU 规范。

6.5.4 集成和确认过程

随着系统集成和确认过程的进展，需要开展下述任务：
- 系统集成包括系统的物理和功能检查。
- 系统的现场确认——系统对吗？
- 飞行试验确认——是飞机的正确系统吗？
- 飞机服役，系统是否工作，用户是否满意？

6.5.5 部件工程

在部件等级：
- 建立 LRU 构型，开发装配图纸；
- 部件构型和详细图纸；
- 部件建造和学习过程，统计过程控制（SPC）；
- LRU 建造和测试，鉴定测试和硬件加速寿命试验（HALT）。

6.6 高度集成系统

通过多年的最佳实践，设计规则和方法得到了发展。经验丰富的行业专家协同工作，制定出了集成飞机系统设计中主流的设计规则。设计指南如图 6.21 所示。

在英国，飞机的法规基础包含在航空导航命令中，体现为英国民用适航要求（BCARs）。在美国，为联邦适航要求（FAR），在欧盟为联合适航要求（JAR），形成一系列的规范，负责特定飞机型号的设计（现在由认证规范 CS 替代）。

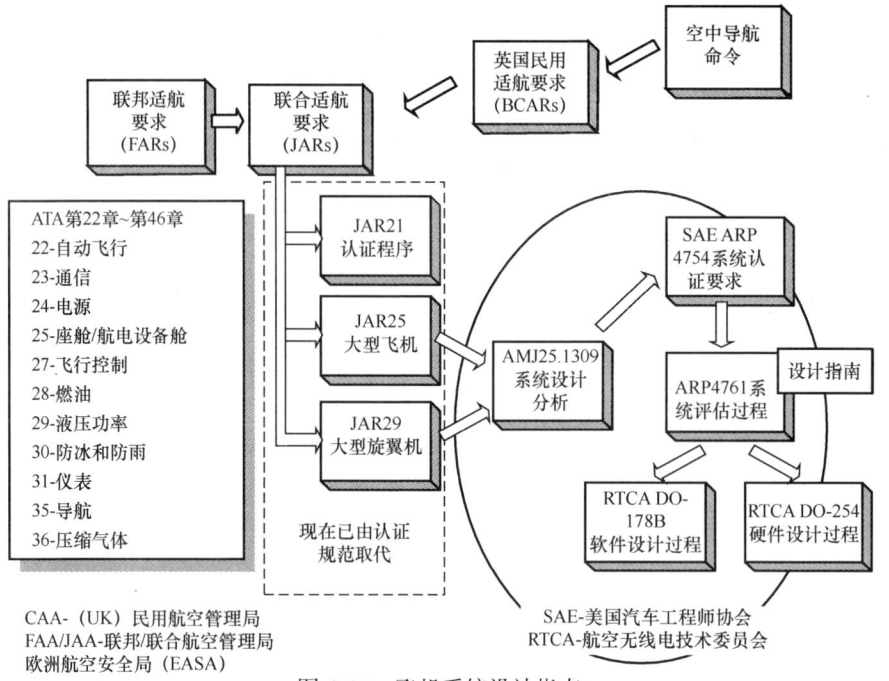

图 6.21　飞机系统设计指南

- JAR 21 规定认证的大纲；
- JAR 25 规定大型飞机的设计；
- JAR 29 规定大型旋翼机的设计。

关键的设计指南包含在一系列代表最佳实践的文档中，但不是强制性的，如图 6.22 所示。设计不一定非得遵从这些指南，但若系统设计师创建自己的规则而不采纳这些设计指南则需要承担风险。关键的文档如图 6.22 所示。

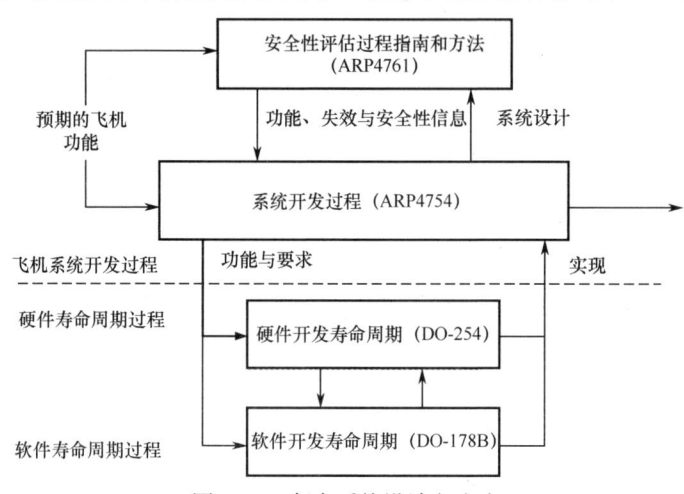

图 6.22　复杂系统设计方法论

- 系统评估过程指南和方法——SAE ARP 4761；
- 系统开发过程——SAE ARP 4754；
- 硬件开发寿命周期——DO-254；
- 软件开发寿命周期——DO-178B/C。

与 ED 文档的等效性如表 6.1 所示。

表 6.1 RTCA 与 ED 文档的等效性

规范主题	美国 RTCA 规范	欧洲 EUROCAE 规范
系统开发过程	SAE 4754	ED-79
安全性评估过程指南和方法	SAE 4761	—
软件设计	DO-178B	ED-12
硬件设计	DO-254	ED-80
环境试验	DO-160	ED-14

6.6.1 主飞行控制系统的集成

飞行控制系统高度集成的本质有时难以理解。图 6.23 是一种带有下述特征的简化的三级嵌套控制循环案例：

- 使用高完整性三冗余电传操纵系统的内部循环控制飞机高度；
- 辅助循环使用双-双自动驾驶系统控制飞机的航迹；
- 外循环使用双飞行管理系统（FMS）控制从起飞到抵达目标机场的飞行任务。

随着功能从内循环到外循环的迁移，功能性增加而完整性减少，如箭头所示。

回到第 2 章中的 ATA 章节，图 2.5 和强调哪些与任务管理相关的功能区域便产生了图 6.24。图中高亮显示了与提供整个任务管理功能相关的全部功能区域：

- 航电功能，例如自动飞行、通信、记录和指示以及导航；
- 电源；
- 飞行控制和液压源；
- 燃油系统、动力装置和动力控制。

没有所有这些单元的贡献，系统功能将不起作用。

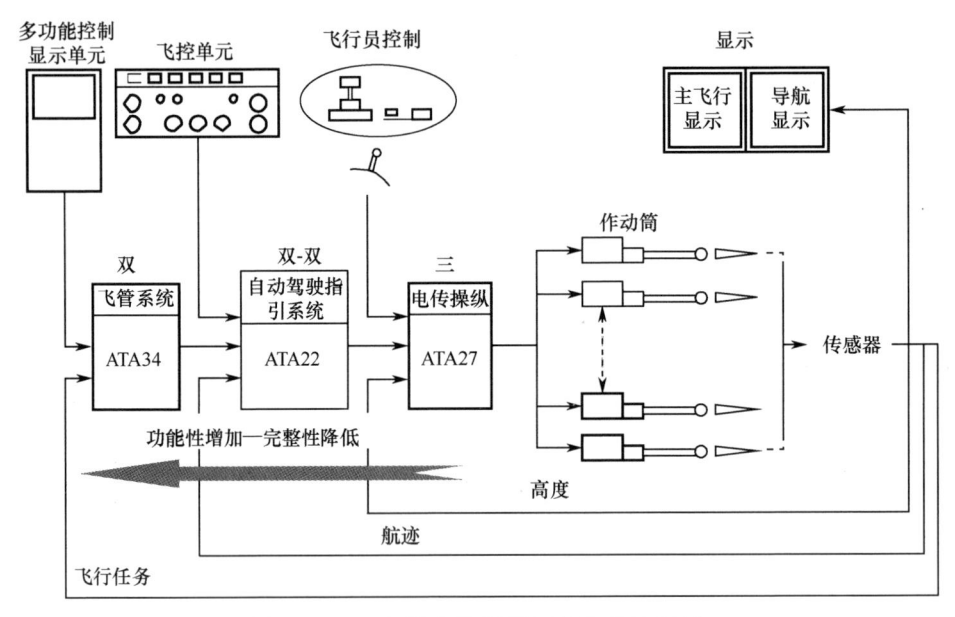

图 6.23 三级嵌套控制循环复杂系统案例

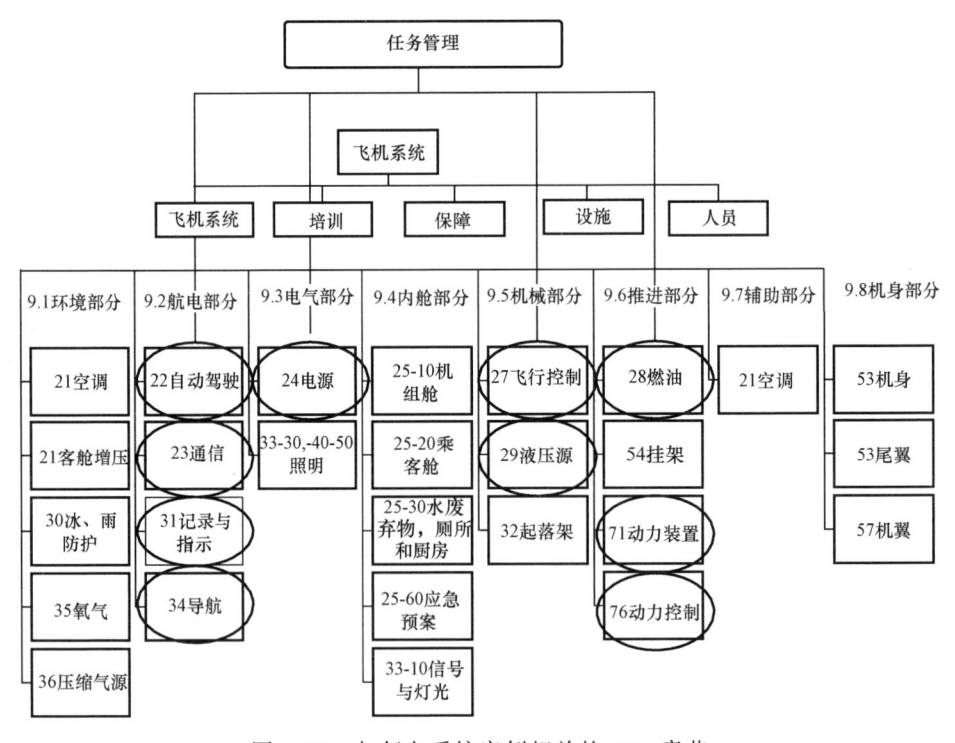

图 6.24 与复杂系统案例相关的 ATA 章节

6.7 讨 论

显然，在现代飞机设计中仍旧存在很多不同等级的集成。系统向自动化方向发展，减少机组负荷意味着系统需要执行更多的功能。一个方向是发展无人机，尤其是高度自治或独立于地面控制的无人机是自动化方向发展的重点。为达到这种等级的自动化程度，需要将更多的集成功能集成进系统，并采用基于软件的功能设计。

这一方向的发展结果是产生的架构高度复杂，且已复杂到无法用简单的图进行解释。硬件和固件中功能的"隐藏"本质；通过各种数据总线的数字化数据字节流信息交换加大了其难度。整个飞机产生巨量的设计和测试数据使得不可能完全掌握系统的行为并分析透试验证据，以演示系统得到了详尽的测试。

但是，必须这样做并确保产品能够完成定型并由用户接受。

应当考虑对于安全性的潜在影响。以上介绍的情况使得难以对其进行综合的安全性分析。

图 6.25 所示的系统架构展示了复杂度的点。这张图已大大简化，实际上，图中的每个框都包含了甚至更多的模块和更多的内部连接。

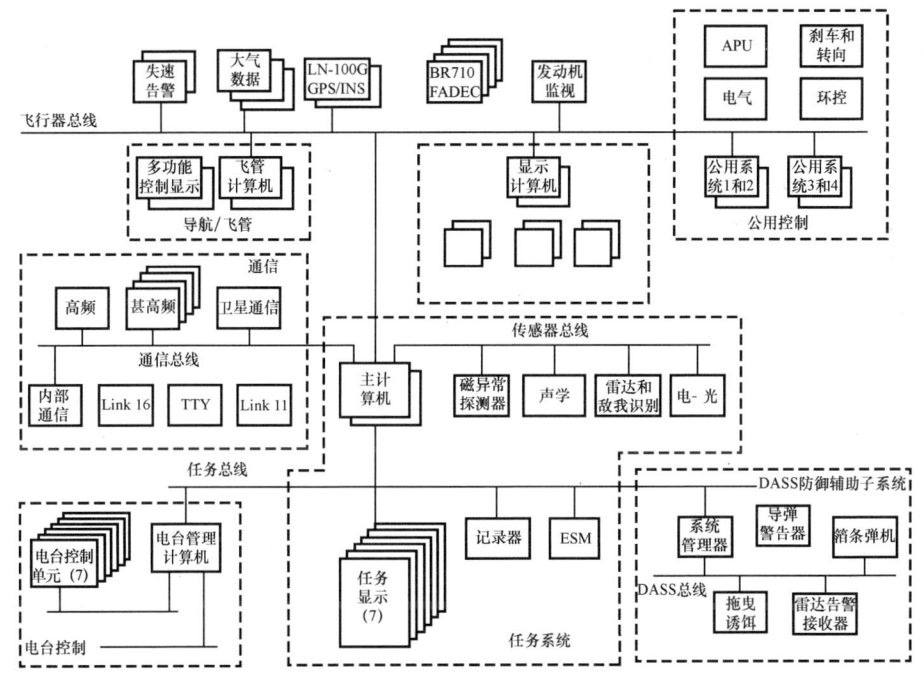

图 6.25 简化的军用监视飞机架构

参考文献

[1] Ashcroft, F. (2000) Life at the Extremes – The Science of Survival, Harper – Colllins.
[2] Warwick, G. (1989) Future trends and developments in Avionic Systems (ed. D. H. Middleton), Longman.
[3] Moir, I. and Seabridge, A. G. (1986). Management of utility systems management in the experimental aircraft programme. Royal. Aeronautical Society Journal 'Aerospace', 13 (7), 28 – 34.
[4] Moir, I. and Seabridge, A. (2008). Aircraft Systems, 3nd edn, John Wiley & Sons.
[5] Moir, I. and Seabridge, A. (2003). Civil Avionic Systems, John Wiley & Sons Ltd.
[6] Brookes, A. (1996). Flights to Disaster, Ian Allen.
[7] AGARD Advisory Group Report 349 (1996). Flight Vehicle Integration Panel Working Group 21 on Glass Cockpit Operational Effectiveness.
[8] www.ptc.com accessed April 2012.

拓展阅读

Elliott, C. and Easley, P. D. (eds) (2007) Creating Systems that Work: Principles of Engineering Systems for the 21st Century, Royal Academy of Engineering, ISBN 1 – 903496.

第 7 章 系统要求验证

7.1 引　言

在一个庞大且复杂的系统中，如飞机或舰艇，在没有首先进行某些形式的分析获得高置信度之前就建造成品是不现实的，因为很难保证成品的工作符合规范要求，而且其时间和资金成本在任何一个项目中都会产生巨大影响，不仅如此，成品的工作不符合规范要求的风险是不能接受的。

为了向客户演示产品已经满足其要求，就需要对其寿命周期中的所有环节进行测试，结果就是客户要求达到性的最好依据。测试通常通过制作原型机这样的物理手段进行，然而，无论是建立试验系统，还是制作原型机，都是费时又费力的，特别是在设计包含有必须纠正的缺陷或者产品工作环境对结果有很大影响的情况下。

图 7.1 展示了 V 图和其审查点，这在第 6 章中也出现过。在这一版本中，左半部分被加上了阴影，说明通常习惯于把测试放在图的右边——在硬件可以测试之后。

但是，值得一提的是，在设计系统的过程中，很多对需求的正确理解以及新颖的解决方案会浮现出来。这些想法不应该被忽视，而应该收集起来并用于产品鉴定。

工程师需要严谨的方法来观察分析系统性能，这样在一个研发过程中的决策就可以循序渐进，避免资源过度昂贵或带来过大的风险。一个理想的方法就是在预先设计好的试验环境中进行试验，这样做的好处是可以在一个可控的状态下重复或修改试验。此方法可以用来评估系统的极限运行状态，而试验结果可以用来证明已经满足要求。

7.2　寿命周期中鉴定依据的收集

建模、仿真试验平台和原型机都是可以用于在不同情况下检验飞行器系统的行为和性能的可靠工具，可在设计中给出很高的置信度。评估依据就是通过

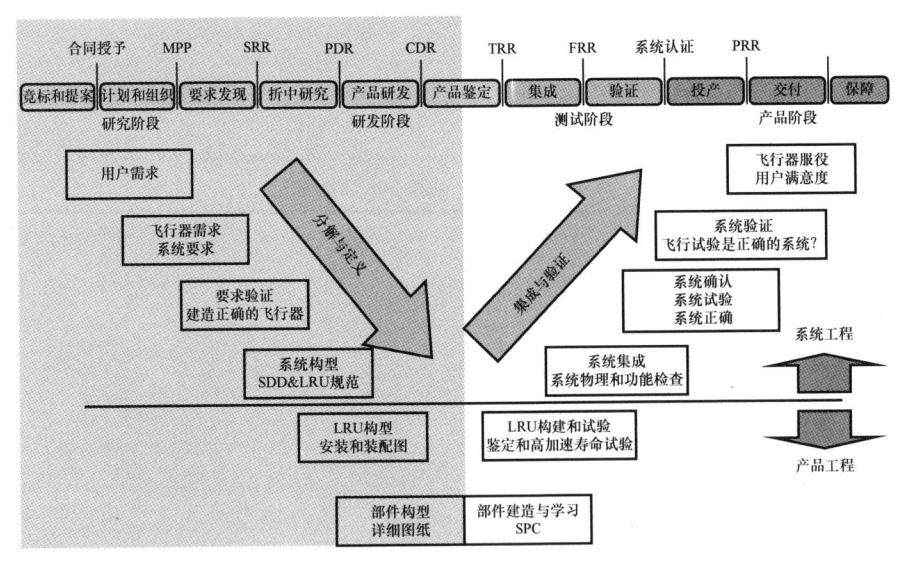

图 7.1 传统试验 V 视图

所有这些工具的组合收集到的,这包含所有供应链提供的子系统和零部件试验平台中收集的依据。

这些依据是从不同的来源和过程获得的。单从试验这部分来说,是从图 7.2 所示的数据源处获得的。

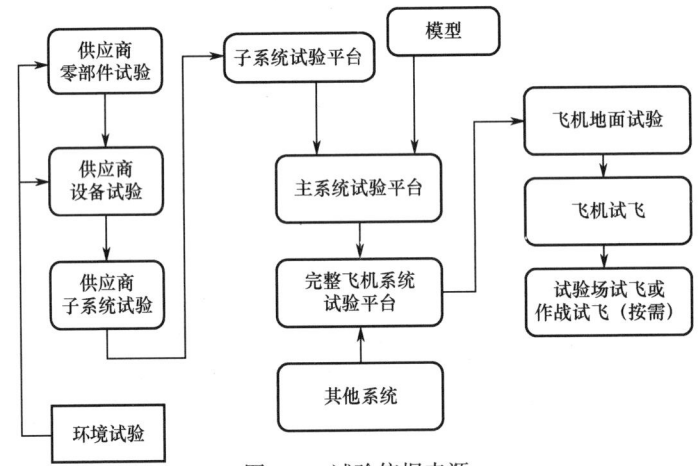

图 7.2 试验依据来源

这些依据加上设计过程中收集的信息,就可以作为整个寿命周期早期的鉴定依据提交给客户。接着,这些依据就被收集起来并在项目的不同阶段分别提交,来支撑实现发动机地面运转、原型机试飞、用户初始验收和用户完全验收这几个阶段的目标,如图 7.3 所示。

第 7 章　系统要求验证

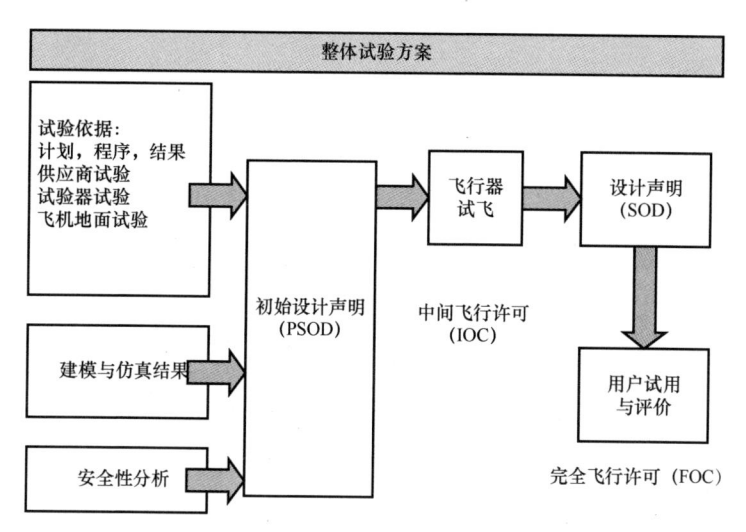

图 7.3　产品完全通过验收的路径

计划如何收集这些依据以及记录每个阶段试验中的成功完成项是很重要的，这将被用来作为试验和鉴定计划的基准，以使整个进程更便于管理。其中一种方法就是使用基于简单电子表格的交叉验证矩阵，图 7.4 所示为一般格式。每列都可扩展显示详细的试验事件和矩阵用来记录简单完成结果、试验步骤数/问题、计划日期和完成日期以及授权签名等，最后变成完整的试验结果记录。

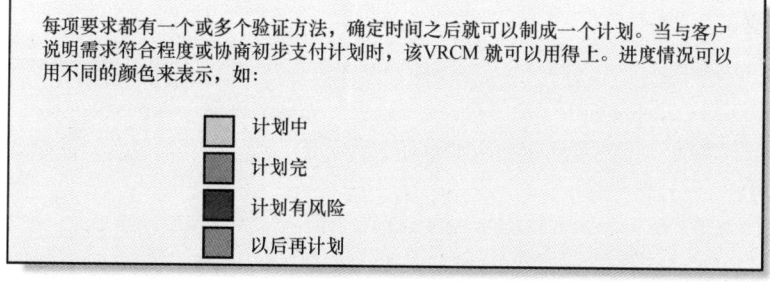

每项要求都有一个或多个验证方法，确定时间之后就可以制成一个计划。当与客户说明需求符合程度或协商初步支付计划时，该VRCM 就可以用得上。进度情况可以用不同的颜色来表示，如：

- 计划中
- 计划完
- 计划有风险
- 以后再计划

图 7.4　验证交叉参照矩阵

额外的好处是可以与验收者或客户协商基于早期设计演示的支付计划。

图 7.5 是示例的支付计划。

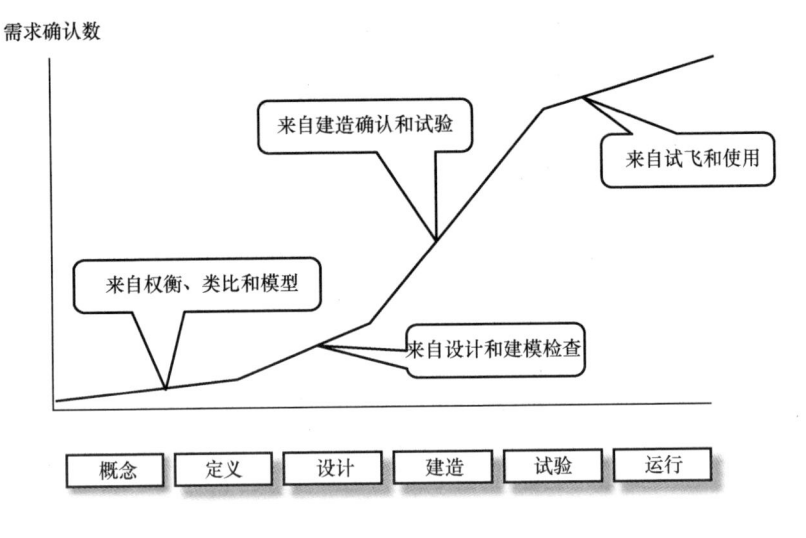

图 7.5 用早期的试验依据来改进支付方案

7.3 试验方法

像本章所讲的一样，下述试验方法可用于提供鉴定依据，后面会详细解释：

- 设计检查；
- 计算；
- 类比；
- 建模与仿真；
- 试验器；
- 环境试验；
- 集成试验器；
- 飞行试验；
- 试用；
- 作战试验；
- 演示。

7.3.1 设计检查

设计信息可以用不同的形式呈现，从前期方案到详细图纸，甚至是三维 CAD 模型，到规范标准、接口控制文档和软件设计文档。随着每个审查阶段的通过，这些文档会越来越确定。如果一个节点是对鉴定有帮助的，就可以作为一个定义点，说明这部分内容已经被完成了。

就拿一个雷达探测器的三维模型来说，该探测器向上可以扫描方位角和仰角，为空对空目标侦察提供前方搜索视野，也可以向下倾转对地监视。从而需要一个 CATIA 模型来复现其天线扫描包络，确保在天线扫描过程中，天线罩不会与天线干涉，图 7.6 展示了实现该功能的模型。该模型一被完成，在项目冻结并提交给制造商制造之前，就可以演示具备合适的间隙。

在适当的间隙下，探测器可在整个方位、仰角、倾角范围运动，为天线罩设计提供包络

图 7.6　已装配的雷达探测器 CATIA 模型

7.3.2　计算

在设计早期，系统的演化通过计算确定压力、电力负载、飞行包线等实现进步，通常通过计算机程序或电子表格辅助完成。这些数据的格式化留存至关重要。笔记本电脑中一些已有的计算和运算工具让一些工程师习惯于用它们来做运算，而没有将其视作一种设计工具。换句话说，算法和方法应该在不同的变量下进行存储和测试，并像图纸一样冻结。这样确保计算可在复核和重设计时重复使用。使用时要小心谨慎，可用不同范围的变量进行计算以摸索设计的极限。

7.3.3　类比

经常会发现先前用过的设计解决方案很可靠，只要设计者确信工程和环境条件相同，同样的设计就可以移植到新的项目中。

7.3.4 建模与仿真

建模可以在产品的整个寿命周期中使用,以表征不同的设计选项并有助于定义评估这些选项的必要指标。无论是为了快速计算还是为了提供鉴定依据,模型是所有分析的基础。仿真是一种计算框架,可以预测或重现系统随时间的性能,允许对系统在超出测试平台工作限制的条件下进行观测。也就是说,可以提供在经历或测定极为困难或昂贵状况下的性能趋势。实际上,在某些情况下,仿真可以替代测试平台的特定方面。

"建模"这个术语在本章中指的是一些不同的、描述系统行为和性能的技术,使用不包括现实生活系统的实际运行方式。该定义包括使用CAD建模技术(系统元件的3D模型可以用来分析装配接口、人机接口和访问)、使用纯数学建模或状态分析,以及使用仿真。

后两个术语之间的区别是:"如果模型组成部分之间的关系足够简单,就可以用数学建模方法(比如代数、微积分或概率论)获取相关问题的准确信息,这就是解析方案。然而,大多数实际的系统太复杂,并不能用现有的模型来等效解析,这就要用到仿真方法。在仿真过程中,我们通过数值方法用计算机来等效一个模型,并收集数据来预计所期望模型的特征。"[1]

解决这些难题的方法,就是使用工具来模拟或仿真系统的工作。如果这些工具可以提供"软"实现就会更理想,因为建模和重建模都不会有额外的花销。已有在这方面的工具和技术。可以使用仿真比较或对比不同的解决方案以确定满足特殊需求的最佳方案。

产生鲁棒验证过的模型有另一个好处,那就是可以提供给别的团队或供应商,方便他们根据互相认可的接口和性能定义开发各自的功能。

第3章演示了费用如何在寿命期内随产品进步而增加。建模的一个优点就是一定程度上增加了整个系统解决方案的置信度,也就减少了改动的可能性。另外,建模结果同样可以作为一种设计满足要求的依据,这些依据在设计早期的时候可以让客户相信设计会趋于成熟,并收敛到可鉴定的解决方案。

系统工程中用到的典型模型类型有:
- 简单的图表模型。思考过程或智力过程。在系统概念的演化阶段,在直觉、观念和推理等思维过程中,系统工程师"想象"或设想系统的结构和功能。
- 映像模型。一种系统或系统部件的物理、缩比表征。
- 数学模型。一种描述为已定义概率状态变化的系统行为简单模型。

- 仿真模型。大部分复杂的或现实世界中的系统，都有随机成份不能用数学模型进行解析评估。因此，仿真经常是唯一可用的研究方案，如在一些特定的运行环境下，可以用仿真来确定已有系统的性能。
- 试验器。一种模拟产品部分或全部的试验设施，可以在测量条件完善的情况下进行试验。
- 原型机。产品或系统的全尺寸表征，可用于进行彻底的试验，在生产之前确定性能。

通常情况下对整个产品建模是不现实的，而且没什么必要。对系统中难以理解的部分，或那些错误运行会导致明显花销和时间风险的部分建模才是最有用的。正确使用模型和生成简单模型是很重要的："模型要有用没必要非得与实际使用时一样。实际上，只要仍能提供有用的见解将模型做得不那么真实会更实用。与实际产品一样复杂的模型过于复杂而不可能实用，简单的模型更易用。"[2]

要生成一个简单的模型，可通过分析系统将其分解成可建模的元素，然后理解其接口和与其他模块之间的依赖性来完成。图7.7为复杂系统使用的不同建模技术案例。

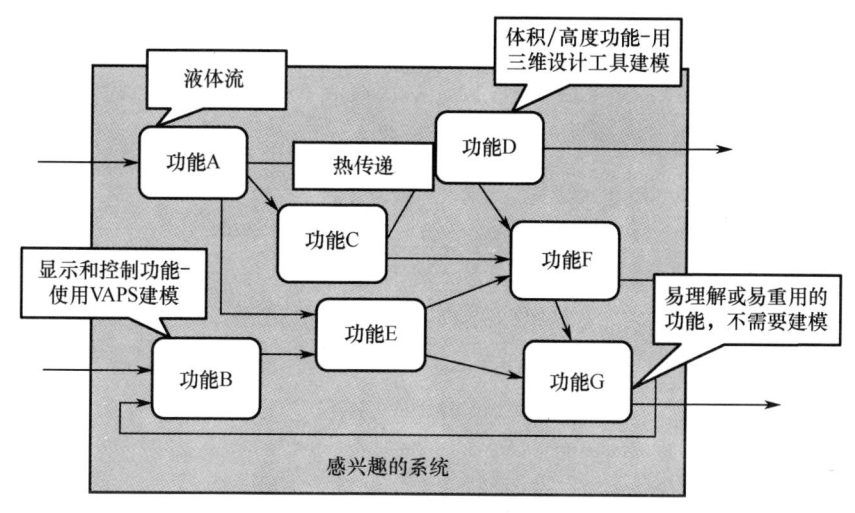

图7.7　使用不同建模技术的例子

像这样使用不同的技术，可以对每个功能模块进行必要的测试和优化，直到其性能达到要求。每项被测功能的结果可以手工整合起来以确定组合起来的系统是否工作满意。另外一种更好的方法是将不同的模型整合到同一个框架中，使其相互关联起来形成一个完整或接近完整的系统仿真。图7.8是燃油系统的应用案例，演示了模型的内部连接。

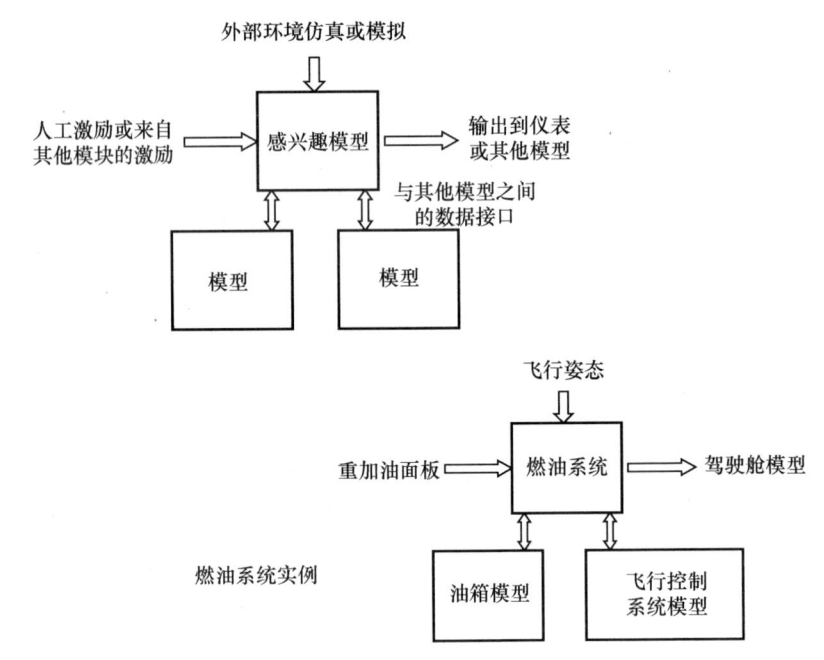

图 7.8 相互连接模型案例

该例子中的油箱模型很重要，因为它会在各种情况（如翻滚、俯冲等）下，将一系列探头采集到的燃油液面数据转换成当前燃油的体积和质量。在理论上，该燃油模型可代替物理的燃油试验器。实际上，英国航空公司正是用这种方式成功设计了 Nimrod MRA4 燃油系统。

从图 7.9 中可以看出现代燃油系统的复杂程度。要想完成一个完整的燃油系统仿真，就意味着要完成如下之间相互作用的子系统的设计。

- A1 为燃油系统——油箱、燃油计量探针、泵和活门的集合体，用来测量油箱中燃油量，并保证燃油在飞行器管理系统的燃油管理部分控制下在油箱与油箱之间或油箱与发动机之间正常传输。为了能够精确测量燃油量，就必须知道燃油的各项属性，因为在油箱中，燃油会分层有不同的密度和温度。
- A2 是飞机在俯冲、翻滚和偏航等位置或变化率下的动作，这会引起燃油姿态的变化，就需要选择合适的探头来保证测量的精度；燃油也会在大油箱中出现飞溅现象。这种模型可以用来确定最优的隔板和扩展油箱位置。
- B 代表发动机整个飞行包线中的燃油流量需求、燃油应急放油和膨胀要求。
- C 代表航空电子集成。飞行控制系统（FCS）要求将燃油重心维持在预定范围内，无论是为了机动还是省油。飞行管理系统（FMS）需要知道机载燃油量，同时，驾驶舱的显示器上会向驾驶员提供每个油箱中的燃油量、燃油系统部件状态和在军用飞机上的剩余燃油量。

● D 为热交换器，用来冷却发动机滑油和液压油，因为大量的热量可能会使燃油温度过高。

● E 为地面或空中加油以及用受控的方式卸载燃油的机制。

● F 为环境温度和压力等外部因素。温度是一个很重要的因素，因为地面环境的高温可以导致燃油膨胀和溢出，而非常低的温度会使燃油在长时间极地飞行时冻结，至少是一起严重飞行事故的原因。

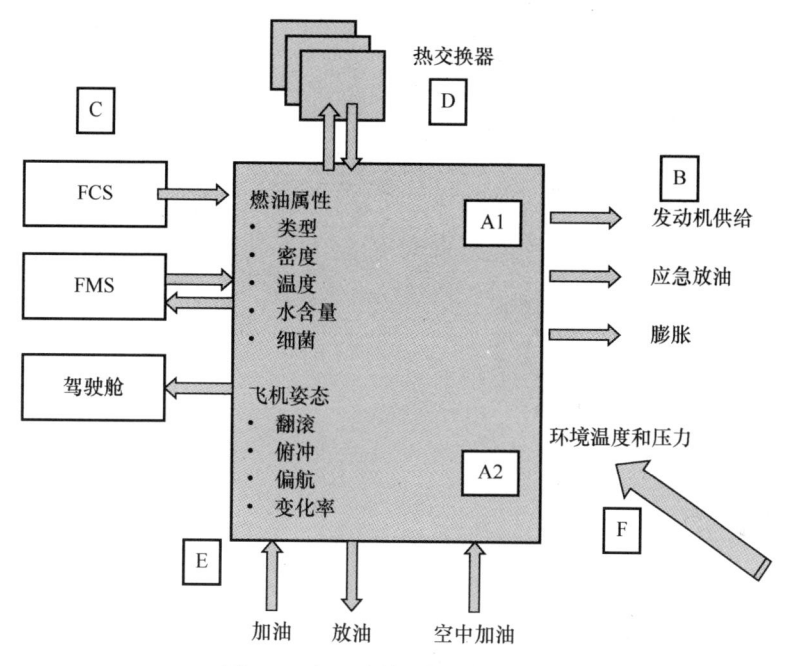

图 7.9 相互连接的燃油模型案例

这些模型表明燃油系统相当复杂，并需要与不同子系统所有者之间进行密切合作。要清晰理解现代燃油系统的行为，需要用物理燃油试验器或模型与仿真组合，甚至三种方式的组合才行。

1. 建模技术

以上提到的建模技术这里会进行详细解释。

1）简单的图表模型

绘画表示的简单模型是项目还处于设想阶段时思维过程的一部分，通常在设计者的脑海中，用于设想或解释一些初步的概念。这可能是一种形状、一个过程或一种数学表达式的心理呈现。为了得到讨论的基础，通常将这类模型转为草图或粗略的记录。这些生成很快,且在讨论时易于更改,可转换成报告或幻灯片中包含的更复杂的制图或幻灯片,从而可向其他人分享所认知的模型。这就是从创意传奇般地快速落到纸面上——可能是餐巾纸、厕纸或信封的背面。图 7.10 是一些画在纸上的概念模型,包括一种未来的四发声速巡航飞机、一种演示飞行器弹射装置的可视化数学模型和一种未来的航母舰载机。

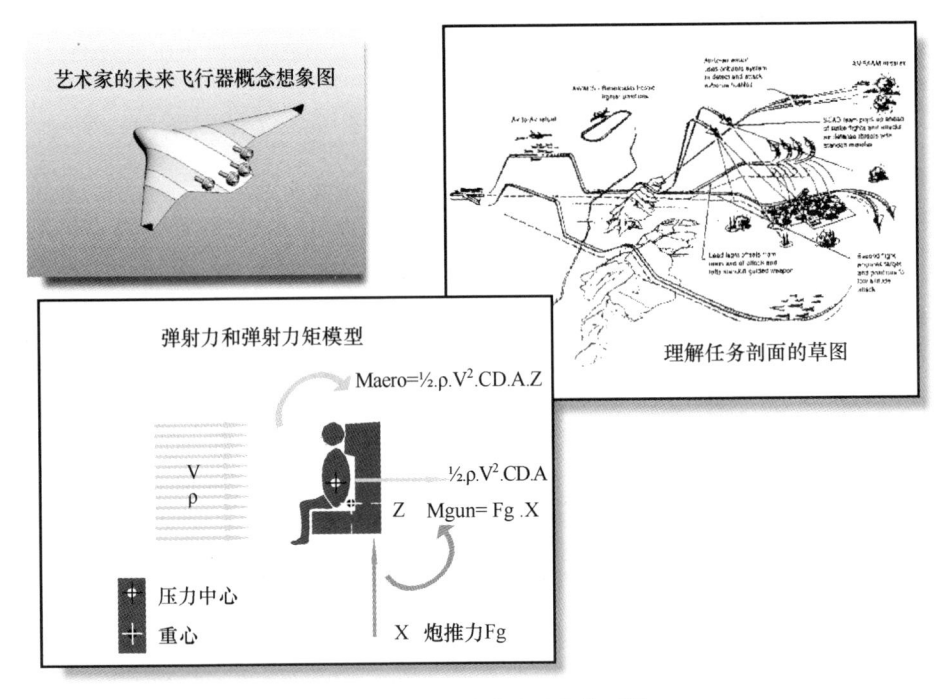

图 7.10 一些简单的图表模型[2]

2)映像模型

映像模型是一个系统或单个系统部件的物理呈现,通常为缩比模型。常用的材料有硬纸板、塑料泡沫、制造模型的黏土、塑料、轻木、金属或丙烯酸树脂。这样的模型有助于研究概念模型中所包含的信息,更有价值的是,该模型是三维的并且是可触知的。

通过激光立体光刻技术可以制作相当精密的模型,只需要用三维 CAD 建模工具制作一个丙烯酸树脂缩比模型。由于该过程是由 CAD 工具的输出驱动的,生成的是原型的等比例高保真模型。该技术的成本现在还很高,但是新方法和工具正在逐步降低成本。制成的模型通常被用来做市场展示或在竞标时作为支撑向客户展示。

映像模型的另一个用途是风洞模型,用于得到与全尺寸产品一致的实验数据。在这种情况下,整体的形状比细节保真度更重要。

映像模型的终极形式就是全尺寸木质或金属样机。飞机的整体或局部样机通常用于装配概念,验证人机接口,或为市场推广提供模型。玻璃纤维模型通常用于航展,因为它们比真机更易于运输和维护。

图7.11展示了一些用于特殊用途的模型。Merlin飞行模拟器被大学学生用来演示飞行的主观方面内容。

MP 521 模拟器(Chris Neal, Merlin飞行模拟小组) Charles Milligan操作中

Cranfield大学,A.G.Seabridge制作的飞行器模型

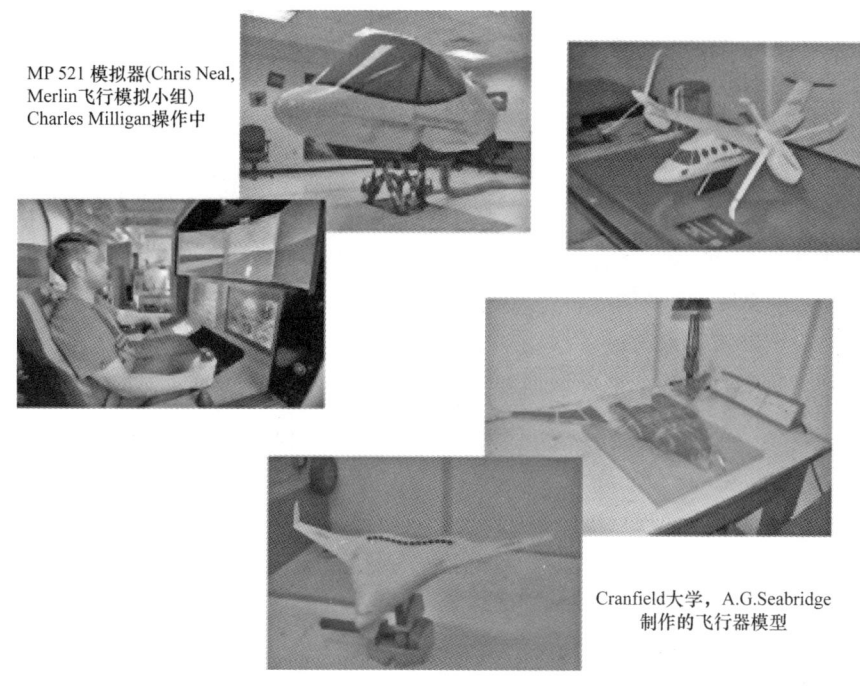

图7.11 映像模型案例

这些制作的飞机模型是为了演示由Cranfield大学飞行器设计课程小组研究生设计的概念形状。

3) 数学模型和仿真

在计算机或PC上,设计者可以用很多工具来建模或仿真系统的某些方面。商用电子表格软件可用于建立简单的模型,而一些专业商用工具则可以用来建立特定领域的模型和仿真。这样就可以测试系统功能,并以实时、减慢、加快时间的动画进行展示。但是这存在一些缺陷,因为某些动画的品质和产生的大量数据会让人对仿真的真实性产生错觉。不管怎样,建模是强大的工具,可以在受控实验条件下向测试系统提供试验手段,可应用建模的典型系统包括:

- 热/冷却系统。对闭环空气或蒸汽循环机的性能建模,对到乘客或设备的气流分布进行建模。
- 流体流量系统。对燃油系统油箱高度或体积特征建模来计量系统的设

计，建立传输序列模型，建立机动状态下的燃油行为模型，建立燃油或液压系统管道中的流量和压力模型。

- 电源系统。对任务不同阶段进行载荷分析，计算冲击电阻性和无功性负载在相位平衡中的影响，执行潜在电路分析并寻找电路设计中错误的接地或短路。
- 控制系统。在不同相域和时域内模拟闭环系统的动态特性。
- 射频天线互用性。预报在多路同步传输环境下接收机和发射机的性能以避免相互干扰效应，检验干扰技术的冲击。
- 航路规划。建立商业和军用航路模型，以预报最经济或最省时的路线，为飞行管理系统规划载荷。
- 机场管理。对空中、地面上的交通量和密度以及乘客运动建模来预测运输需求量。
- 易损性/战斗损伤敏感性。预报抛射物碎片在飞机结构或内部设备上的损伤效应，以辅助进行设备的物理分离，避免常见模式的损伤后果。
- 数据总线加载。检验数据密度和传输率对数据总线加载的影响。
- 武器弹道。预测不同情况下武器离开飞机的分离特性，预测并证实目标毁伤的准确率。

2. 建模工具及其应用

已经有很多市面上的工具具备建模能力，并有专门的机构不断开发提高其性能。采用货架工具对行业有下述优点：

- 避免了高昂的工具研发费用；
- 工具开发费用都由工具行业承担；
- 工具研发会参考不同用户的经验；
- 可以根据用户数购买应用许可，并按需续用；
- 开发商提供咨询服务辅助解决应用问题；
- 用户社区汇集了相似产品的经验。

1）3D 建模

很多 CAD 制图工具都提供结构设计的三维表征，可操作数据提供可旋转的图像。CAD 工具会将整个产品以 2D 或 3D 格式模型数据库的形式储存，这样很多人可以同时使用。同时，这种图像呈现形式使得可以方便地进行人机接口和装配接口的审查和测试，而不需要制作物理模型。不仅如此，CAD 工具可以与其他建模分析工具结合使用，以允许使用不同方式对系统进行分析。这样的技术可让工程师近距离查看各个装配间隙，并确认运动机构和结构间没有碰撞。

图 7.12 中是一个燃油系统的动态 CAD 模型。该模型可以动态演示燃油在油箱与油箱之间，油箱与发动机之间的传输过程。CAD 工具可以与计算流体

动力学模型相结合来确定机动对油箱中燃油"飞溅"的影响。

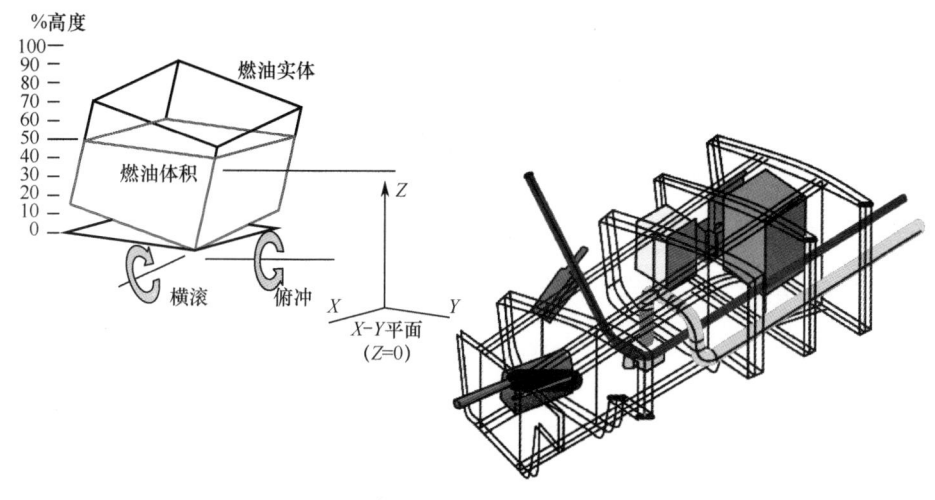

图 7.12　一个动态 CAD 飞机燃油系统[3]

2）Flowmaster 制作的环境冷却系统模型

Flowmaster 是一个一维网络流求解器，工程师可用于分析很多与流体流量有关的综合问题。实际上，它可以快速精确地分析几乎任意大小与复杂度的管道网络，以建立设计的完整性。

在复杂、多分支和环流系统中（像燃油和环境控制系统），流量分布和压力损失可以在稳态下进行估计。用瞬态模拟的方法，不仅可以预测油箱中燃油液面高度，而且，可以根据不同的飞行剖面来定义活门的开关序列以及对泵的控制，以在飞机的油箱之间传输燃油。另外，同时分析地面或空中加油情形可用于预测杆控制阀快速动作引起的瞬压。

对像起落架、前轮转向和飞行控制装置这样的液压系统建模，可用 Flowmaster 的流体功率包来仿真。作用于柱体（机械连接或独立作用）的可变负载瞬态效应以及方向控制活门允许作为一个整体评估系统的工作行为及交互。这能显著减少"铁鸟"测试的需求，确保首次原型设计正确、更好[4]。

3）工具能力

Flowmaster 工具集包含许多不同的组件，工程师可以用它来建立一系列可用于航空领域的模型，如液压、热管理、环境控制系统和除冰系统。适用于环境控制系统的组件包括：

- 热交换器；
- 涵道；
- 压气机；
- 孔板；

- 活门；
- 蜂窝整流器。

这些部件整合起来可以表征特定的飞机客舱空调系统，可以建模来检测不同运行状况（如地面运行、巡航、爬升、下降等）下的各种性能。这样就可以在稳态或暂态下对以下性能指标进行准确预测：

- 空气流量；
- 气流速度；
- 气流分布；
- 气压；
- 气温；
- 湿度；
- 空气混合策略，如再循环、引气混合或新鲜空气。

4）ECS 模型概要

简化模型的主要目标是确定空气流量、气温以及沿商用飞机座舱区长度方向分布。

设计考虑：

- 均匀的客舱冷却/加热和再循环系统。相对于冷却/加热单元，是否所有的乘客接收到的是同样的流量，而不会受他们所坐位置的影响？
- 客舱充分地加热或冷却。在所有工作条件下，空气湿度和流量能否保持向乘客提供舒适的环境？
- 充分的客舱增压。在所有飞行状态下，客舱压力能否保持乘客舒适？
- 部件性能。部件的可靠性对系统运行会有怎样的影响？

工作条件：

- 用周围环境或发动机引气空气作为空气源；
- 所提供的空气经过冷却包或热交换器处理；
- 空气通过一系列歧管、通风口和喷嘴等，分配到客舱中；
- 空气通过地板的回流管道离开客舱段。

可用以下部件制作典型的 ECS 分布网络视图：

- 管路；
- 扩散器；
- 气孔；
- 加热器散热器；
- 风扇；
- 压力源；
- 流量源；
- 离散损失；

- T形结和弯管。

可以用不同的颜色表示不同的质量流量,如将相互连接的管路和部件着不同的颜色。这使得在评估设计适用性和最优性,以及定位问题区域时更快捷。可以对模型进行快速修正以检验替代方案,或者确定问题"修复"的适用性。也可用图形提供定量分析。

5) 使用 VAPS 的人机接口原型

虚拟样机产品 VAPS[5],是构建数据驱动型、交互式、可视化人机接口的工具。这些接口将应用中的数据用图形表示出来,并在数据变化时重绘。在实时应用中,界面的快速刷新会让画面看起来更流畅。同时,用户可以用鼠标或触摸屏直接操作图形界面[6]。

工程师可以用 VAPS 在 PC 上模拟人机接口,如驾驶舱显示屏及其控制机制。这使得图形动力学、字体、符号和颜色在获得满意的解决方案之前可以不断测试和修正。已开发的 VAPS 布局能够方便地移植到试验设施中,可在不同的环境灯光条件下由大量用户重复试验获得最优解决方案。

VAPS 广泛应用在防御、航空航天、医学以及汽车工业等领域,用于获得公认的人机接口。

图 7.13 是在桌面工作站上用 VAPS 构建的主飞行显示屏,图 7.14 说明了如何将其扩展以表证完整的驾驶舱模型。该模型可以用来模拟实时动态显示,并且所有的字体和颜色都是可变的。

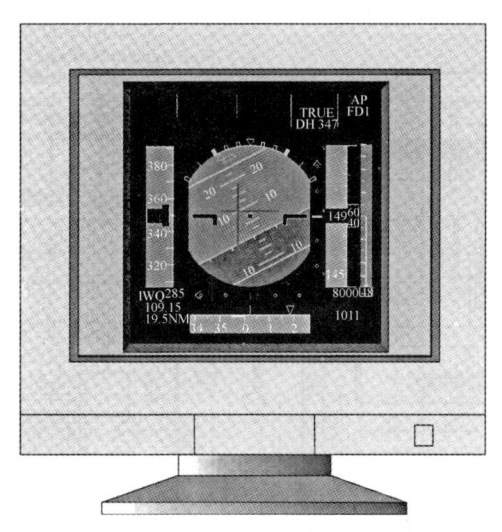

图 7.13 主飞行显示屏的 VAPS 模型

6) 键合图

键合图是基于符号和方法组合对系统建模的好方法。本质上讲,这种图是通过能量互连的物理对象网络,该方法代表了围绕网络的功率流。系统和模型间——对应，且方法是图形化的、有显化基于等式的模型。这种方法特别适合于机械、液压机械和机电系统的建模。

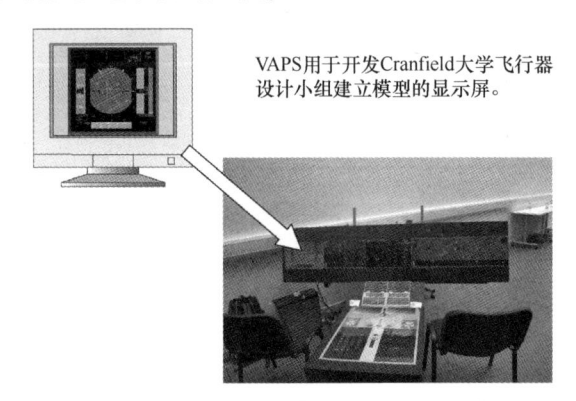

图 7.14 驾驶舱显示屏和控制的 VAPS 模型

7) 使用 SIMULINK 建立的燃油系统模型

Global Express™ 是由加拿大庞巴迪航空公司于 19 世纪 90 年代研发的长航程喷气式公务机。美国派克航空为其提供燃油系统，其中一部分就是研发燃油系统的完整模型，以支持燃油系统设计和项目的验证。

机组可以在燃油控制面板上看到关键泵和控制活门的状态指示，并且可以在出错的情况下对系统进行人工控制。发动机指示和机组报警系统（EICAS）多功能显示屏包含一项"燃油页"，其中有对单一油箱油量和总燃油量的显示。在设备故障时，EICAS 显示面板上也会指示系统状态、建议信息和警告信息等。

系统的心脏是燃油管理和燃油测量计算机（FMQGC），会控制加油（放油）过程，测量各个油箱的燃油温度和燃油量。同时，FMQCG 会控制油箱之间的燃油传输来协调燃油燃烧次序，以保持飞行器的横向平衡。

燃油泵和活门是产生正确燃油运动的作动器，并向发动机和辅助动力装置提供充足的油压。在高海拔时尤其重要，因为液体会汽化导致汽液比例过高，导致发动机停车。

为了能通过所有正常工作的组合和失效出现下的系统性能有完备的理解，可用 SIMULINK（MATLAB 的子产品）建立模型。该通用仿真工具能够快速将某子系统的动态模型集成到一个综合模型中，以让系统工程师观测系统的行为。在这个案例中，建造模块包括：

- 大气模型（考虑影响发动机燃油消耗的工作条件）；
- 发动机模型用于建立飞行条件、油门设置与燃油消耗之间的模型，并确定发动机低压轴转速和发动机发电机频率；
- 燃油网络模型由管路、泵和控制活门组成，燃油箱模型用于确定每个油箱中的燃油量；
- 计算机模型由燃油管理任务相关的控制算法组成的，包括系统状态信息的生成并通过 EICAS 显示屏传递给机组。

虽然制作 SIMULINK 模型很快捷，但是采用专用的 GUI 会从燃油系统的视角向用户（系统工程团队）提供更加深入的飞机功能行为。该 GUI 包括：
- 下拉菜单面板：显示任务、发动机、燃油（驾驶舱面板）、泵故障和活门故障等，选中的面板会显示在屏幕的左下部分；
- 显示下拉菜单用于系统原理图的显示选项，位于屏幕的右边；
- 仿真菜单用于启动和停止仿真；
- 分析菜单包括一些数学运算和绘图工具。

系统设计数据大部分不更改，而用户就可以用该模型来加载这些数据。接着用户可决定以"完全交互式"模式使用模型，使用鼠标更改油门设置、高度、马赫数并引入故障观测所致的系统行为。也可能通过载入带有事件/时间的任务文件模拟预先定义的任务剖面。

图 7.15 是带仿真发动机和 APU 控制面板的完整模型，图 7.16 为仿真的燃油传输面板。

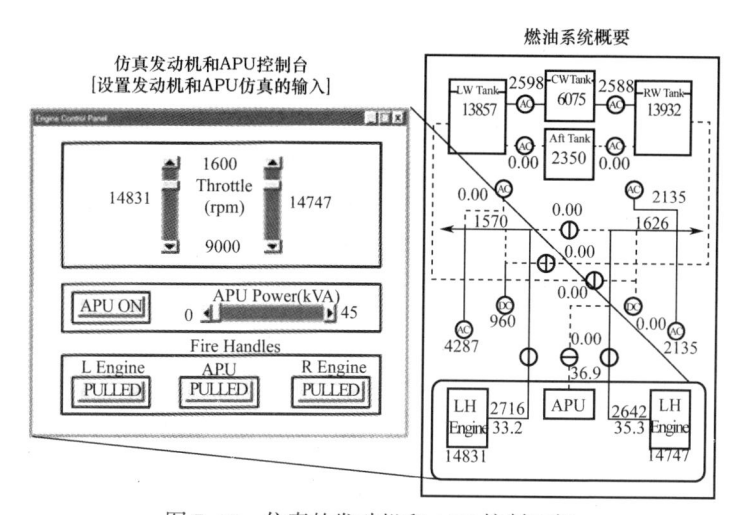

图 7.15 仿真的发动机和 APU 控制面板

3. 模型考虑因素

保真度是最先要考虑的因素。如果模型很复杂，模型开发成本高昂，且在模型最有用的项目早期，很可能还没有可用的模型（图 3.3 所示的是纠正错误的费用与计划阶段的关系）。像爱因斯坦说的那样："应当尽可能地简化问题，但是过犹不及。"这就是工程决断的由来。

同样，模型的执行速度也可能会变得过长。例如，为评估大量的案例，就

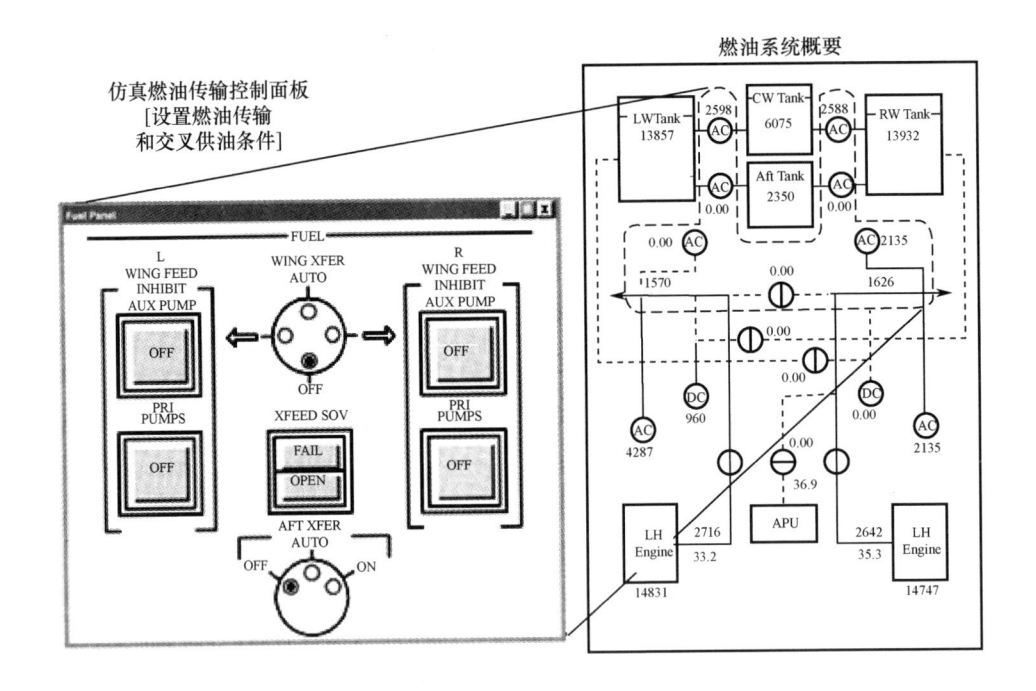

图 7.16　仿真燃油传输控制面板

需要有比实时运行快几倍的模型。

在这一案例中，由于模型稳态行为与燃油系统仿真一致，可确定使用非常简单的发动机模型。通过去掉加油分配系统对燃油处理网络进行了简化。因此，这一模型仅用于研究作战任务场景，而要评估加油/分配（飞行前）系统的性能，就要单独再建一个模型。

同样需要着重考虑的还有俯仰角的影响，因为后置发动机的飞机作用在增压泵上的头压变化很大，而滚转角的影响就可以忽略，可以假设为零。

在初始化完成之后，该模型能够以比实时快约 3 倍的速度运行，从而可为设计团队提供宝贵的信息。在今天的 PC 机上，这个模型可以运行得更快。

7.3.5　试验器

试验器可用于构建进行高保真试验的全尺寸系统模型，也就是说，在试验器上测试的项目，必须尽可能与实际系统行为保持一致。尽管试验器的设计、建造和维护很昂贵，但其有运行条件可控、试验器工作时间费用低于产品工作费用优点，特别是在飞机和舰艇领域。决定试验器需求的主要因素包括：

- 安全性。需要在失效之后不会导致危险状况的环境中探索系统的行为。如整个飞机飞行控制系统在"铁鸟"台上的地面试验，其中液压系统在全压状态下运行。
- 耐久性。需要在受控条件下对系统进行等效服役寿命时长甚至到破坏的试验。例如疲劳试验试件，起落架在有代表性的高低循环或襟翼作动下工作。
- 人的因素。执行测试演示人体工程学设计或必须模拟高海拔光照或极端黑夜等苛刻条件测试座舱显示屏的清晰度。
- 集成。整个系统需要逐步组装并测试，以摸索所有功能和物理接口性能。

用于研发系统的试验器案例如下：
- 燃油系统。飞机燃油箱和相互连接的部分或整体安装在运动平台上，可以模拟真实俯仰、滚转运动下的燃油传输。可测试燃油传输序列、控制系统逻辑或软件以及燃油量测量准确率。
- 冷却系统。允许空气/蒸汽循环系统在不同条件和冷却负载下运行的试验器。
- 发电系统。发电机在全发动机转速范围内工作，用加载组模拟电阻性负载和非功负载。
- 液压功率系统。液压泵在一系列代表性负载和不同需求量下工作。

图7.17为测试单个部件或独立子系统的试验器框图。试验标准台为被测设备提供安装或固定底座，并配备适用于项目的导线和数据总线。试验标准台同样提供测试仪器，可以在试验的同时监测系统和记录数据。用于提供标准电源和冷却。

设计良好的试验标准台经过很少的改动就可以用于很多不同系统的测试，并为重测试提供标准测试环境。同时，可根据需要向被测试系统接入指令和监测专用的信号。

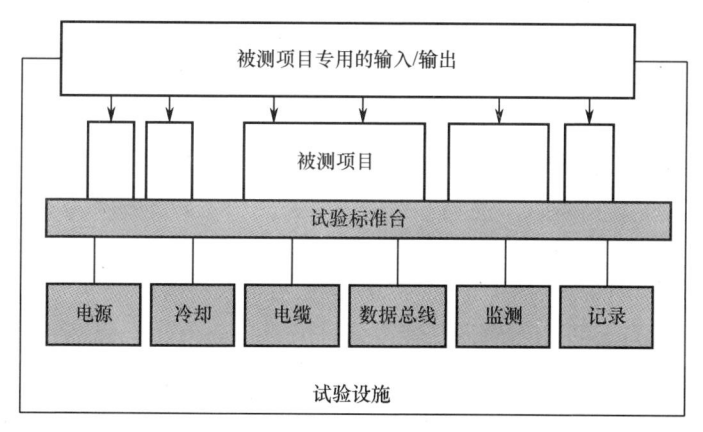

图7.17 单系统或部件试验器案例

7.3.6 环境试验

供应商用环境试验平台演示设备满足环境条件规范要求，如第 4 章定义的温度、湿度、振动和抗菌性等。

7.3.7 集成试验器

当在单一系统试验器上试验完毕时，通常需要将某些系统组合起来以了解集成系统的行为。这包括联合为一个功能系统特意搭建的试验器，为了检验集成对系统影响而搭建的试验器，甚至为了获得飞行许可对整架飞机进行试验而搭建的地面试验器。图 7.18 就是一个集成试验设施，其中集成了飞行器系统、航空电子设备和飞行驾驶舱试验器，构成了整个飞机系统的试验器。其中的一些案例描述如下：

- 显示和控制。模拟驾驶舱或任务机组工作环境来测试显示和控制的可接受性，以证实人体工程学和工作负荷分析，并允许机组对飞机进行早期熟悉。
- 航空电子集成。允许整套航空电子系统逐步建成并进行测试。
- 环境照明试验设施[7]。将座舱显示屏和飞行员暴露在模拟全向太阳光和一定范围的白天、晚上以及高度条件，或一定程度下的夜间环境光线。

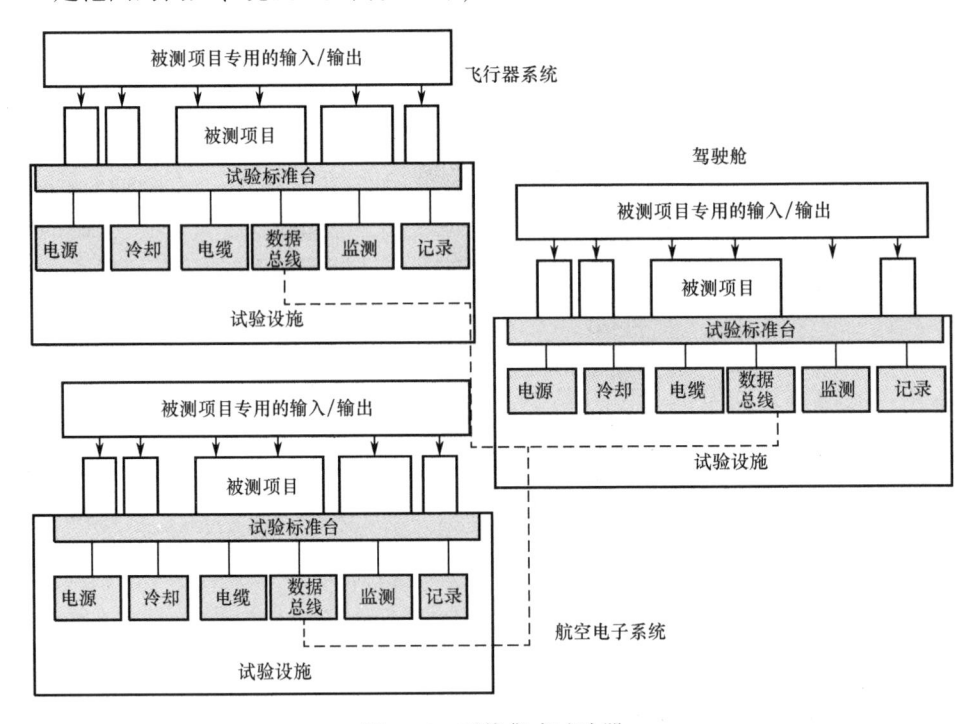

图 7.18 系统集成试验器

- 雷击试验。将单独的设备或整架飞机放置在高强度电场中来模拟闪电或电磁脉冲效应。
- 高空试验设施。发动机制造商用该设施使发动机工作在实际的空气密度和气温条件下模拟在全球的运行。
- 电子战。将单个设备或整架飞机置于不同频率的射频传输检测其敏感性，或测量飞机的射频发射。
- 铁鸟台。液压功率系统、飞行控制系统和起落架的组合体，所有舵面和部件都是全动的，以检查运动的范围、速度和自由度。所有的设备需要提供控制和指令信号，如飞行控制计算机和起落架计算机被安装在试验标准台上并与子系统（如带传动器提供实际的飞行负载的飞行控制舵面通过电缆）连接起来液压功率源可以由地面卡车或飞机标准液压系统试验器提供。图 7.19 为"铁鸟"台的方块图。

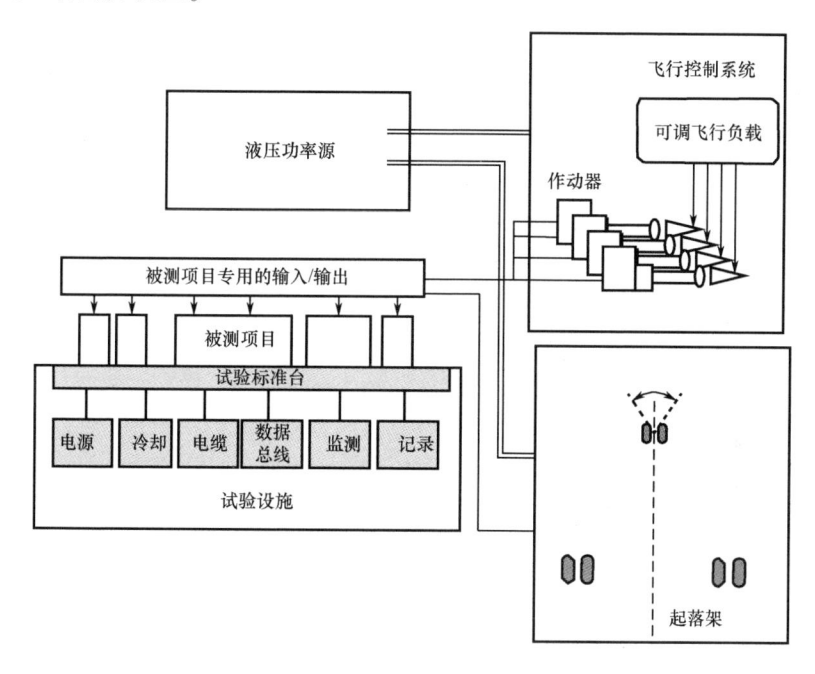

图 7.19　铁鸟台

- 飞机地面试验。项目进行到一定阶段后，所有单独系统都试验完成，飞机原型机组装完毕，全部电缆安装完毕。在安装和连接其他设备之前，通常安装地面电气系统并上电，这使得能够测试飞机的连接，确保正确的电源和地线连接到设备连接器。电压、极性、绝缘电阻和接地电导都要进行测量。完成之后，安装飞机设备，并根据规定的试验程序开始单个系统的测试。测试持续到所有项目都测试完毕，接着，飞行器可以在地面上滑跑，并用发动机为电力和液压系统提供动力。一旦这些测试完成之后,飞机就可以进行原型机试飞。

7.3.8 飞行试验

在地面试验完美收官之后,对所有试验依据进行审查以得到许可转入飞行试验。通常会用一架或多架原型机在实际飞行和环境条件下进行测试。

- 原型机飞行试验。为了规避批生产环节的风险,很多产品制造商会生产一架或多架原型机,并制订严格的试验大纲演示产品的正确性能。全尺寸原型机(图7.20)是一种极其昂贵的模型形式,但是没有完全理解性能问题就投产带来的代价却是更昂贵的。航空工业长期使用原型机来探索完整的飞行包线,并检验航空电子系统的性能。在这些测试中获得的结果反馈到之前的模型中,提高其逼真度,并验证模型结果的正确性。通过飞行试验结果验证的模型,可建立模型的置信度,并用于支持以后的改进和研发。

- 生产验收飞行试验。在每一架飞行器生产下线之后、交付给客户之前,需要进行一个简短的生产验收飞行试验。

BAE系统公司于20世纪80年代进行的试验飞机计划(EAP),演示了一系列的技术.

该飞机于2012年5月被放入位于科斯福德的英国皇家空军博物馆,之前一直被拉夫伯勒大学的航空学院学生用作模型

图 7.20 BAE 系统公司的原型机案例

7.3.9 试用

试用由用户专家代表执行，评估特殊要求以及产品满足这些要求的能力。也就是说，这意味着飞机需要在专用的试验场测试，例如雷达试验场、武器投放试验场或热带、极地、沙漠等作战地区。对商用飞机来说，在新的航站楼评估飞机，演示兼容性和上下乘客的能力是必要的。

7.3.10 作战试验

当飞机服役时，为满足出现的新情况，需要进行作战试验以允许产品逐步适应新的运行场景。

7.3.11 演示

在用户最终验收完成某些要求之前，有时需要进行演示，通常这指的是有统计结果的要求，如在一段时间内采集到的可靠性或完好率信息。另一个案例则要求作战人员参与以演示保障性。

7.4 使用雷达系统的案例

本节总结了简单雷达系统的上述案例，并说明了最终文档的内容。图 7.21 为该系统的框图。

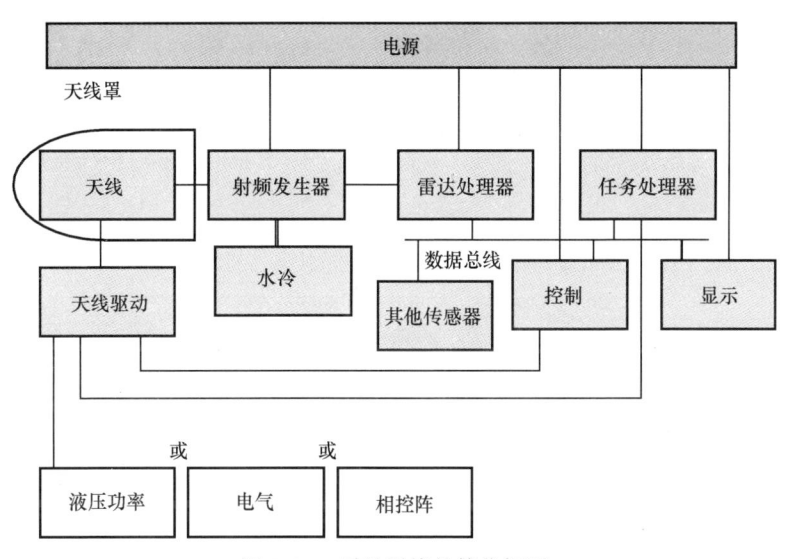

图 7.21 雷达系统的简化框图

从顶层飞机要求规范自上而下分解会产生很多要求，决定了其主要性能指标，如探测范围、目标大小能力、杂波分离、目标分类和识别追踪和锁定能力，也有一些将雷达引入到飞机的派生要求，如图7.22所示。

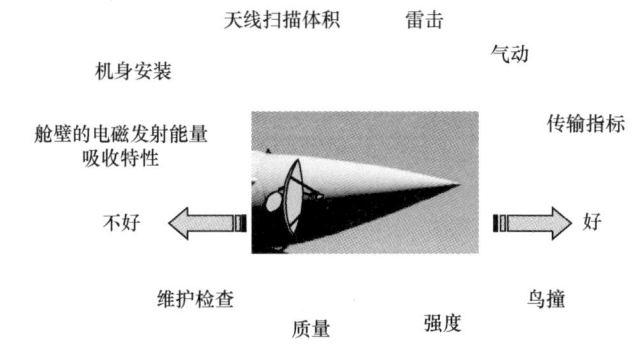

图 7.22 雷达系统的派生要求

这些派生要求源于设计天线雷达罩的需求，包括圆盘的扫描体积，气动设计良好、耐鸟撞、防雨、重量轻、连接牢固、易于维护且有合适的传输特性而不会吸收雷达波和其回波。从健康考虑，要减少从旁瓣传递到驾驶舱的非电离辐射。典型获取鉴定信息的计划可见图7.23所示的交叉参考评估矩阵。

	设计	计算	类比	建模	试验器	环境试验	综合试验	试用	作战	演示
探测范围										
目标大小										
杂波分离										
分类										
识别										
跟踪										
锁定										
质量										
耗能										
体积										
天线扫描面积										
传电性										
气动										
鸟撞										
防雨										
连接强度										
雷击										
辐射能处理										
维护检查										
集成										

图 7.23 雷达系统的交叉参考验证矩阵

矩阵用灰块标记出需要测试的要求和测试机制。在严格的计划中，这些方块会标上日期以进行合理的项目管理。随着测试的进行，可用电子表格记录测试报告数和文件位置，最后形成完整的试验记录。

图 7.24 为评估派生要求所要进行测试的简单提示。

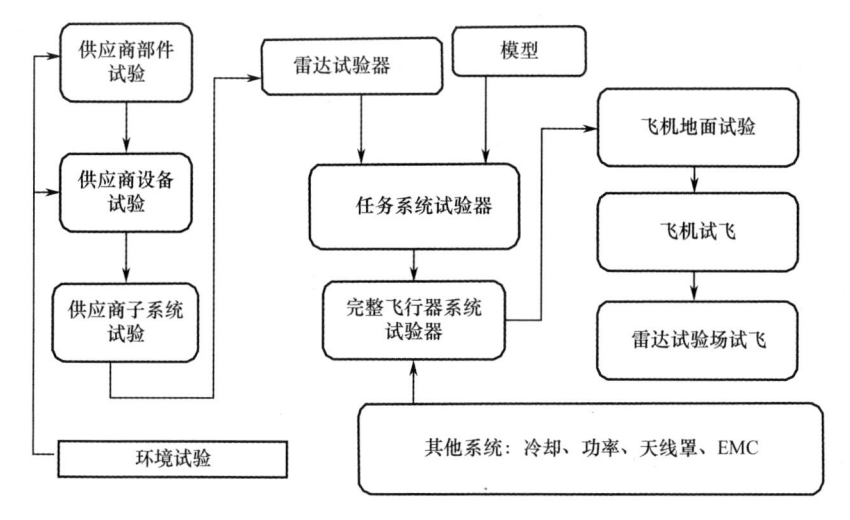

图 7.24　雷达系统的测试信息源

参考文献

[1] Law, A. M. and Kelton, W. D. (1991) *Simulation Modelling and Analysis*, McGraw‐Hill.
[2] Stewart, I. (2007) Mathematics of Life: Unlocking the Secrets of Existence, Profile Books, pp. 317‐318.
[3] Vassey, K. (1998) Specification and Assessment of the Visual Aspects of Cockpit Displays. Society for Information Displays International Symposium.
[4] Tookey, R., Spicer, M. and Diston, D. (2002). Integrated Design and Analysis of an Aircraft Fuel System. NATO AVT Symposium on the Reduction of Time and Cost through Advanced Modelling and Virtual Simulation.
[5] VAPS‐www.virtualprototypes.ca accessed April 2012.
[6] Flowmaster‐www.flowmaster.com accessed April 2012.
[7] AGARD Advisory Group Report 349 (1996) Flight Vehicle Integration Panel Working Group 21 on Glass Cockpit Operational Effectiveness.

拓展阅读

De Neufville, R. and Stafford, J. H. (1971) Systems Analysis for Engineers and Managers, McGraw‐Hill.

Garrett, D. G., Wolff, J. and Johnson, T. F. (2000) System Design and Validation through Modelling and Simulation. INCOSE 10th International Symposium.

Gawthrop, P. J. and Smith, L. (1996) Metamodelling: Bond Graphs and Dynamic Systems, Prentice Hall.

Karnopp, D. C., Margolis, D. L. and Rosenberg, R. C. (1990) System Dynamics: A Unified Approach, 2nd edn, John Wiley & Sons.

Middleton, D. H. (1985) Test Pilots, Collins Willow.

Thoma, J. (1975) Introduction to Bond Graphs and their Applications, Pergammon.

Diston, D. (2009) Computational Modelling and Simulation of Aircraft and the Environment. Vol. 1 Platform Kine matics and Synthetic Environment, John Wiley & Sons.

第8章 实际考虑

8.1 概 述

飞行器系统的研发是由客户、总承包商和供应商协同完成的。为了研发能顺利进行，需要制定一些共同的守则。在本章会探讨一些研制正确技术产品绝对要求的非技术过程。

优秀的系统工程师，总会从别人的经验中学到东西，而本章会着眼于现实世界中的系统工程。从经验中学习，从同行、从竞争者、从别人的成功或失败中学习是最实际的学习方法。研究表明，正式将学习引入团队中会带来积极的影响[1]。一个从经验中学习的模型（图8.1）表明，从经验中学习与知识管理是不同的。虽然显式的知识可以被收集、储存和复制，而智慧却是经验、运气、洞察力、判断力等各种因素的集合体，也就是说，想要有智慧，需要不断分享经验，而不是单纯地从数据库里提取数据。

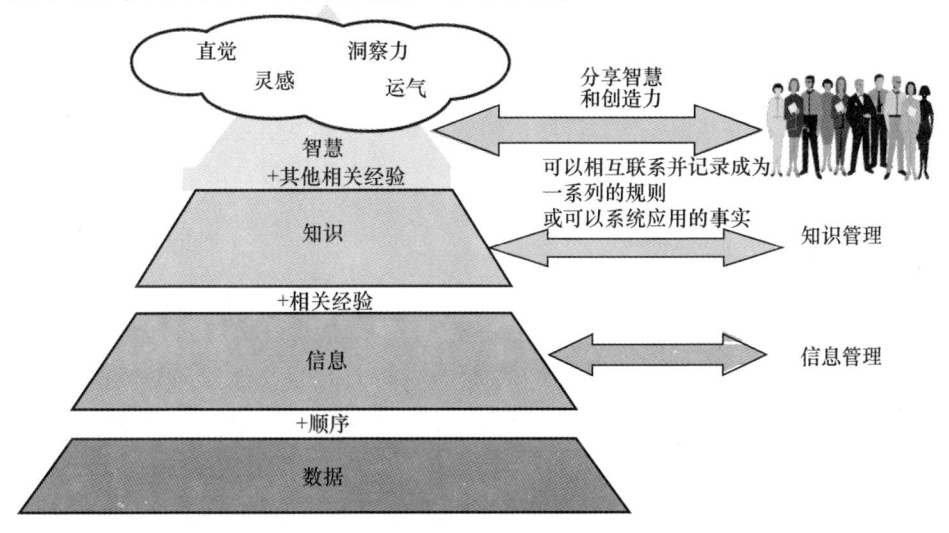

图 8.1 经验学习模型[1]（Meakin 和 Wilkinson）

从经验中学习是非常强大的工具，使得知识和经验得到分享，且通常利于参与机构的相互利益。记住这点，本章只是抛砖引玉，读者必须继续学习和提高，发现智者，可能时从经验社区中创造学习。

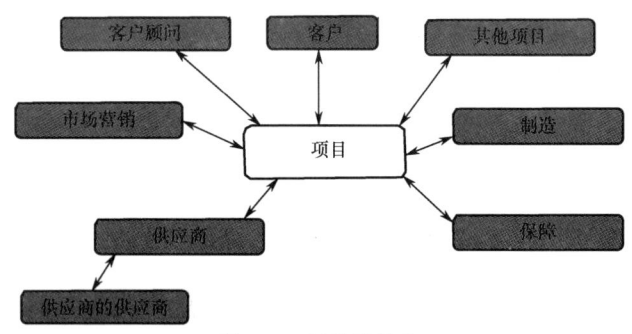

8.2 利益相关方

8.2.1 利益相关方认定

正确认定系统中所有感兴趣的团体或"利益相关方"是至关重要的，可以保证所有的参与方都知晓当前的系统研发进度。图 8.2 显示了项目中带有信息路径的内部和外部利益相关方。被认定之后，需要告知利益相关方他们的作用和他们需要沟通的内容，这也让他们明白其确保项目成功需担负的义务。利益相关群体的正确管理会营造一种相互信任的氛围，并使项目和所有参与者都获益。这个群体不应该是固定的，在产品生命周期的不同阶段，某些利益相关方可以退出，新的利益相关方可以加入。

图 8.2 利益相关方

与利益相关方认定一样，理解沟通的本质也很重要。大部分情况下，沟通是双向、直接的，然而，在一些情况下，间接的沟通更为合适。图 8.2 中，项目主供应商和其供应商之间的沟通应该由主供应商负责，在发现主供应商与其供应商之间有矛盾分歧时，一定要避免直接干预，防止出现合同问题。

利益相关方可以通过例会或直接沟通的方式进行管理，确保他们都参与到项目中，并一同商议项目进度，参与和其利益相关的关键决策。利益相关方的良好管理，可以让项目进行得更平稳。

8.2.2 利益相关方分类

通常对利益相关方分类很有用，便于其得到正确的管理。图 8.3 说明了如何用四象限简单模型对利益相关方进行分类。在图中，四象限用两个坐标轴划分开，坐标轴表示利益相关方在对应象限中的重要性，椭圆代表单个利益相关方。

第8章 实际考虑

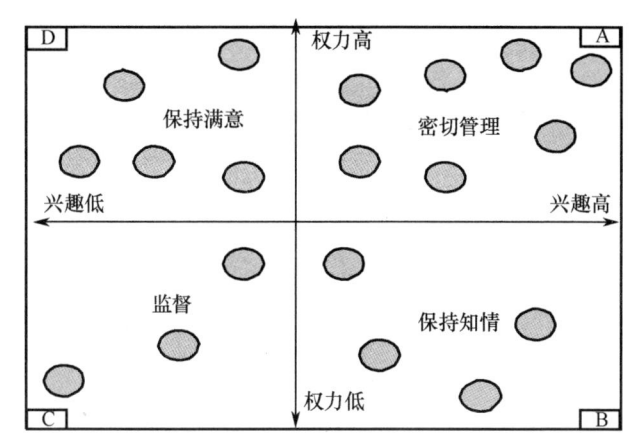

图8.3 利益相关方的分类

A象限中为那些拥有实际决策权并付诸行动的重要利益相关方,这包括客户及其顾问、认证机构、适航部门和供应商,这些需要密切管理,确保其被给予了项目和其进展最合适的审查。B象限中的利益相关方对项目有很大兴趣但没有技术或项目上的决策权,如销售、运营商、维护人员等。

C象限中是那些对项目兴趣低、权力低的利益相关方,包括那些通用材料供应商、固定供应商、IT服务提供商等。这其中也应该包括那些虽然对项目有影响力,但是由于他们做过太多类似的项目,所以对项目并没什么兴趣的利益相关方,如公关公司、出版社、普通大众和当地政客等。D象限中是那些与项目周边有关的利益相关方,可以在需要的时候提供支持。

该模型是管理利益相关方的一个好的开始,但是不能认为模型是一成不变的。在项目的不同阶段,利益相关方的作用可能会发生变化,所以需要重新评估和修改。在图8.4中说明的是一个基于图1.1的航空系统实例。

图8.4 第1章中航空系统利益相关方的分类

8.3 沟　通

任何组织机构想要正常运行，都需要沟通，否则就很难存在。一个组织机构就像是一个社会——它需要进行有效的沟通来确定需求、定义边界、建立基本的理解、与其他组织机构交流和开展业务。在组织机构之内这样的沟通在不同等级之间和相同等级之内都会发生，而在组织机构与外部世界之间，这样的沟通必须是双向的。在理想情况下，所有的沟通应该是这样的：

- 明确；
- 不含糊；
- 简练；
- 精确；
- 权威；
- 可追溯。

组织机构是由人构成的，人用自然语言沟通，人使用语言的方式很重要：

"无论在哪个地方，正确使用语言都是一个关键的问题。没人愿意被说成是说话模糊不清，或是发现所说的话或所写的文章有歧义。我们对语言的理解越深刻，就越可能成功，不管是广告人、政客、牧师、记者、医生、律师，还是普通人试着去理解别人，或是让别人来理解你[2]。"

所有人都需要理解他们的语言。对于模糊不清这点需要特别注意，在工业领域里是无法接受误解的，因为这可能导致成本增加和用户的差评。矛盾的是，对行家来说，行话更清楚明白和简练。现代的组织机构往往会通过说行话来使自己要表达的意思变得清楚明白和简练，尽管这对外行人来说不是马上就能明白。大量使用缩写的增加了语言的模糊性。

组织机构中的不同部门之间应该多沟通。沟通是双向的，可以通过不同的方式进行，这是保证相互理解的重要方式。沟通是通过倾听实现的，即倾听、消化、理解要沟通的信息。倾听对系统工程师来说是非常重要的，需要经常与人沟通、主动回应别人的问题，最后总结以确保正确理解了信息。

没有与外界没有沟通的组织机构。外界不仅包括客户和供应商，而且包括与其共存的组织，如邻居和地方社区。与外部机构之间的沟通与内部之间相比，显得更正式一些，如用书信、信息请求或者合同文件进行。现在，E－mail正在取代那些有严格开头格式的信件。

8.3.1 沟通的本质

组织机构之间的沟通方式有两种，一种正式并需要永久备案，另一种不那么正式且不需要备案到设计记录中。不同的沟通方法对信息接收方有不同的影响，并产生不同持续时长的印象。

以下几种机制会给人永久和持续性的印象，需要仔细备案：
- 新闻标题；
- 信件、备忘录、传真；
- E – mail；
- 报告；
- 目录；
- 演讲记录；
- 书籍；
- 合同；
- 会议摘要。

下述研究则给人的印象就不那么深刻，即使可以将这些内容写入日记中或备忘录中：
- 电话；
- 面对面谈话；
- 电话访谈；
- 手册；
- 海报和传单；
- 会议；
- 陈述；
- 短信。

书面沟通通常会给人深刻的印象，因为这种媒介可以在休息时查看、可复制、可示人和可以多次使用。这些媒介可以存贮起来以备将来使用。瞬时图像主要被广告业和有影响力的人使用，而其最高级形式就是电视广告和政治新闻摘要。

以上这些方法都有不同的影响，且由不同的沟通者使用。短时沟通往往是不正式的、闲谈式的、口语化的；会议和陈述会强化瞬间的图像，但是有时会传递重要信息。长时沟通往往是正式的、婉转的甚至是费解的，像法律文书一样。

在日常生活中，沟通通常是为了传递感兴趣的信息，像八卦、聊天、拉家常等。当沟通与"规矩"挂钩时，就会有特殊声明或正式做法，这反映在行为方式的变化上：

- 很多日常沟通传递信息；
- 传递的信息很多是对话双方都感兴趣的；
- 信息会被拒绝、在记忆中存贮，或被使用；
- 除非有特殊声明，通常不会认为有合同安排；
- 如果要签订合同，通常会交换信件或握手；
- 广告要履行下述法律义务：广告标准委托、广播标准、商品销售法案、贸易描述法案；
- 不同国家的口头合同和书面合同法律各不相同，如英格兰和苏格兰。

在新闻和广告中，"约定"特别是在提供误导信息时，可以通过国会法、贸易法或最佳实践义务法强制执行。

然而，在工作中会有轻微的差异。很多信息的交换不再仅仅是为了兴趣，人会信任接受并使用这些信息。换句话说，你对别人说的内容可能在别人的工作中发挥作用。更进一步来说，别人对你说了什么，也是希望你能在工作中用得到：

- 很多日常沟通会传递信息；
- 传递的信息中有很多是对话双方都感兴趣的；
- 信息通常会被信任、使用并做出反应；
- 所说和所写的内容通常会被双方视为"约定"；
- 摘要、备忘录、信件、电子邮件被用来作为将要做的事情的证据；
- 所有书面形式的沟通资料都要检查其准确性，并按流程批准发布，以保护所有参与者的利益；
- 所有的文档需要被偏号、标注日期、受控并签署。

8.3.2 组织机构沟通媒介的实例

使用短时或非永久沟通方法的例子包括电话、会议和陈述。然而，这些都与直接对话一样暗示了"约定"的存在。会议通常都会被记录下来，而你需要完成相关任务，并遵守会议上达成的协议和决定。书面记录和日益增多的电子传输消息是一种较为长久的沟通方式。

接下来列举了一些工程师在他们工作中用到的文档类型。需要维护这些文档，确保其有序且方便利益相关方获取。同样需要注意，文档记录是客户要求的一部分，必须保留到产品退役之后的一段时间之后。这样的文档通常构成了数据要求列表的内容，且可能是支付计划的一部分：

- 手册；
- 传单；
- 方案；
- 规范；

- 合同；
- 图纸；
- 工作报表；
- 技术报告；
- 财务报表；
- 保密协议；
- 合作协议。

所有这些文档都会加上序言，通常在第一页或封面上，包含以下信息：

- 题目；
- 编号；
- 发布日；
- 发布/修订号；
- 更改记录；
- 发起人签名或身份证明；
- 批准人签名或身份证明；
- 授权人签名或身份证明。

正式文档需要进行构型控制，使得可以有效识别要查找的文档，并能够追踪文档的更改。这对于建立文本内容的共识非常重要，尤其在用于作为未来执行工作的基础时更是如此——如作为花费钱款的授权。这一准则甚至对于信息的非正式交换也是有价值的，特别是对附件来说，可以保证没有歧义。这样就需要在文件标题、文档页眉或页脚中加入发布或修订信息。

与标题、日期、标号和发布记录等管理细节一样，获得签署很重要，可给文档和其内容赋予真实性，这对参与交换的全部机构都有益。允许签署文档人员的状态以及签署权的授予是设计授权过程中的重要部分。

应该注意到，在这一部分的 word 文档中，包括了记录的电子图像——文本文档或制图现在通常为由文字处理或制图包产生的电子文件，保存在中央计算机、系列桌式机或笔记本电脑上。虽然正式的文档会进入到记录中，但风险是电子邮件中的附件可能会作为私人文件存在于很多计算机中。在项目信息产生、处理和存储的项目过程中必须解决这个问题，特别是这种形式的通信带有技术附件会形成设计决策时。

图 8.5 为一个集成数字化数据管理系统的例子，该系统将所有用户连接起来，在系统中所有登记的信息之上应用构型管理架构。但是需要注意，电子邮件的发送不需要进入此系统，从而绕过了该构型管理工具。

- 时间都花费在修正文档或响应请求对文档的解释上；
- 需要更长的时间来理解一篇文档，如检查、请求对文档的解释；

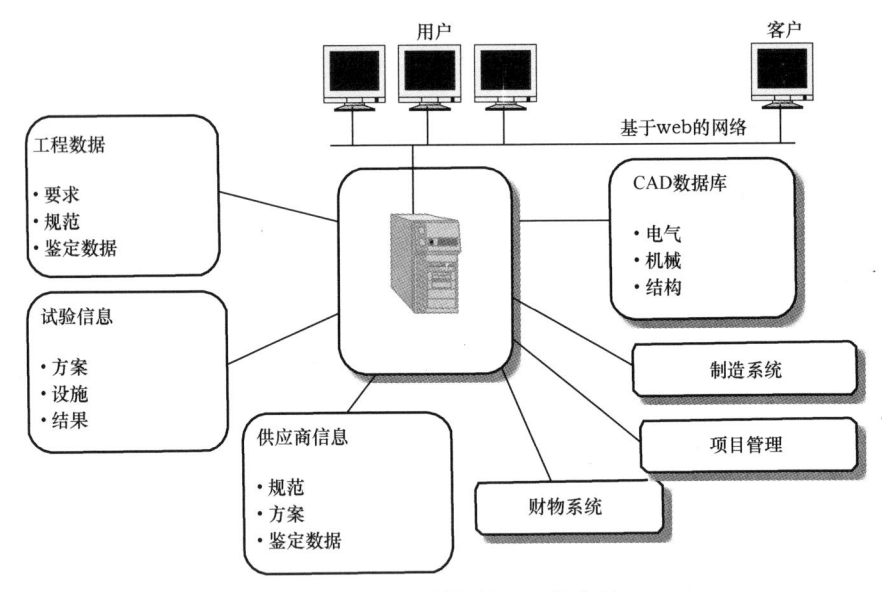

图 8.5　数字化数据管理系统案例

- 指令并不能第一次就正确发出；
- 缺乏理解会导致产品质量差，导致返工或修正。

8.3.3　沟通不佳的代价

沟通不佳会增加资金成本。原因很多，但通常是由于生产时间损失或废品率过高导致的。然而，文档对接收方造成的影响不能小视。与对公司产生糟糕的印象一样，这都要归咎于文档作者。

修正错误的成本总是很高，像第 3 章中描述的一样，随着项目从概念阶段（修正书面设计）向用户使用阶段（召回和硬件修正）推进而增加，如图 8.6 所示。

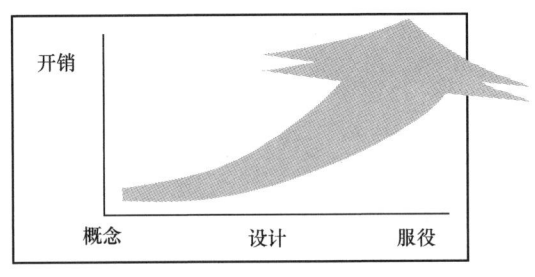

图 8.6　沟通不佳的代价

沟通不佳会导致内部冲突、不和谐、人际关系差、低效和士气低落等问题。很多组织机构的失败可以归咎于沟通的失败。

8.3.4 教训

沟通不佳的经典例子如图 8.7 和图 8.8 所示，分别演示了口头沟通的缺点和书面沟通的优点。这是一个来源不明的故事，讲述的是第一次世界大战期间，总参谋长向前线下达作战口令的故事，这样的故事有多个。其成功地提供了一个不同沟通类型的例子，在今天的对话中如果出现这种情况，则隐含说明其缺乏组织计划。

图 8.7 口头沟通的缺点

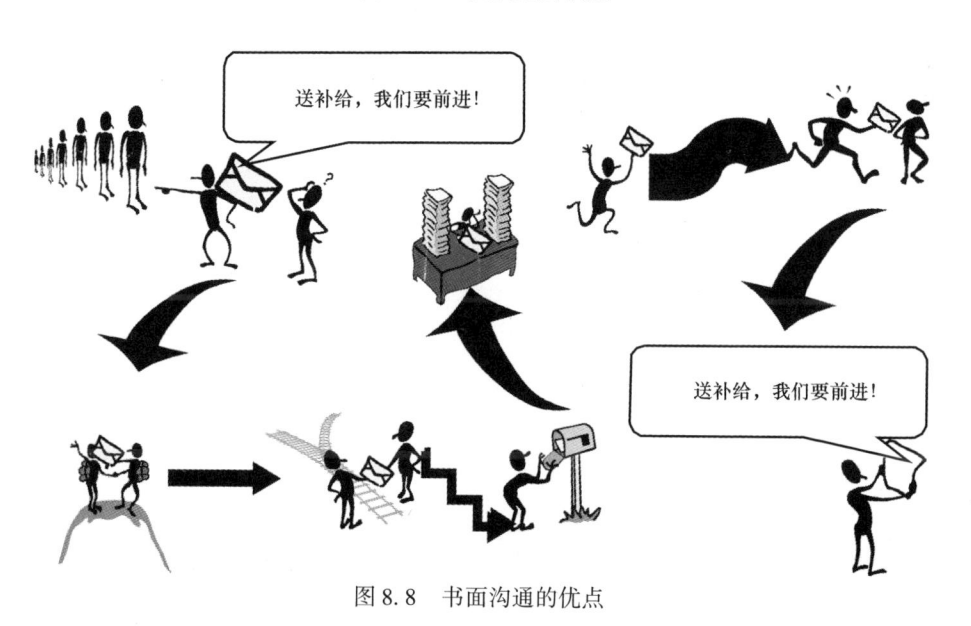

图 8.8 书面沟通的优点

用口头的方式进行数级信息传递需要很大的技巧：
- 清楚解释被给予的消息；
- 清楚理解接收到的消息；
- 记忆消息；
- 避免分神。

在每一级交接信息时，除了返回到发送者外，没有信息校验的即时方式。

（注：3~4便士指的是英国十进制货币之前的货币，大概等于现在的17便士。）

在书面传递的过程中，每一级交接的消息都保持不变，并可以加上一个可辨识的签名来显示其可信度和授权。

8.4 给予和接受批评

无论是自我批评还是公共审查，给予批评和接受批评都是创造性过程中的重要方面。将作品呈现在大众面前的艺术家、在观众面前演奏的音乐家或出版作品的作家，都欢迎来自同行或大众的批评。他们的作品都是通过自我批评和鉴赏创作并精雕细琢出来的，但是将其呈现在人们面前让别人评价却需要很大的勇气。

批评同样是系统工程的重要方面，其实际上是任何良好工程或设计活动必需的。虽然自我批评是设计过程中的重要阶段，但是对工程活动和产品的外部客观审查是不可替代的。从不缺乏提出批评的志愿者——每个人都认为其能够胜任。

8.4.1 设计过程中的批评需求

系统工程是按照预定过程进行的。这些过程通常根据行业或政府标准定义并与其一致，如 MIL–STD–15231B、MIL–STD–499、DO 15288 等。这些标准包括不同成熟度时的审查，如投标审查、初步设计审查、关键设计审查和试验准备审查等。这些审查可能由其他工作者（同行审查）、高级管理层（管理审查）、特殊领域专家或者其他与被审项目没有技术或商业联系的工作者（通常被称作非辩护性审查）进行审查。

无论哪一种审查，主要的目的就是为了引入批评建议以验证审查材料的适用性，或用于提高产品质量。审查过程中，组织可以内购产品，理解产品的可行性、风险和商业潜力。

被审查的工程产品是什么？可以是图纸、定义设计过程或产品的文档、管理方案、试验方案和结果、首件验证（FAV）审查中的硬件，或是财务和风险风险分析。评审可以通过材料展示进行，也可以是通过纸制或软格式研究材料或产品进行。

8.4.2 批评的本质

批评通常会被认为是一种负面行为，在字典中也解释为一种贬义词。字典中有两条解释，第一条是：

"对艺术、文学作品等进行不利或苛刻评价的行为或实例"[3]。该词条下的同义词包括批评、负面新闻、反对、轻视、找毛病等术语。

只有第二条释义是正面的，而这个定义只有最有创造力的人才能想到：

"一种评价或分析的工作"[3]。该词条下的同义词包括分析、评价、欣赏、评估、评论、批判、点评，都是积极词汇。

除了先入为主的负面看法，如何给出批评同样会影响其接受方式——媒介成为一种消息，引用自马歇尔·麦克卢汉。声调、用词、语调可以是非常具有杀伤力的。参见以下四种经常在评审时出现的批评方式。

• 强杀伤力。不加以解释就发表简短、唐突的评论，像"垃圾""浪费时间"或更强烈的词汇，是具有杀伤力的批评，会严重打击受审者的自尊心，且并没有针对如何改进评审材料提供任何信息。

• 轻视或贬低。像"我自己可以做得更好""我们就为这么个东西付钱了？""我在向你们要想法的时候，要的是有用的想法。"与评审没有一点关联，而且会打击受审人的自信，同样对改进没有任何用处。

• 立场不明确。像"我看挺好""一般"或者一点评论也没有，会使评审者看起来没观点。可能意味着评审者根本没有看过评审材料或者说评审者根本看不懂。这对于提高评审材料的质量没有帮助。给一些评价或是承认自己看不懂也比什么都不说要好得多。当然，如果有备选评审者会更好，总比自己假装可以胜任评审要好。

• 建设性的。像"很好，但是我感觉如果你能用例子对某部分解释一下就好了，我就能理解得更透彻一点"或"我觉得加个图能解释得清楚一点""这不对，我能给你一个正解的解释或给你举个例子"这些语言中包含的信息，可以让受审者对评审材料进行完善，更重要的是，可为接下来继续讨论如何改正评审材料打开了大门。

8.4.3 批评相关的行为

审查团队可能并没有时间准备好材料出版，因为他们一直处在按日程完成工作的压力下，特别是竞标团队，他们必须要在客户规定的截止日期前完成相关工作。

他们的士气因此必须不能因评审而受挫，他们需要高效地考虑评审结果，做出必需的改动并发表材料。接受批评的方式也会影响个人和团队的行为。人在接受批评时表现出来的情绪通常包括不安、担忧、受到威胁的感觉、不舒服、害怕人身攻击和自卫姿态等。这些情绪可能会在评审过程中得到强化,并会打击受审人的自信心,从而会潜在影响其在评审后的表现。

从另一个角度上来讲,受审团体也必须知道如何接受批评。他们必须忽略那些有杀伤力的评论,如果可能,询问评审者情绪的来源。必须保持尊严,充分利用好审查意见,制定返工计划并继续前进。

评审者也会受行为变化影响,他们通常会觉得需要强势一点、傲慢一点或消极一点。用一种"不是这里发明"的姿态和他们自己的经验或偏见来解释评审材料。采用高高在上的姿态感觉比被审团队要好。

对待评审最具有建设性的方法就是:让评审双方像商业团队一样合作,致力于产生最好的产品。评审者必须保持客观,同样也必须要有建设性,即使没发现缺陷,也要标记错误或技术上的不准确性,同时提供改进建议。在现在的大规模项目中,团队的大小、复杂度和地理分散度让评审过程变得至关重要,因为这不仅是一个将团队成员聚到一起讨论问题和进度的好机会,而且是引入旁观者审查及经验的好机会。

8.4.4 小结

系统工程是一个由很多人和团队共同进行的创造性过程,产生成果并贯穿产品整个生命周期。为了保证所有的利益相关方知晓成果的进度、内容和标准,就需要对这些成果进行评审。定义良好且稳健的评审过程对于建立高品质的产品至关重要。

以评估和分析形式提出的有建设性的批评,工程和商务决断的应用以及以积极方式给予和接受批评都极为重要。

8.5 供应商关系

一个复杂飞机产品的相当一大部分东西是从主合同商之外的供应商处购买的。这些采购可能会占到合同总额的80%,可以是材料、硬件、软件产品(设备)或服务。一般会有一个行业内供应商基地,一家或多家专业公司能够提供一个或多个领域的保障,这些供应商都是项目的关键利益相关方。

理解供应商基地和如何在项目生命周期内与供应商接洽是同供应商建立密切关系的重要因素。图8.9演示了产品生命周期中不同阶段里与供应商之间关系的变化。

非正式的关系是建立对市场可用产品范围理解和着眼新兴发展的基础上。这允许通过研究商业文献、参加展览和会议、参加联合研究和论证或研究论文准备获得市场感知。这种关系没有任何合同或书面形式的约束，双方参与都可以访问相关信息并对产品开发提出建设性意见。

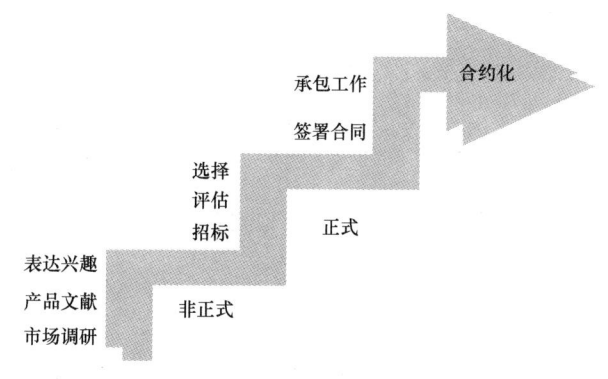

图 8.9　与供应商之间关系的变化

当到了需要相关信息来支持某项正式活动（如投标）时，关系就变得正式起来，期间会要求很多供应商向主合同商提交信息。供应商有义务提交正确的、有针对性的信息，而主合同商则有义务对供应商提供的信息保密。这些信息可能会形成商业竞标的基础，且也可能是双方保密协议的主体。

正式的关系意味着拥有的信息必须要记录，且信息不能泄露给第三方，一旦侵权会追究刑事责任。这种关系通常由相关的所有机构签署非公开协议（NDA）建立。

若请求的信息用于竞争激烈的情况下，则需要对多个供应商提供的技术、计划和成本信息进行评估并打分，然后确定成功的投标，最后，用这些信息来评选中标的供应商。在竞标过程中，为了避免偏向问题，会限制所有与供应商之间的单独沟通交流。

竞标完成后，合同的签署再次改变了双方关系。供应商有义务按合同规定的条款和条件提供作为合同主体的产品或服务。这意味着超出合同之外的工作需要有额外的费用。

在整个的关系变化期间，主合同商和供应商两者应互相尊重彼此的商业地位，并为项目的利益协同工作。妥善管理需求的系统工程方法以及与利益相关方之间开放关系变得很重要。

8.6　工程决断

决断可以被定义为"能够做出关键的区别，并达到平衡观点的能力。"[3]工程决断是在工程状况下这样做的能力。这对很多工程决策过程是非常宝贵的实用输入。

这是经常在那些有智慧人身上见到的品质，这对从经验中学习很重要。工程决断不能教，也不能衡量，是在多年、多个项目经验或学习经历中获得的品质。是我们渴望拥有的重要品质，可以通过理解人们如何得出结论，观测人们如何应用知识，理解人们如何使用其他利益相关方和其观点得到形成决断，对他们自己可能并不是坚定的决策，但却可以帮助其他人做出决策。

工程决断有助于系统工程师做好自己的工作并做出优秀的系统工程。

8.7 复杂度

飞机系统被设计用来执行这复杂和艰巨的任务。在飞机环境中所使用系统的复杂度也大大提高——这包括服役保障系统、空勤和地勤人员培训系统、机场管理系统和机场安保系统。系统工程任务需要采用集成的角度看法所有这些系统以使顾客满意。一些复杂度的观测显示会对工程有重大影响：

"当建筑师和建筑商被要求解释成本超支和进度延迟原因时，到目前为止最常见的解释是，该系统比原先认为的要复杂得多。"

"随着系统变得越来越复杂，组成部分之间的相互关联增长得要远比组成部分快。"

"如今建筑师和工程师所面对最为困难的问题核心就是日益增长的复杂度，已被广泛认同。"

这些说法适用于很多大型项目——民用、海洋、航空航天、农业、电信等，并且有部分或完全失败的例子，都是因为应对复杂度不力。这类失败表现为：

- 成本超支和进度延迟；
- 性能骤降；
- 可用性差；
- 启动缓慢；
- 人机接口问题。

任何一个大型系统中如果出现上述一个或两个问题就会导致客户不满意。如果是公共部门资助的大型项目，很可能会有负面的媒体评论。

对复杂度的理解要从完全理解要求开始。完整的系统方法，不同环境下设计驱动器的仔细分析，与利益相关方良好的沟通会有助于理解复杂度。接下来，管理要求的分解需要在生命周期中的所有阶段进行审查。保持新设计与要求匹配的严格方法，清楚地定义功能分配以及功能、物理、数据接口，都是很好的实践做法。

8.8 应急特性

应急特性是那些系统中出现的意料之外的特性。其中，提升系统性能的是可取的，而降低系统性能的是不可取的。它们之所以意外，是由于系统中功能上或有时候物理上相互作用的结果。系统的功能越是复杂，之间越是相互依赖，在它们集成为一个工作整体时，就越是难以准确预测其运行的结果。

图 8.10 中展示了一些区分正常的系统特性与特性的因素。一般情况下，人们期望大部分因素对系统的影响是线性的，期望图中的可控变量是分布式且线性的，通常会有奇异自包含影响。例如，增加更多的质量系统会与质量系统会更重且的增量成正比，部件体积的增加可直接测量等。这些操作的直接后果是显而易见的，且通常在寿命周期早期进行监视和控制。

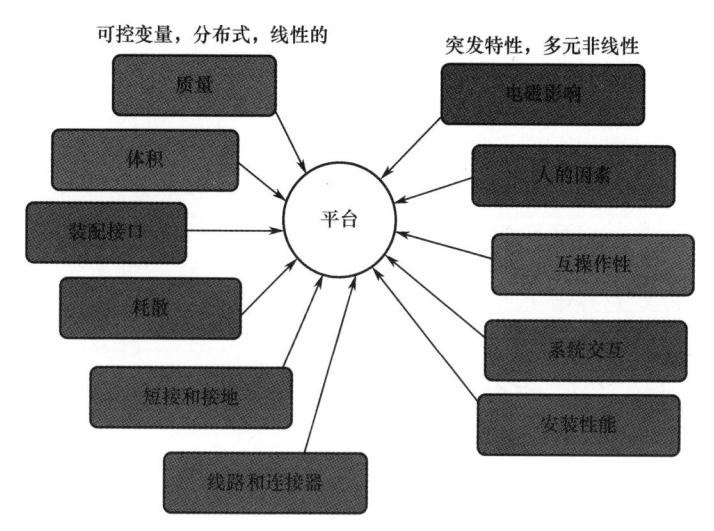

图 8.10 受控和不受控相互作用

当影响是非线性和多元时，后果的组合效应影响会比单一影响总和要大，就会出现应急特性。图 8.9 所示案例包括了系统之间电磁干扰的影响，受安装、搭接电阻的不同或搭接表面锈蚀或发射功率和电噪声变化的影响很大。人的因素会出现，当机组在压力状态下工作负荷过高时，导致事故发生的概率增加。互操作问题会在当来自不同运营商和军事力量的飞机无法协作时出现——因为有不同的备件、燃料、无线电频率和协议。

应急特性会影响成本和进度。因为其具有不可预测性，其影响可能直到寿命周期晚期才显现出来——通常在测试期间。像在第 3 章中提到的一样，这会导致费时费力的返工和更改。在寿命周期早期预测和识别应急特性的源头是很重要的，并需要不断地对结果进行审查。在大型复杂系统中，这是一项极具挑战性的任务，但是在寿命周期后期，减少工作量和进度的影响是至关重要的。

8.9 飞机线路和连接器

8.9.1 飞机线路

在飞机的众多不可见属性中，电气线路不是最容易理解的，而且它们在飞机中的遍布程度是最难以想象的。本节是关于飞机布线的，对那些研究飞机系统的人很有用。飞行控制机构、燃油管路、液压管线和空调管道在机身内都是很容易看到和识别的，而电气线路却是不易识别的。不同的电路连接器用于不同电气技术原因。了解基本的飞机结构和飞机线路与这些基本构造模块之间的关系是良好的开端。

8.9.2 飞机分离点

飞机中关键的结构/线路分离点是由飞机结构分离点决定的，而且在日益发展的航空工业中，将主要工作区域外包和转包成为一种趋势。重要构件会外包给世界上有意愿承接的投资风险分担商。这些厂商也会负责相关部件及其线路的安装。典型案例如图 8.11 所示。

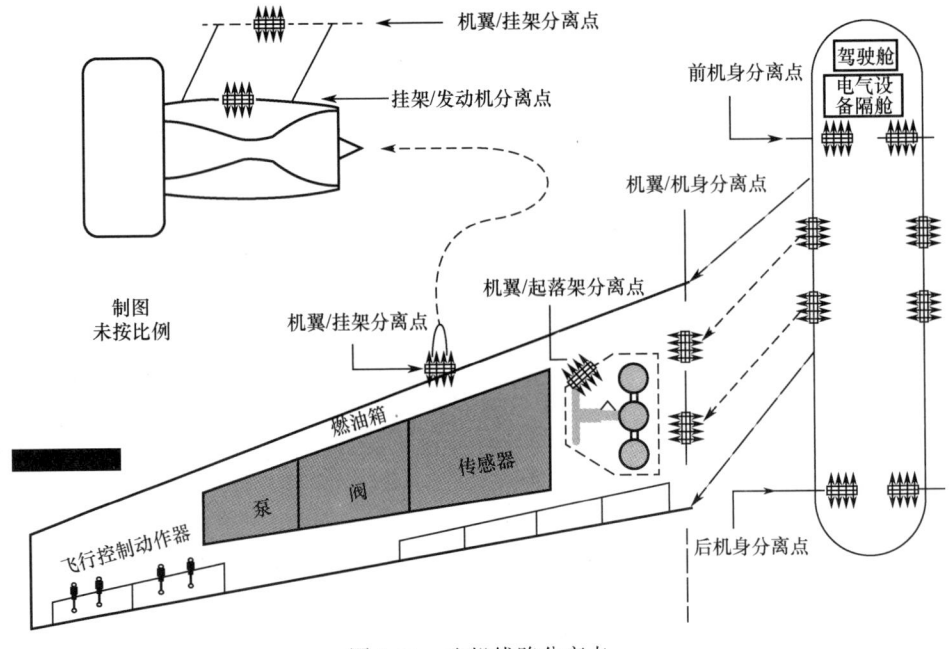

图 8.11 飞机线路分离点

典型的飞机分离点包括以下：
- 前后机身分离点，将机身分为前中后三部分。
- 机翼/机身分离点定义了相对温和的增压客航环境和更具挑战性的机翼区域之间的边界，飞行控制作动器、燃油泵、阀、各种计量和温度传感器、燃油系统部件都位于机翼中。机翼区域对布线和电气元件提出了严峻挑战。机翼区域线路的耐受电压是机身隔舱内的 2 倍。
- 起落架和机翼隔舱分离点。起落架舱是另一个环境恶劣的地方，因为在起飞、降落和进近时会暴露在不利环境中，起落架上的接线器通常会进行铠装以在这一环境中幸存，耐受飞行外来物的影响，如摩擦下来的轮胎面或从跑道上带起的物体。
- 机翼挂架以及挂架到发动机之间的分离点。这些分离点很重要，因为相关线路在机组人员和发动机之间传递重要信息，如飞行员会向发动机发出油门指令或其他控制信息。
- 发动机线路。考虑到温度和振动，发动机无疑是飞机上环境最恶劣的地方。与起落架相同，为了在恶劣环境中保护发动机的电缆线束，通常其需要被铠装处理。

大部分的飞机系统都会受上述描述的边界约束，只有以下少数关键系统除外：
- 大功率发电机馈电电缆的布线，因为它有高阻抗、高功耗触点；
- 高完整性线路的布线，如火警和液压关闭活门选择线路因连接器失效；
- 与飞行控制相关的特殊线路。

8.9.3 线束定义

在特定的区域内，线路有很多不同的连接方式，从连接两个端点的单线，到需要布线连接各种特殊点多线路的线束。定义如下：
- 开放线路。没有任何东西包裹的线路、线组或线束。
- 线组。两条或两条以上束在一起而作为一组线出现的线路。
- 线束。两个或两个以上束在一起的线组，因为走向相同而被束在一起。
- 配线。线束或线组束在一起作为功能单元使用，有保护套的为封闭配线，没有保护套的为开放配线。配线通常会预置或安装在飞行器上作为单独的组件。
- 电气保护线路。带有过载保护的线路，如熔断丝、断路器或其他限流设备。大部分的飞机电气线路都用这种方式来保护，但是保护的目的不是为了保护负载而是为了保护线路。
- 电气非保护线路。那些没有限流设备保护的线路（通常是从发电机到主总线分配点的线路）。但作为发电机控制回路的一部分，提供针对电气故障状态的保护,包括电流和电压故障状态。

如图 8.12 所示,这些定义取自 AC21－99 主体部分[6],这是一份澳大利亚民事认证机构的咨询文件。

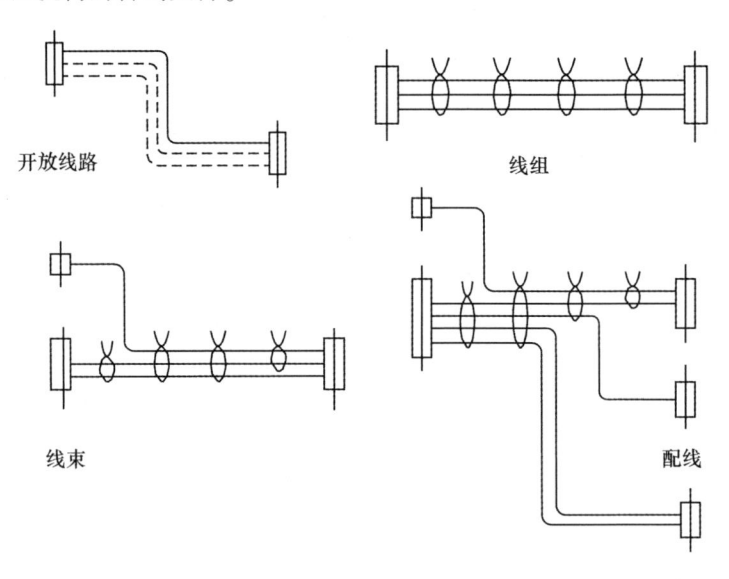

图 8.12　线组案例

8.9.4　线路布线

鉴于上述限制和穿过各种不同结构分离点和电气分离点的需求,之前已经讲过,布线需要在安装过程中考虑各种实际问题:
- 不要超出线缆的弯曲半径;
- 避免线束与飞机部件之间的擦伤;
- 沿舱壁和结构加固线束;
- 将线路固定到接线盒、接线板和接线束中,并正确布线和分组;
- 避免可能破坏导线和连接的机械应力;
- 避免因线路击穿或过热导致机械控制钢索损伤;
- 在修复之后重新装配的简便性;
- 防止线路和其他设备之间的干扰;
- 允许更换线束中的单根线路;
- 避免在高振动区域内的过大运动量(如起落架和发动机中的铠装线)。

8.9.5　线路规格

飞机线路一般参照美国线缆计量(AWG)惯例。在该惯例中,线号越大,尺寸越小。例如,AWG 24 号(波音公司)和 AWG 26 号(空客公司)基本上是飞机上使用的最细接线,以保证健壮性。更细的线可能会出现在单独的设备中,一般会有保护措施防止磨损和拉伤。

那些 AWG 线号较小的线种用在大功率供电装置上——通常是从发电机或飞机电路分配系统中主供电装置线路。选择该线种是因为考虑到线路运行两端的电压降及供电装置损失相关的功率耗散。预期电气故障的特性和持续时间以及线路保护装置的能力及反应时间就显得很重要。

下面为常用典型飞机线种的参数及其在典型大型飞机中的使用量:

- 大型民用飞机线路的电流处理能力。表 8.1 提供了铜导线参数。铝导线虽然更轻但电阻率较高,用铝导线做供电线路,会减轻安装重量但及代价是更高的电压降/馈线损失。

表 8.1 典型飞机线路电流容量

AWG	直径/英寸	Ω/千英尺(铜)	最大电流(典型)/A	典型应用
0000	0.46	0.049	260	主供电装置
000	0.41	0.062	225	
00	0.36	0.078	195	
0	0.32	0.098	170	
1	0.29	0.124	150	
2	0.26	0.156	130	
4	0.20	0.248	95	
6	0.16	0.395	75	
8	0.13	0.628	55	副供电和高功率负载
10	0.10	0.998	40	
12	0.08	1.588	30	
14	0.06	2.525	25	
16	0.05	4.016	—	中型负载
18	0.04	6.385		
20	0.03	10.150	—	正常使用
22	0.26	16.140		
24	0.02	84.22		

- 表 8.2 中为 20 年前波音 747 家族的典型大型运输机线路重量预算。这只是飞机基本线路重量,不包括机上娱乐系统附加线路的重量。特别有意思的是布线广度——在 6500lb 重量区域中,分布着 700000 英尺的线路。这个例子已经过时,由于综合模块化航空电子(IMA)设备和远程数据集中器(RDCs)

系统的应用，预期更新一代飞机的线路量已经大大减少。

表 8.2 波音 747 飞机线路工程快照

AWG	长度（英尺）	重量[①]lb
24	162445	887.0
22	148239	594.2
20	237713	1859.4
18	8211	732.6
16	2663	276.8
14	4998	65.4
12	9872	256.2
10	4681	146.0
8	3981	231.9
6	2048	115.3
4	2622	240.9
2	1140	170.2
1	444	50.2
*1	719	196.1
*2	2447	418.4
*3	55	12.5
特殊线	5574	219.0
总计	695852	6472.1

① 包括连接器，但不包括 IFE

8.9.6 飞机电气信号类型

飞机线路既复杂且又安装在恶劣环境中。在很多情况下，在飞机初始建造后线路无法检查。线路类型也是多种多样的，具体如下：
- 用于无线电和雷达的射频/同轴电缆；用在不同地方的超小型同轴电缆。
- 主电源的电源馈线；低功率供电设备的常规线路。
- 飞机传感器的信号线；通常是双绞线屏蔽对、三绞线或四绞线。

- 用于数据总线的铜制双绞线或四绞线；
- 数据总线和机上娱乐系统所用的光纤线缆。

在燃油测量系统（油箱配线）、起落架和发动机（铠装线管）内，需要用特殊线种。油箱中的接线必须特别处理，以限制燃油量传感探头上积蓄的电能，同时限制与电动燃油泵机关的故障状态。

与各种各样的线路构型相对应的是种类繁多的连接器。

8.9.7 电气隔离

由于飞机电气信号类型的多样性，且因为某些类型的信号可能与其他信号互相干扰，导致重要的飞机系统出现不利后果，因此需要进行隔离。

各种各样的飞机信号类型可以用空客飞机的案例进行说明。在空客飞机系统中，线路系统首先被分为两大主要系统，然后根据功能划分出不同的子线路。确保损伤是有限的，且将电磁干扰减到最小。

在空客的飞机系统中，不同的电路有不同的标记（其他飞机制造商也有类似做法）：

G——发电；
P——供电；
M——杂用；
S——传感器；
R——音频；
C——同轴电缆。

8.9.8 飞机线路和连接器的本质

之前的讨论都集中在点到点的线路上，因为这些线路将机身中的部件连接到了一起，而怎样把不同的控制器和传感器连接到一起也值得一提。

通常有三种电连接方式，如图 8.13 所示。

- 机架式固定；
- 结构式固定；
- 隔板或线路分离点处的固定。

所有这些连接器类型都会应用上述介绍的不同类型信号的分离。

大多数电子控制器都是机架式的——通常安装在电气设备隔舱或机身前段的隔舱中。连接器和其固定安排由 ARINC 404 或 ARINC 600 规范定义，取决于设备的制造年份。旧式模拟设备主要应用 ARINC 404，而现代数字设备则主要用 ARINC 600。一些部件则直接固定在飞机结构上。至于隔板或线路分离点处的固定，通常会用到圆形连接器。图 8.14 为常用的各种连接器。

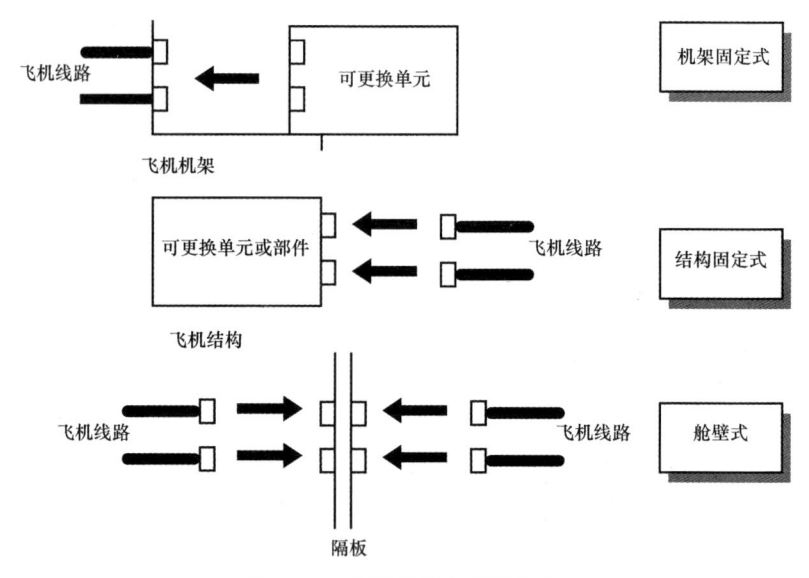

图 8.13 典型的设备安装方式

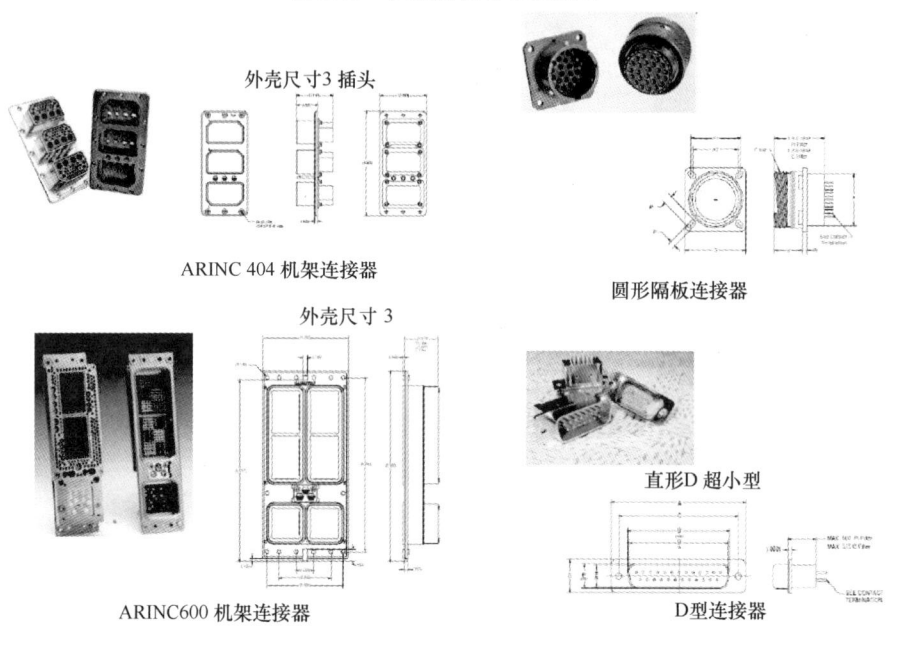

图 8.14 连接器案例

8.9.9 使用双绞线和四绞线

飞机线路抗干扰能力要用屏和蔽（screening 和 shielding）。通常用于敏感传感器信号线和数字数据总线（同时也是重要的干扰源）。有经验的工程师也经常会困惑飞机当中数据总线到底是什么样子，因此有必要给出简要解释。双绞屏蔽线有以下分类。

- 非屏蔽线：没有金属包裹层（UTP）的双绞线。
- "蔽"是在非屏蔽双绞线外包裹上一层金属屏蔽层（S/UTP），也被称为 FTP（Foil TP）。
- "屏"是将每一个双绞线对都包上一层金属屏蔽层（STP），也被称为 STP-A。
- "屏蔽"在一起的双绞线为 S/STP，也被称为 S/FTP。
- 类似也可使用三绞线或四绞线。

"屏"或"蔽"可以短接或接地，具体取决于安装要求。图 8.15 为"屏"和"蔽"技术的示意图。

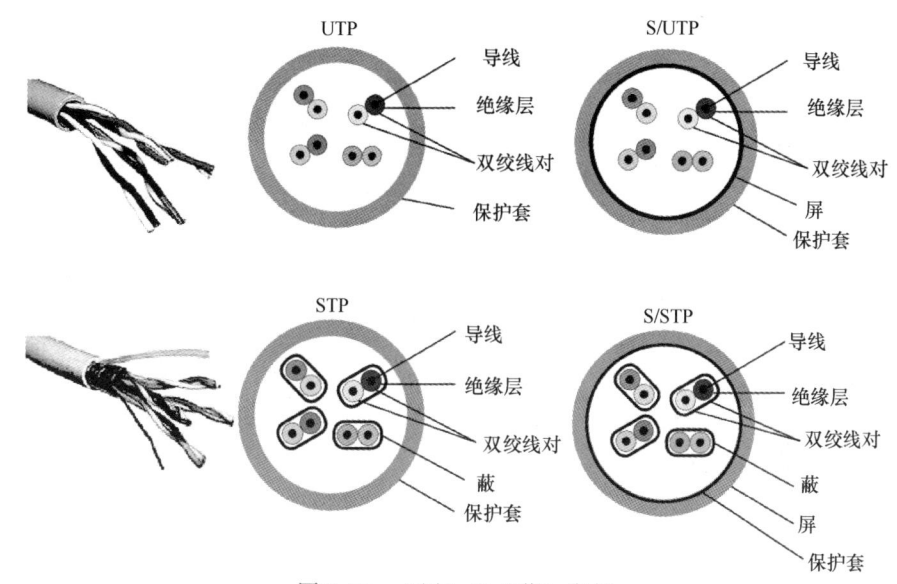

图 8.15 "屏"和"蔽"案例

安装数据总线有多种不同的方法，如图 8.16 所示，波音公司和空客公司采用不同的方案，图中所示的是单个单独的四芯和双芯连接器。

从图 8.16 的上半部分可以看出，空客倾向于使用四芯。全双工数据总线——双向同时传输信息——是用包含两对双绞线对的独立电缆实现。这种方式有更高的封装密度，但没有双芯方式健壮。

波音公司倾向于双芯方案，见图 8.16 的下半部分。这是一种半双工方式，每根总线只能单向传递信息，并且两根总线是分离的。

在大量使用飞机数据总线的飞机上——代表了当今生产的大部分飞机——就要用到多连接器方案。图 8.17 为圆形 MIL-DTL-38999 连接器和民用

163

ARINC 600 型号的机架连接器。

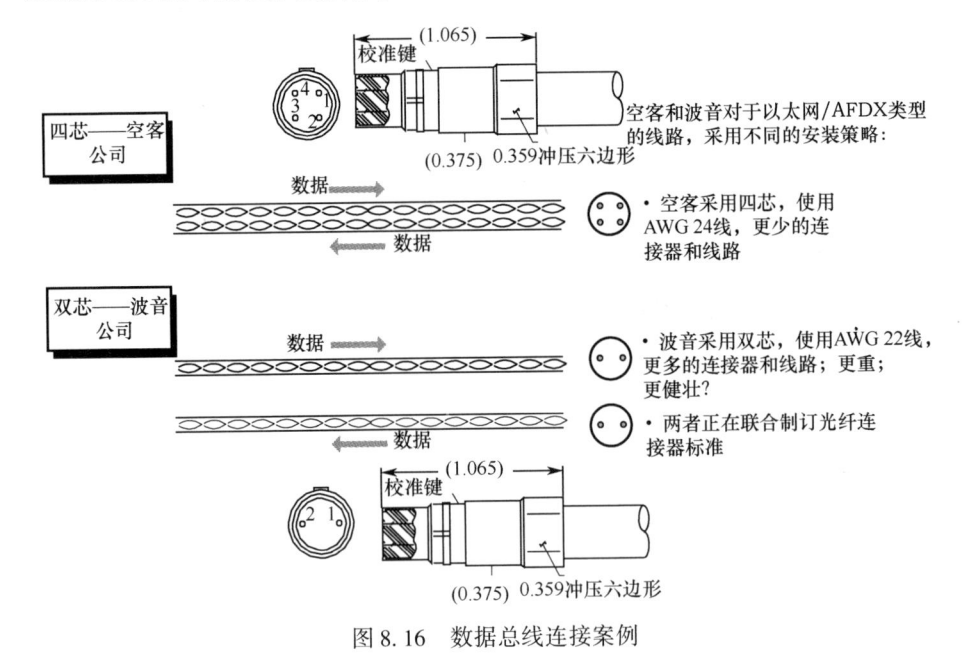

图 8.16 数据总线连接案例

军用:MIL-DTL-38999 民用:ARINC 600

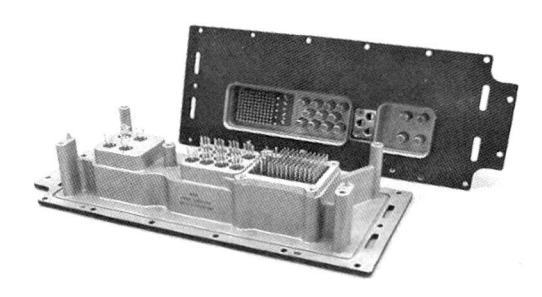

图 8.17 多连接器案例

8.10 短接和接地

短接、接相对地、接大地这三个与飞机电气系统相关的名词应该被铭记于心。这些技术降低了相邻硬件之间的电压，为飞机电气系统提供了稳定的参考点，提供了可以在地面作业期间进行静电消除的方法。有时候，这些术语被用得很随意——甚至专业的航空工程师也是这样——所以非常必要使用其精确的定义。常用的定义如下：

- 短接。两个或两个以上导体之间的电气连接，或是适当连接以尽量减少两物体之间的电势差。

- 接相对地。导体到主要结构或地电报之间的电气连接用于返回电流。
- 接大地。一种短接到大地的特殊情形，以供地面作业期间消除飞机上积蓄的静电——特别是加油和/或接入外接电源时。

明白这些以后，就会有两种进一步的定义：
- 静态地。当参考大地时，阻抗小于 10000Ω 的核准接地点。
- 动力地。相对于飞机电源系统中性端之间阻抗小于 10Ω 的核准接地点。

下述内容引用自 AC21-99，澳大利亚民用认证机构的咨询文件，已获取使用许可。

当飞机飞行时，飞机机体就是"地"，因此飞机结构为电流从负载流回电源提供回路。

飞机只有在进行特殊地面保养时才会真正接地，如维护、加油和预位时。地面保养时有两种接地方法：
- 在机场指定位置用专门的接地线连接到飞机的接地螺栓上，若飞机连接到单独的外部地面电源车上。为方便起见，接地点位于机场周围，一般会在靠近地面保养（或预位）点的位置。它们是特别设计和维护的，以确保为任务提供高质量的接地连接。
- 如果飞机连接到主发电机上（或电源）上，飞机将会通过外部电源连接器自动连接到外部电源（包括大地）上。在这种情况中，飞机实际上应考虑连接国家电网的地线。

同样有必要区分不同电源和信号类型使用的相对地连接，图 8.18 有助于理解，图示的是典型电子控制器，不管是采用机架方式固定或采用独立的单元固定在飞机中。

单元在飞机结构中固定的地方代表"地"点，并作为电流回路：
- 固定的安装设备有各自专用的短接区域。
- 将单元壳体使用专用的螺栓或支架直接短接到飞机结构上。

在该例子中有四种其他的短接方式：
- 28V 直流回路连接。
- 115V 交流回路连接。

这两种回路是从内部供电单元发出的，分别编组在一起。下述这些可能是电磁干扰的发射源：
- 信号回路连接。
- 外壳地连接。

由于信号连接非常灵敏且易受干扰，所以会被划分不同的组。每个单元内同样会有本地电源和信号类型的内部信号参考点。

短接、相对地和大地点都有规定的低阻抗值，该值一定程度上取决于飞机类型和航空电子故障率（fit）的本质。如果飞机想要拥有良好的抗电磁干扰性能，飞机和设备级设计人员需要密切遵循这些要求。

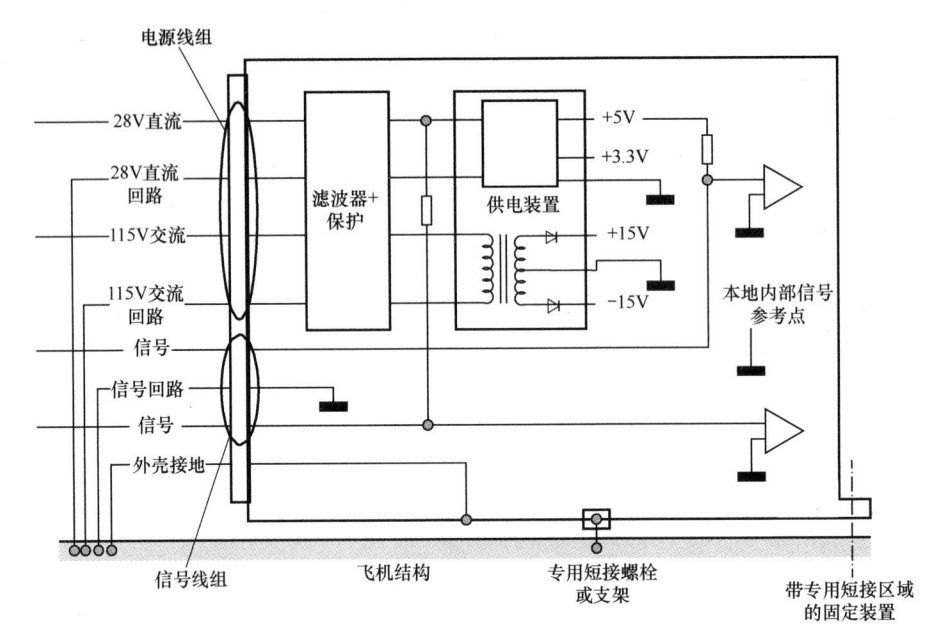

图 8.18　电子控制器短接与接地

参考文献

［1］Meakin, B. and Wilkinson, B. (2002) The 'Learn from Experience' (LfE) journey in Systems Engineering. 12th International Symposium of the International Council of Systems Engineering (INCOSE).

［2］Crystal, D. (1995) The Cambridge Encyclopaedia of the English Language, Cambridge University Press, ISBN 0 521 40179 8.

［3］Collins Dictionary and Thesaurus, (2012).

［4］McCluhan, M. (1964) Understanding Media: The Extensions of Man, McGraw–Hill; "The medium is the message" because it is "medium that shapes and controls the scale and form of human action." www.marshallmcluhan.com – Frequently Asked Questions.

［5］Maier, M. W. and Rechtin, E. (2002) *The Art of Systems Architecting*, ARC Press.

［6］AC21–99, Australian Civil Aviation Authority.

扩展阅读

Scholes, E. (1999) Guide to Internal Communication Methods, Gower.

第9章 构型控制

9.1 引 言

应在任意系统的研制、应用和保障中引入构型控制,构型控制有以下目的:
- 建立系统的设计基准,确保正确系统功能所需要的全部必要元素组织起来可保证全系统的兼容性;
- 基准更改要受控,并可使所有更改可视、可追溯;
- 确保在每个阶段,系统在不同构型或标准下都保持完全的兼容性;
- 在早期和后期系统、产品开发实现中保持兼容性。

本章后续章节主要介绍构型控制的关键原理。其目的是存档对所有使用者的通用和一致的基准数据构型,确保基准的改变或增加可控。重点要注意的是,产品在寿命期内有多种设计标准共存,即在组装成为成品前,产品子集可能会多次更改。

9.2 构型控制过程

要进行构型控制,应建立控制产品设计的文件和数据依据,并由权威机关颁布。现代工程项目中的文件既包括传统的纸质文件,也包括软件产品,如数据库、模型和软件载体。

典型的产品设计由如下方面定义:
- 要求陈述;
- 系统和子系统规范;
- 装备和部件规范;
- 系统架构;

Design and Development of Aircraft Systems, Second Edition. Ian Moir and Allan Seabridge.
© 2013 John Wiley & Sons, Ltd. Published 2013 by John Wiley& Sons, Ltd.

- 软件要求和规范；
- 接口控制文件（ICD）；
- 连线图；
- 安装图或 3D 模型；
- 测试程序；
- 测试结果；
- 安全性分析；
- 设计陈述；
- 设备列表；
- 产品制造标准；
- 间隙标准；
- 各种计划，如工程计划、管理计划、方案计划等。

这些文件都会附带让步文件，记录或授权偏离基准的偏差，或记录性能存在的不足。这些让步文件可能导致显著的变动或重新设计的需要，通常由变动管理机构批准。这使得文件可引入这个变动并发布为一个新的基线设计。

受变化影响的任何其他系统或过程，因此会接到通知，并被批准执行相应的变动以保证兼容性。这一过程保证了所有利益相关方都理解了这些变动，并保证了产品的适用性。换句话说，装备正确的部件数量（定义了硬件和软件）与正确的布线和装配一起组成符合正确标准的产品。

9.3 系统简图

典型的闭环控制回路通常被描述成如图 9.1 所示的最简单形式。系统指令输入到前向通路，体现并执行与系统工作和输出结果有关的控制规律。对于闭环系统，系统输出反馈到系统入口，并与系统输入相比较，以保证系统保持预期的性能。反馈回路可能包含附加控制或补偿作用以达到需要的系统性能或精度。

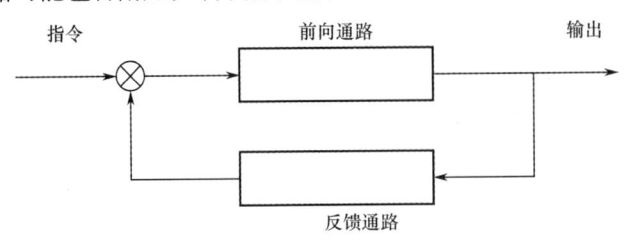

图 9.1 典型闭环回路控制系统描述

以上是理想化的简图，通常在控制工程教科书中出现，用于检验理论系统问题。然而，这没有以任何方法解决硬件和功能边界，因此，在检验构型控制问题上几乎无用。

要解决这些问题，需要明确物理边界的存在性。与前向和反馈通路相关的控制功能多数驻存在电子硬件或"黑箱"中，因此，需要包含硬件边界的存在性，如图9.2所示。这要求了解系统的物理表现形式，包括下述问题：

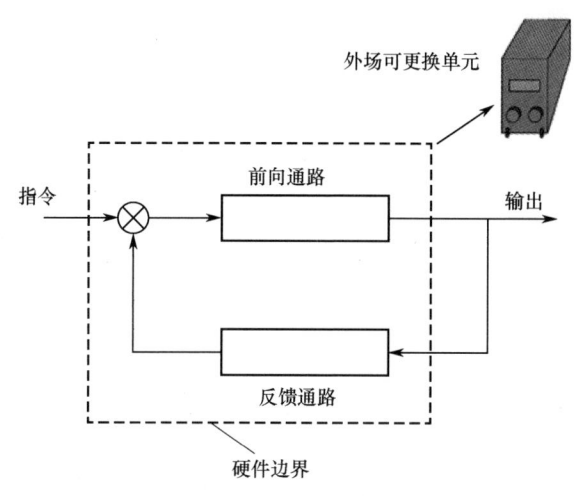

图 9.2 闭环控制系统回路和硬件边界

- 黑箱或控制器的尺寸和量纲（称为形状因子）；
- 重量（严格地是质量）和重心；
- 控制器怎么安装或固定，以及经历的环境，如温度、振动等；
- 功率消耗和冷却；
- 电缆接口及与其他系统部件的连接。

由此可见，考虑系统的物理边界后，马上就会出现许多影响系统设计和影响其他周边系统的问题要考虑。图9.2显示的简图，对于检验这些问题还不够细，还需要考虑进一步的信息。明确的是，系统在服役之前的初始研制阶段，或在有用的寿命期内发展成不同的形状，这些物理考虑因素将非常重要。下面举例说明这些问题。

9.4 可变系统构型

这里要围绕着要检验的系统物理问题以及影响系统修改或改进的问题进行讨论。给出的例子描述了一个概念系统从最初的构型——系统 A，发展到一个更改的系统——系统 B，最终到第三个变体——系统 C。跟检验硬件控制器或黑箱更改问题一样，也需要解决其他同样重要的问题。典型问题如下：

- 系统电缆。在许多系统里，连接输入装置（控制器）、输出装置（作动筒或操纵装置）和传感器的电缆是最难变动的。在飞机、轮船或机动车上的电缆硬线制造时和装配时就已安装好，且一旦装备完工后，很可能很难可达。因此，

169

电缆在制造完成后要更改是极其困难的，这可能是一个重大的约束。
- 系统软件。现在研制的许多系统使用"智能"达到并维持足够的系统性能。这可能涉及使用计算机、微处理器或微控制器驻留并执行必要的复杂控制规律。系统性能改进或修改可通过改变控制元件生效，但是，在已有系统中如何引入并具体化这些更改则需要进行相当的考虑并进行检验。

9.4.1 系统构型 A

系统构型 A 如图 9.3 所示。这个图已经扩展，显示了与系统描述有关的附加特点。

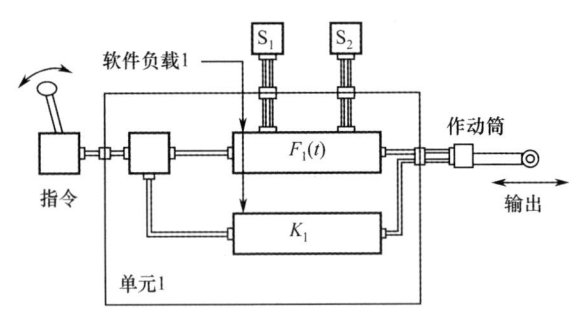

图 9.3 系统构型 A

图上已识别的附加条目包括以下几种：
- 输入装置或指令。图上显示的是一个操纵杆，通过操纵杆，操作者可以把指令加给系统。可以假设输入装置通过双线路与控制器相连。
- 输出装置或作动筒提供动力推动控制舵面或其他执行机构以满足操纵者的指令。假设作动筒通过四线连接，这样，作动筒指令和反馈信号可以互换。
- 控制器。单元 1——系统的闭环控制回路。假设控制器在前向通路里有时变控制规律 $F_1(t)$，在反馈通路里有固定增益 K_1。
- 传感器测量外部或其他系统的参数，并用于修改前向通路控制函数 $F_1(t)$ 的实时性能，显示为四线传感器 S_1 和 S_2。
- 系统软件载荷。图中软件载荷 1——假设载入到计算装置中并执行与 $F_1(t)$ 函数有关的软件程序。

图 9.3 用简洁的风格，有效地描述了要完成系统工作必须齐备的全部元素。在系统研制阶段，设计上要集中保证硬件、软件和电缆等所有这些要素同步发展，并验证与原始系统规范的符合性。

9.4.2 系统构型 B

系统构型 B 如图 9.4 所示。如果系统是从原有构型研制或发展，其更改可能会增强性能、提高可靠性，并提供其他的效益和改进。构型 B 与原有构型 A

之间的差异如下：

- 前向控制通道控制规律由 $F_1(t)$ 更改为 $F_2(t)$，尽管其需要的传感器 S_1 和 S_2 没有变。适应控制规律的软件载荷记为软件载荷2。必须下载这一软件以执行新的控制规律。

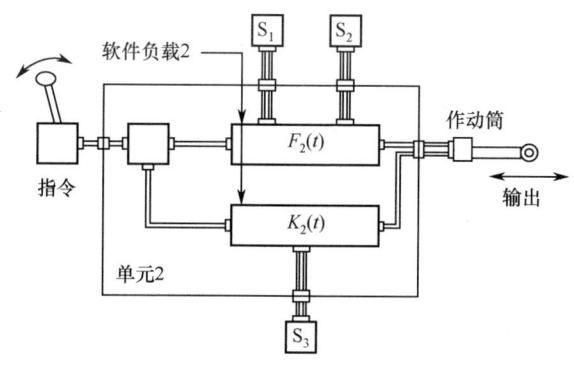

图9.4　系统构型 B

- 作为反馈回路新的时变控制规律 $K_2(t)$ 性能改进的一部分，增加了新的传感器 S_3。反馈回路控制规律的更改仍体现在软件载荷 2 中。
- 硬件和电缆的这些更改，为适应新增加传感器 S_3 的输入，要求单元 2 增加另一个四线电输入。这要求额外的连接器，显然更改了硬件的构型。
- 现在系统 A 和系统 B 的硬件已不兼容，因为后者需要额外的四线与传感器 S_3 接口，还可能要加一个连接器。在当前构型下，系统 A、系统 B 相关的单元 1 和单元 2 已不能再互换。对于使用这两个系统的用户，因两个系统需要根据备件、技术手册和技术培训等进行维护而需要增加额外的保障工作。

9.4.3　系统构型 C

最后考虑系统构型 C，如图 9.5 所示。

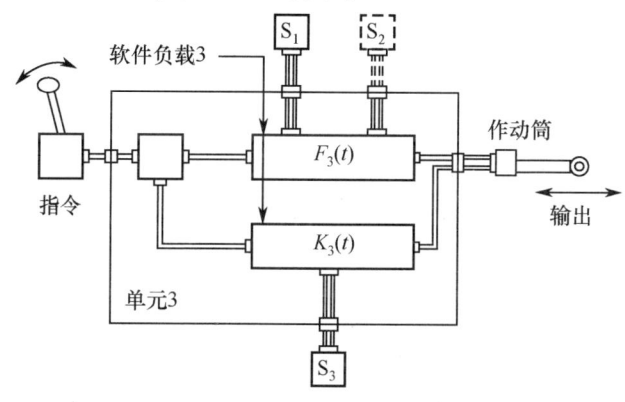

图9.5　系统构型 C

171

对这个系统，假设以下内容：
- 在前向通道上控制规律更改为 $F_3(t)$，在反馈通道上更改为增益 $K_3(t)$。与此相对应的控制规律的更改体现在软件载荷 3 上。
- 软件载荷 3 相关的改进控制规律，在前向通道上已不再继续使用传感器 S_2。系统的正确运行已不再需要这个传感器，因此该传感器可以移除。
- 除了没有连接传感器 S_2 外，单元 3 可视为与系统 B 中的单元 2 有同样的硬件结构。当提供正确的软件载荷情况下，即单元 2 要用软件载荷 2，单元 3 要用软件载荷 3，单元 2 和单元 3 可以互换。对于使用构型 B 和构型 C 两个系统的操作者来说，这可显著减少保障费用。

三个系统构型归纳如表 9.1 所列。

表 9.1 系统构型比较

	系统构型		
	系统 A	系统 B	系统 C
传感器	2	3	2
变量	$F_1(t)$	$F_2(t)$，$K_2(t)$	$F_3(t)$，$K_3(t)$
电缆	14	18	14（18）

9.5 向前和向后兼容性

下面的案例详细介绍了向前和向后兼容性的概念。用户在采办一批不同时期研制的类似系统时，如果他希望早期和后期版本兼容，则向前和向后兼容性就是需要重点考虑的问题。

9.5.1 向前兼容性

向前兼容性描述的情况是，初始或许是早期系统变体发展为一个后期系统，如图 9.6 所示。

用户希望后来的系统 Y 与早期系统 X 是兼容的。在这种情况下，希望两个系统的形状、安装和功能是兼容的。

形状与控制器或黑箱的外形有关。明显地，若箱 X 必须替代箱 Y，它就必须有相同的尺寸和形状。安装与物理属性的其他方面有关，不仅箱子有同样的形状，而且其他的细节参数，如电连接器型号和方位、物理固定和栓系、冷却管和孔的对正，都应当保证一个盒子不需要任何的更改就可以代替另一个。

功能与单元的性能特征有关。前面已经描述，现代许多系统受加载的软件程序和采用的控制规律的影响。然而，执行软件的处理器或微处理器的性能某些细节特征都可能会对性能有影响。处理器型号、指令集、时钟速度和内存构型都可能影响软件的正确执行。任何一个使用计算机或笔记本电脑的人，将应用程序从一台计算机转到另一台时，都有这个体会。

因此，要成功实现向前兼容，必须保证从箱 A 到箱 B 的更改包含了以上所有事项；还要使系统操作员完全清楚系统性能的每个更改。

图 9.6　向前兼容性

9.5.2　向后兼容性

与向前兼容性相反的称为向后兼容性，如图 9.7 所示。

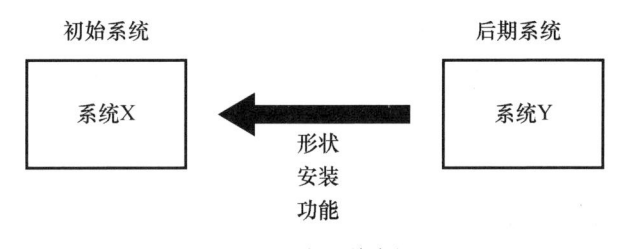

图 9.7　向后兼容性

向后兼容性与向前兼容性涉及的所有问题都有关。但向后兼容性是保证后来系统能够满足早期实现的要求。在实践中，这常常比向前兼容性更难以实现。

9.6　影响兼容性的因素

装在运输载具（汽车、舰船、飞机等）上的各类系统，影响兼容性的因素如图 9.8 所示。这些可能与系统设计和实现的三个截然不同的领域有关：
- 硬件；
- 软件；
- 布线。

所有三项必须有兼容性以提供满足系统性能目标要求的可行工作系统。

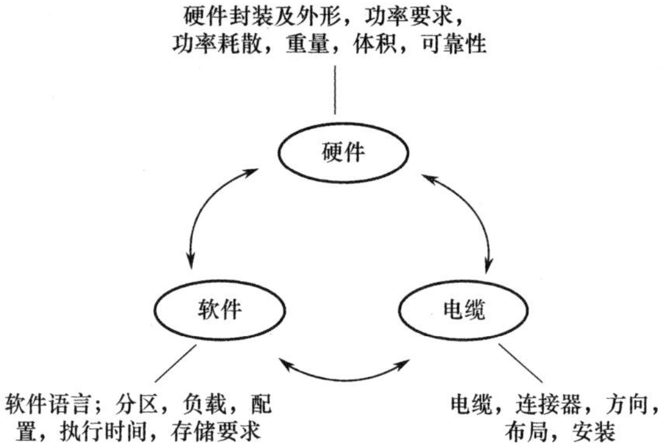

图 9.8 运输工具上影响兼容性的因素

9.6.1 硬件

与硬件有关的内容概括如下：
- 物理外形和安装；
- 物理方位和固定；
- 重量和重心；
- 预期环境适应性（温度、振动、电磁干扰（EMI）等）；
- 功率消耗和冷却需求；
- 可靠性。

9.6.2 软件

与软件执行有关的考虑因素也很重要，具体如下：
- 处理器型号；
- 指令集；
- 软件语言；
- 时钟速度；
- 内存构型。

可以看到，对软件执行有影响的许多内容与控制器设计细节有关，而不是与高等级的物理形状和安装问题有关。由于这些交互，若控制器内发生变化，如一个处理器因部件老化，功能性能会受到轻微影响，而形状和安装未发生变化。

9.6.3 线路

线路也很重要，需要解决的主要问题如下：
- 控制杆、传感器、作动筒和效应器的相互连接电缆；
- 连接器型号和方向；
- 电压降；

- 线束——电缆长度、走向和安装；
- 抗电故障的线路防护；
- 导线热耗散；
- 屏蔽、接地、短接、对 EMI 的敏感性、外部高强度射频场和雷击。

预期的列表是不详尽的，只是预示许多问题需要调和，保证系统的相容性，以及在预期环境中执行规范的能力。

9.7 系统发展

前面已经给出的描述如下：
- 9.5 节——设计者如何考虑怎样保证向前和向后的兼容性，以保证同一系统在早期和后期的互操作性。
- 9.6 节——对于每一个可行构型，如何保持代表整个系统的硬件、软件和线路三要素兼容性。

实际上，在系统或产品发展的每个阶段，都必须要解决上述问题，确保工作系统得到证实，如图 9.9 所示。这显示了硬件、软件和线路关键领域从左至右如何随时间演变的。在每个阶段或系统构型处，这些要素应当兼容，确保能够保持规定的系统性能。

对于一个大型系统，仅一个系统构型的发展和验证就需要若干年。对于现代战斗机来说，从计划到入役超过 10 年是正常的。一个大型研发计划生产周期持续 10~20 年很正常，且在整个产品的不同阶段会应用不同的产品构型。最终，服役阶段会延伸 10 年以上，在此期间，可进行进一步的改进和能力升级。这样的产品视为是"系统中的系统"，对整体有贡献的许多系统、子系统和部件都会有各自的兼容性问题。

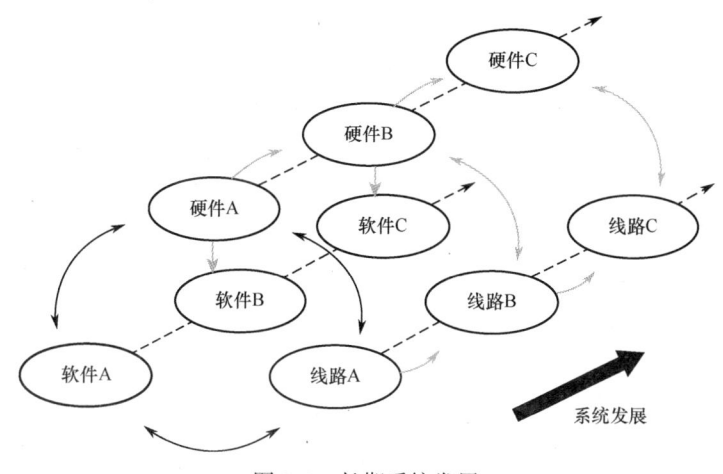

图 9.9 长期系统发展

在这一节里，已尝试突出一些系统在通过开发和服役阶段必须要解决的问题，以达到系统必要的构型控制。尽管这是一个概述，可见，在时间历程里，系统随着不同实现的发展，很多问题必须要予以考虑。

9.8 构型控制

在飞机控制系统中使用的微处理器或微控制器的一般解剖图如图 9.10 所示。

中央处理器（CPU）包括一个计算逻辑单元（ALU）和一个序列化应用软件指令的控制组件。在这个最简单的框架里，至少要有两个存储区域。

- 包含有可执行软件的程序存储器或只读存储器（ROM）；
- 包含有单元执行程序所需变量数据的数据存储器或随机访问存储器（RAM）。

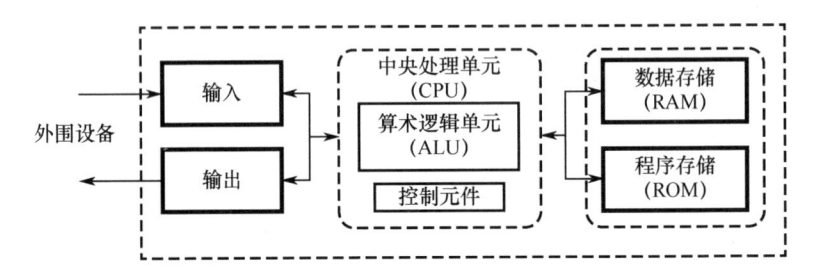

- 输入/输出：数据读入计算机及结果输出到外围设备

- 控制：保存在程序内存中构成计算机程序的序列化系列指令

- 算术逻辑单元（ALU）：执行算术及逻辑操作

- 数据存储：存储运算的中间及最终结果

图 9.10　微控制器的一般架构

在近期的设计中，倾向于使用非易失内存存储（如故障历史、BIT 结果）等关键的系统数据。输入和输出装置用于提供机器与外部设备的接口。在更高等级，处理器一般会装在航电可更换单元内，一旦其有故障，可方便地从飞机上换掉。这些单元可能装在电气工程舱隔板的架子上，或有时直接装在飞机结构上，如电气线路章节里描述的那样。从功能上说，该单元包含下列部分，如图 9.11 所示。

- 电源或将飞机 AC 或 DC 电源转换后为电子器件提供稳定的电源：±15V，+5V，+3.3V。

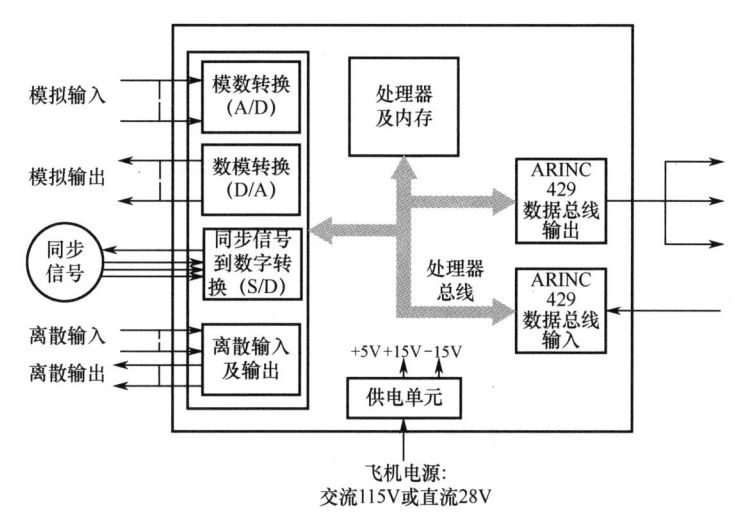

图 9.11　典型的外场可更换单元架构

• 输入/输出模块——与飞机传感器连接，包括模拟输入和输出、离散输入和输出以及其他专用信号。

• 数据总线接口——与其他飞机系统数据交互。图 9.11 所示的是 ARINC 429 数字数据总线接口，但在更多近期的飞机上在飞机等级上使用 ARINC 664 数据总线，而在系统内部使用 CAN 总线，这在接口控制文件（ICD）章节中已介绍。

对于系统工作作为一个功能实体，所有硬件和软件需要围绕系统协调、一致的工作，传递有效的数据集，如工作软件程序。

可采用各种方法正确处理数据，最简便的方法是举例说明：

• 对于图示的 ARINC 429 数据总线接口，其数据集由适当的飞机装备 ARINC 规范固定。所有预期的数据范围换算、精度、更新率都有规定且确保设计满足规范的装备都是相同的。这有其优点，如飞机装备的一个成品件——VHF 发射机接收器（由 ARINC 566 定义），由不同的装备供应商生产，但可以相互替换使用。但这也有缺点，就是系统设计者不能再灵活配置系统数据。

• MIL-STD-1553B 数据总线在军用飞机上应用广泛，只要数据总线工作正确且符合 1553B 协议，则系统设计者可以自行规定所有数据集。在此情况下，设计者假定了规定和维持连贯数据集的负荷，包括规定利用哪一个远程地址（RT）和子地址，定义了允许处理器和数据总线元素在 LRU 内的通信。最终，程序设计者负责设计、编码和测试总线控制器软件任务，该软件起着整个系统的数据调度作用。

• ARINC 664 案例——ARINC 664 是典型的飞机等级的数据总线，已在空中客车 A380 和波音 B787 飞机上使用。其集成任务更复杂，值得在更多细节方面进行研究。特别是 A380 引入了一种新的模块化航电架构，这种新架构使用新的公用核模块与 AFDX（ARINC664）接口，同时仍使用有点过时但有效的传统 ARINC 429 数据总线。

9.8.1 空中客车 A380 实例

A380 是第一种全机基于 ARINC 664 引入成套通用处理器单元（通用处理器输入/输出组件或 CPIOMs）的案例。用空中客车专用术语称为航电全双工开关的以太网（AFDX）——它是采用 COTS100 BASET 技术的双铜线总线传输系统（100M 数据通过编织的双线传递），该技术原版设计用于开关包数字电话交换。数据总线在实现上是双冗余的，通过一系列 AFDX 开关将核心 IMA 架构连在一起，如图 9.12 所示。

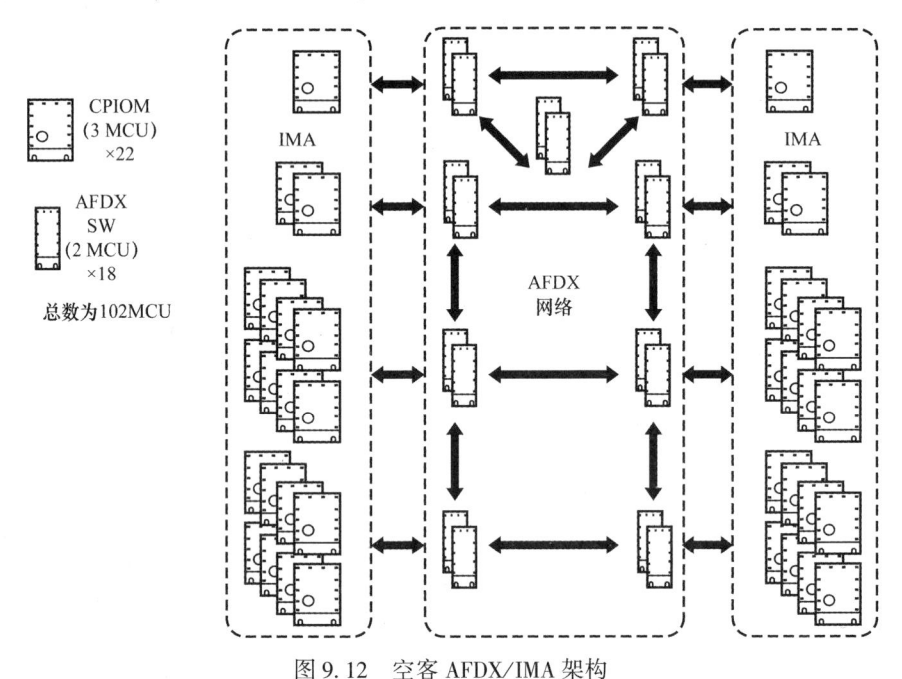

图 9.12 空客 AFDX/IMA 架构

- 在飞机的中央脊背里是 AFDX 开关网络——总数为 18×2 MCU，把飞机的关键区域在双冗余架构中联到了一起。

- 综合模块化架构（IMA）由 22×3 MCU CPIOM 组成，提供了飞机系统处理处理核心。实际上，由于不同的输入/输出需求，总共有 7 个不同的 CPIOM 型号，分别从 CPIOM A 到 CPIOM G。例如，CPIOM G 是专门设计用于飞机起落架，而 CPIOM F 裁剪用于满足燃油系统的要求。除了有 7 种不同型号的 CPIOM 外，其内部的处理器是通用的，并且所有型号都由通用软件开发环境和工具集支持。与之前的架构相比，其通用化程度已非常高。

第 9 章　构型控制

这种布局对于新的核心系统没有任何问题，但是，空中客车仍然遗留这样的问题，即怎样与空中客车家族已有的或老旧系统接口，特别是后来的 A320 和 A330/A340。许多这些设备接口采用的是 ARINC 429 数据总线，在 A380 上应用功能很匹配，但若把这些功能嵌入在新的 IMA 中却有着较大的风险且代价昂贵。解决办法是让这些传统系统原样保留，关键是采用辅助设备与中央核心相联系，并依靠已有的 ARINC 429 数据总线，把这些元素集成在一起。该解决方案的关键特征如下。

在图 9.13 中，典型的传统系统像 FMS、ADIRS 等画在左侧。这些系统没有能力直接与飞机级 AFDX 总线相连。它们通过继承早先架构已有的 ARINC 429 数据总线，可以与 CPIOM 实现通信。对于较早的空中客车型号，与这些单元的硬件/软件构型有关的开发工具受当时研制的局限性已固定。

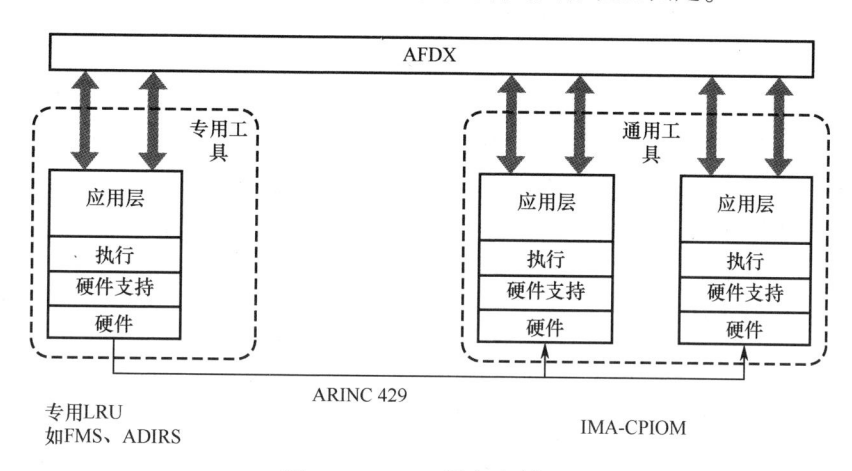

图 9.13　AFDX 设备案例

IMA 通用核心元件显示在图的右侧。这些元件可以直接与 AFDX 开关接口，即飞机等级的 100Mb/s 数据总线。使用通用工具和主流的开发方法论开发软硬件结合不属于这本书的研究范围。这里只提一下，开发使用了"三层堆栈"技术，这项技术有双重目的，即将硬件实现与过时性隔离开来，同时提供在不同应用间具有高度移植性的分块软件。

后门 ARINC 429 数据链可使特定的老旧 LRU 实现与 IMA/CPIOM 核心通信。

最后要解决的问题是 AFDX 网络如何定义数据通信和如何控制。解决方案是采用构型和交换表，如图 9.14 所示。

- 构型表驻留在设备内，决定数据输入/输出和数据格式。
- 交换表驻留在 AFDX 开关内，控制数据在 LRUs 和 CPIOMs 之间的网络间传递。

只当构型表和交换表配合一致时，系统数据才能正确传递。正确的构型控制对于获取这种保证极其重要。

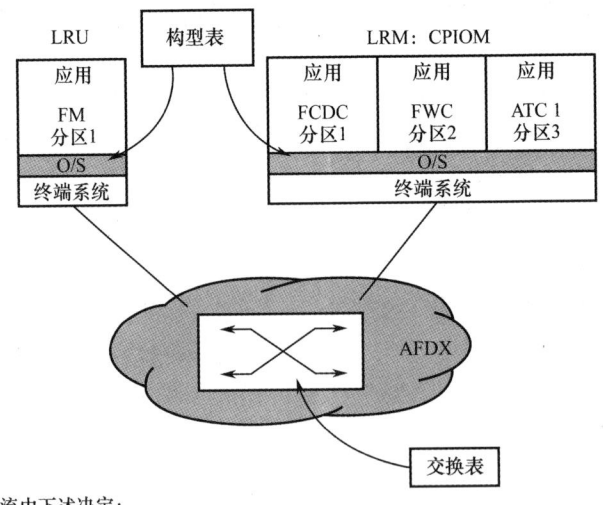

图 9.14　AFDX 数据传输控制

9.9　接口控制

由不同利益相关方持有的系统部件之间的接口控制是非常关键的。必须采用严格的机制定义接口并记录所有权以及所有者之间的协议。

9.9.1　接口控制文件

越来越多的使用现代商用货架（COTS）技术，为系统功能和性能的扩展提供了大的空间，但同时也增加了其复杂性。

所有飞机系统的接口必须定义和约束。每一个飞机系统都与其他系统交互，因此飞机是一个典型的系统中的系统，如图 9.15 所示。

为了定义和控制系统接口，使用接口控制文件（ICD）定义所有电接口。为了说明这一点，给出一个简化的概念系统，该系统由四部分组成。一个典型案例是大型运输飞机上燃油计量和管理系统。单元 A 和 B 分别代表燃油计量和管理计算机，单元 C 和 D 代表远程数据集线器，直接与飞机燃油箱内的部件如燃油计量传感器、密度计量传感器、燃油泵和活门接口相连。在选择的这个简化了的系统案例中，主要有四种类型的系统接口：

• 飞机级数据总线。波音 787 或空中客车 A380/A350 的飞机级数据总线以 ARINC 664 数据总线的形式实现。这种飞机级数据总线使用 COTS 技术，典型传输速度为 100Mb/s，该技术起源于电信通信行业，使用传统的双绞线对或光纤技术。

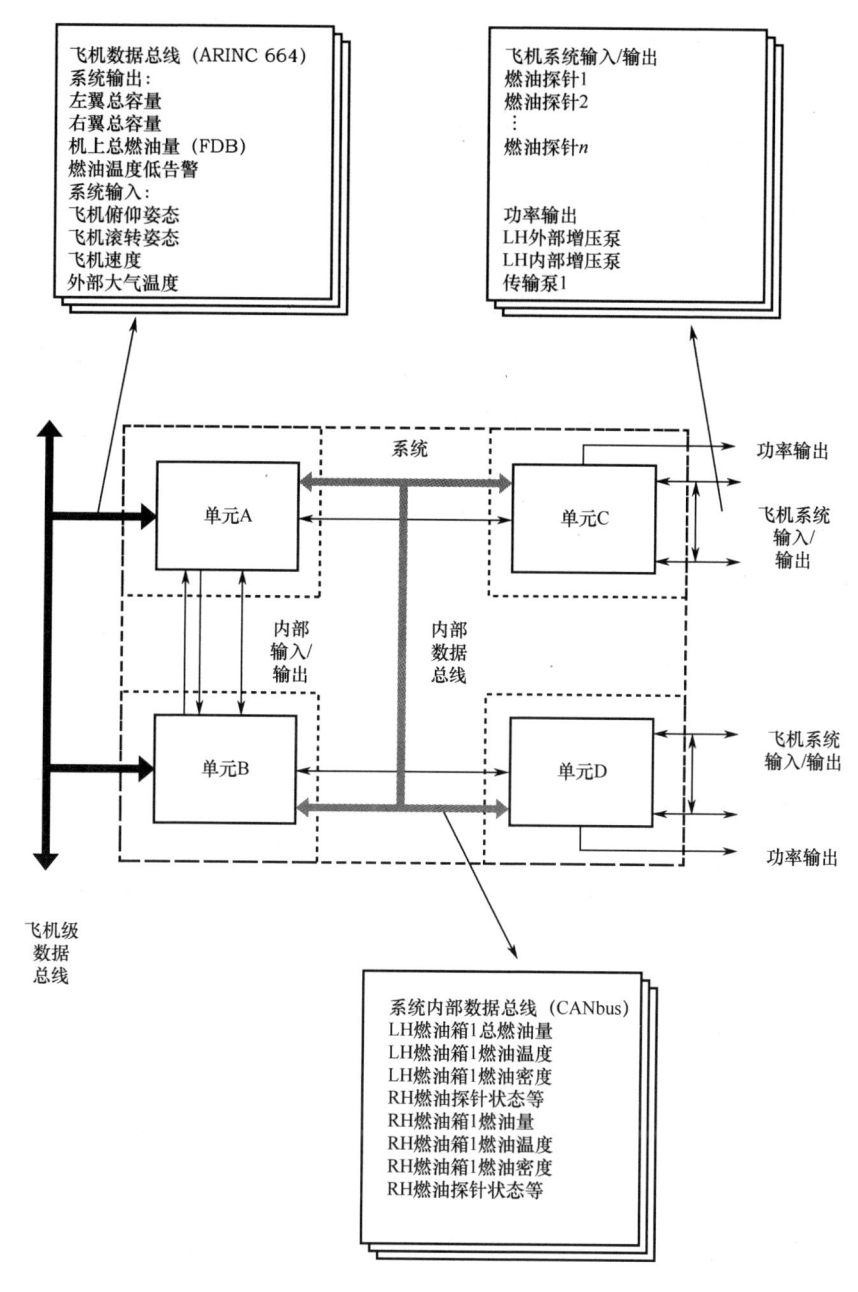

飞机数据总线（ARINC 664）
系统输出：
　左翼总容量
　右翼总容量
　机上总燃油量（FDB）
　燃油温度低告警
系统输入：
　飞机俯仰姿态
　飞机滚转姿态
　飞机速度
　外部大气温度

飞机系统输入/输出
　燃油探针1
　燃油探针2
　⋮
　燃油探针n

　功率输出
　LH外部增压泵
　LH内部增压泵
　传输泵1

系统内部数据总线（CANbus）
　LH燃油箱1总燃油量
　LH燃油箱1燃油温度
　LH燃油箱1燃油密度
　RH燃油探针状态等
　RH燃油箱1燃油量
　RH燃油箱1燃油温度
　RH燃油箱1燃油密度
　RH燃油探针状态等

图 9.15　飞机 ICD 案例

- 系统内部数据总线。在系统内部，数字数据需要在单元之间以较低的带宽进行交换。COTS 数据总线称为 CAN 总线，以确定性和坚固性形式广泛应用，由博世研制原本用于通用汽车自动刹车系统（ABS）。典型的数据速率是1Mb/s量级。

• 系统单元间内部系统的输入/输出信号。用于比较数据的单元间硬连接信号，与系统计算机的操作同步，并建立计算机/通道的控制。

• 系统内部接口。远程数据集线器与飞机燃油箱内部的部件接口。关键问题包括电固有安全接口预防措施，即给燃油箱内的燃油探针供电限制在极小电能，以保证系统固有的安全。

9.9.2 飞机级数据总线数据

飞机级数据包括顶层飞机数据，这些数据有利于机组操纵飞机。在许多情况下，也需要飞机其他系统的数据，或者需要显示给机组人员看。例如，系统显示的典型数据包括机上燃油总量（FOB），或每个油箱的燃油量，也会提供告警和提醒数据。

燃油系统输入包括飞机姿态信息，以能精确计算燃油量；飞机速度；机外大气温度（OAT），该温度对于理解飞行高度、延长冷浸润条件下的冷燃油问题尤其有用。

9.9.3 系统内部数据总线数据

许多系统使用内部系统数据总线交换系统特定的数据。在下述所示案例中，燃油探针与其他传感器数据进行了交换，包括系统机内测试和其他传感器健康相关的数据。系统也有嵌入式监视器确保不出现危险事件或确保机组能够完全掌握任意失效并提醒采取什么补救措施。

9.9.4 内部系统输入/输出数据

在系统单元之间有许多硬线连接，不适宜通过内部数据总线传递。

9.9.5 燃油部件接口

ICD定义和控制所有下述定义的参数：
• 电气参数；
• 电缆尺寸和型号；
• 连接和屏蔽；
• 终端和匹配；
• 数据分辨率和精度；
• 数据速率和刷新速率；
• 功率水平；
• EMI类别。

第 10 章　飞机系统实例

10.1　引　言

本章目的是提供特定系统的总体情况，将系统问题放在总体背景下，使得读者可以更好地理解和消化前述章节。

一个有用的案例是在现代民用飞机上，通过展示系统间的交互作用以检验系统的内部关联关系。很多系统要求满足高等级完整性以成功完成飞行，这是民用飞机有意义且或许是唯一的主题。同时，这些系统在低温、高温和经常性的大振动恶劣环境条件下，必须要安全可靠的工作。为满足性能要求，对飞机的重量及体积提出了额外的约束条件。因此，这些问题必须平衡好，使得飞机能够安全经济地完成任务。

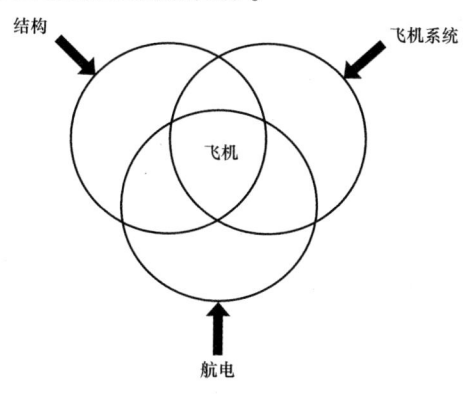

图 10.1　主要飞机系统

飞机工作的 3 个主要系统如图 10.1 所示。飞机结构由机翼、机身和尾翼组成，分别提供了升力、控制舵面和客舱。飞机系统包括推进系统、飞行控制、燃油、液压和环控系统，提供了驾驶飞机的手段。航电系统是飞机的"大脑"，提供了导航、通信、自动驾驶及显示等功能。本节将讨论飞机系

Design and Development of Aircraft Systems, Second Edition. Ian Moir and Allan Seabridge.
© 2013 John Wiley & Sons, Ltd. Published 2013 by John Wiley & Sons, Ltd.

统和航电系统的一些案例。本书的姊妹书[1,2]给读者提供了研究这些课题的更多细节，可辅助理解本章开发采用的原理。

10.2　设计考虑

飞机的设计遵循图 10.2 所示的方法。

首先需要定义的是任务要求。根据飞机所要达到的任务载荷、速度和工作成本指标是什么，这规定了飞机的用途。显然，设计用于执飞从伦敦到芝加哥的远程大型载客飞机与执飞从芝加哥到大激流城的短程航班有不同的特征参数要求。

任务要求将主导整个飞机的设计，决定了飞机的结构重量、尺寸和气动特性，也定义了发动机数量和型号。这些物理参数也受飞机设计应用的强制性规章以及安全性和适航性考虑因素等的支配。

最后，飞机设计从上至下分解到详细的飞机系统要求，如采用的技术、飞机系统的类型和能力。在民航领域，功能飞机系统由航空运输协会（ATA）文件ATA-100 定义，该文件对每个系统的类型进行了归类，见参考文献[3]。在这一系统分类中，第 24 章总是讲述电源，第 27 章是飞行控制，第 29 章是液压功率等。

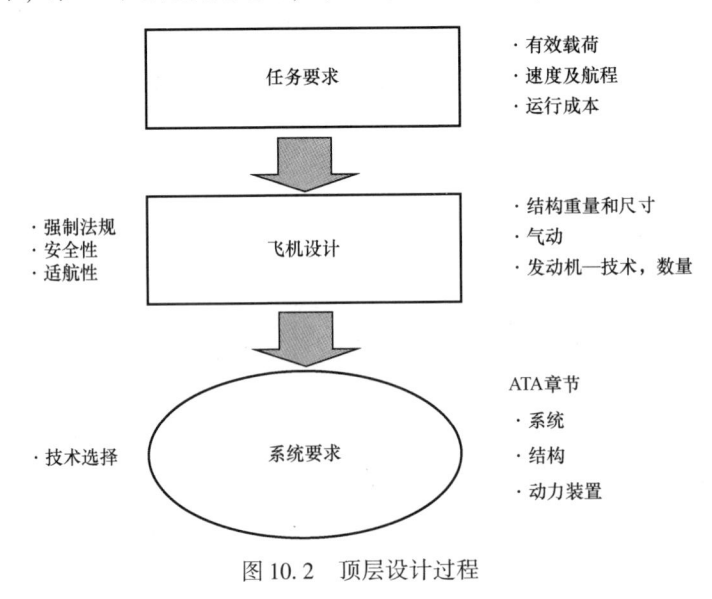

图 10.2　顶层设计过程

10.3　安全性和经济性考虑

一个不可或缺的关键是平衡好安全性和经济性，如图 10.3 所示。

正常来说，对于任何空中运输来说，安全性是第一位的。没有安全作为保证，空中航行是无稽之谈。影响安全性的若干因素有：

系统功能——系统必须要完成的任务。对燃油系统而言，需要控制飞机各处的燃油流动，以保持飞机重心在正确的位置，减少飞机平衡阻力，增大飞机航程。

性能——与真实的系统性能有关。对于特定类型的机动或程序，飞机飞行需要更高等级导航精度。

完整性——是系统架构的固有属性。当某一系统或多个系统出现故障时，保证系统足够鲁棒，能继续安全工作，确保把旅客安全运送到目的地。

可靠性——系统或零部件继续正确工作的固有能力。这样可以确保系统正常工作，并保持系统的完整性设计等级。

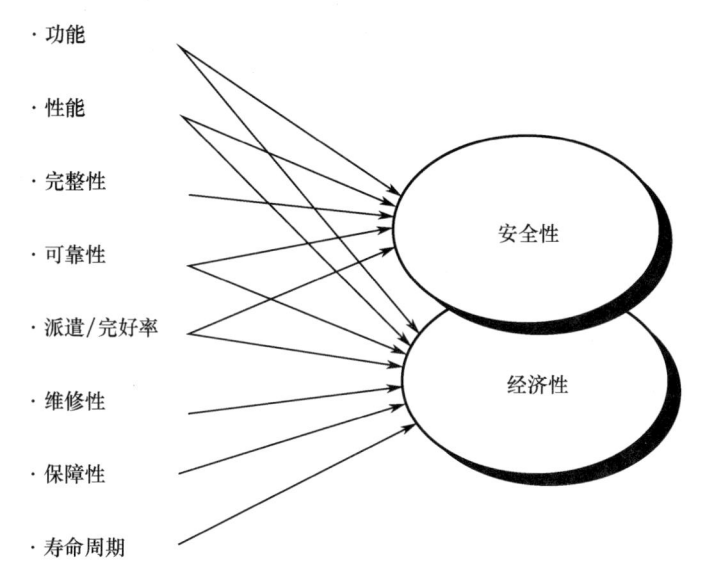

图 10.3 安全性和经济性考虑因素

派遣完好率——与在已知系统故障情况下仍然派遣飞机执飞的能力有关。即使飞机在飞行中自始至终存在一些故障，飞机仍不得不满足性能和完整性的设计等级。

航空公司或租机人在飞机的运行中必须考虑经济性，否则，该公司经济上会受损且不能继续提供服务。因为功能、性能、可靠性和派遣率会影响系统运行的经济性以及系统的成本。出于众所周知的原因，只有完整性不受经济性影响。运行的经济性受下列因素影响：

- 维修性——与保持系统处于健康状态输出正确功能的便捷性相关，包括零部件更换、修理和测试的便捷性。
- 保障性——指在飞机运行期间提供备件、文档、训练、专家等基础设施的能力。

- 寿命周期——与从摇篮到坟墓的系统概念定义、设计、开发、制造和保障直到其消耗完有用寿命全阶段相关。

10.4 失效严重程度分类

在航空航天工业领域，失效严重等级通常以清晰的方法予以归类，其定义如表 10.1 所列。

失效的严重程度划分为 4 种主要类型。最严重的是灾难性失效，该失效会造成机毁人亡；这种失效发生的可能性极小，分析或检测要求灾难性失效的发生率为每飞行小时小于 1×10^{-9}，即每飞行 10 亿 h 少于 1 次。其他依次是危险性失效、主要失效和次要失效。在每种情况下，风险等级降低，失效发生概率增加。因此，次要失效（如导航灯失效）每飞行小时事件出现数低于 1×10^{-3}，即每飞行 1000h 少于 1 次。

表 10.1 失效严重程度定义

失效严重程度	概率	指标
灾难性	极不可能	少于 1×10^{-9}/飞行小时
危险性	极小可能	少于 1×10^{-7}/飞行小时
主要	微小可能	少于 1×10^{-5}/飞行小时
次要	不大可能	少于 1×10^{-3}/飞行小时

在飞机开始设计时，识别出所有可能导致各等级失效严重等级的失效，并用于对应改进飞机系统的设计。因此，在飞机建造前的很长时间内，就已经识别出这些状态，采取了适当的设计步骤，并保证了飞机的设计品质。这一过程有助于定义系统架构、控制和电源通道数、冗余等级等。同时，根据失效可能的后果也规定了设计的保证等级。

10.5 设计保证等级

表 10.2 列出了美国无线电技术委员联合会（RACA）DO-178B[4]规定的设计保证级别。该文用于规定软件的设计程序，DO-254[5]规定了硬件的设计程序。其他相关的还有欧洲民用航空装备组织（EUROCAE）颁布的 ED12 和 ED80，分别与 DO-178B 和 DO-254 相对应。

表 10.2 设计保证等级

设计保证等级 [DO-178B 软件/DO-254 硬件]	定义
A	由 SSA（系统安全性分析）说明设计的异常行为会导致或造成系统某项功能失效，导致飞机进入灾难性失效状态
B	由 SSA 说明设计的异常行为会导致或造成系统某项功能失效，导致飞机进入危险性失效状态
C	由 SSA 说明设计的异常行为会导致或造成系统某项功能失效，导致飞机进入主要失效状态
D	由 SSA 说明设计的异常行为会导致或造成系统某项功能失效，导致飞机进入次要失效状态
E	由 SSA 说明设计的异常行为会导致或造成系统某项功能失效，对飞机无影响状态

这些设计保证等级从 A 到 E 分类。灾难性、危险性失效等状态的失效条件如表 10.1 所列。因此，最高设计保证等级 A 级与灾难性失效严重程度相关，其发生率小于每飞行小时 1×10^{-9}，依次类推，从 B 到 D，可见，设计保证等级 E 表示失效对系统无影响。

通过这种方法细查系统设计，确保每个系统满足必要的设计目标以满足必要的完整性等级。此外，系统失效对飞机和乘客影响越大，过程规定的设计保证等级就越严厉。

支撑这一设计过程的文档已由航空航天行业最有经验的设计师总结提出，最初是作为工业领域的最佳实践，后期已被所有设计过程采用并强制执行。用这种方法，工业领域设定了统一的高标准，全球航空航天团体中的每个人在系统设计时都必须要援引这些标准。

10.6 冗 余

现代航空运输飞机系统的复杂特性，决定了需要应用特殊的设计规则。这些方法在本书其他地方已经阐述，这些方法是研制过程的重要组成部分。很多系统对飞机飞行至关重要，要求其保持安全性和机组、乘客的身体健康。在航空航天团体中这些系统称为飞行关键系统。

在工程设计阶段，系统设计师采用各种等级的冗余设计，以提供系统必要的性能、完好性和安全性等级。这些架构被精心构思并使用工业领域广泛应用的系列化方法、工具以评估临时性系统设计，并确保其满足必需的要求。

在航空航天团体中，这些工具提供了可被调用的一系列满足系统设计要求的可能架构。准备冗余的控制通道负担有所不同。由于需要准备额外的硬件，额外的通道花费更大，且由于通道数增加可靠性更低。得益于现代电子/航空电子技术的帮助，随着时间的发展，航电技术在航空概念中的使用正越来越可靠，越来越坚固。但遗憾的是，成本和研制风险并未同量减少。

在航空航天团体中，冗余的差别从单通道至四重通道不等，显然，实用中采用何种等级的冗余是有限制的。在实践中，四余度实现仅用于特定的军事领域中。

下述列出了主要的待选架构和实现，尽管在特定实现时会有相当的细微差别。

10.6.1 架构可选项

列出的主要架构包括：
- 单余度（图10.4）；
- 双余度（图10.4）；
- 双/双余度（图10.5）；
- 三余度（图10.6）；
- 四余度（图10.6）。

下面对每种架构举例说明，调查、研究各种失效的推论。选择哪一个架构需要用先前提及的设计工具进行严格的检验。这些技术分析每飞行小时的风险，对应选择冗余的等级。

1. 单余度架构

飞机内的很多控制系统都相对简单，且其功能丧失不会造成很大的后果。这样的系统一般设计为关于传感器和控制的单通道形式，一旦出现失效，控制功能就会丧失。失效可通过连续或间断的机内测试（BIT）功能进行检测。BIT并不完美，但是根据惯例经验BIT的有效性在90%~95%。有一种可能性是将控制系统恢复为一个已知的安全值或状态，并仍有某些有限的控制能力。

控制本质：失效到安全值。

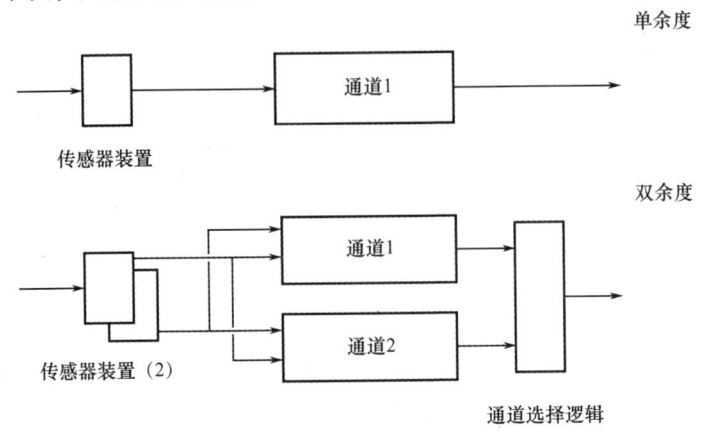

图10.4 单余度及双余度架构

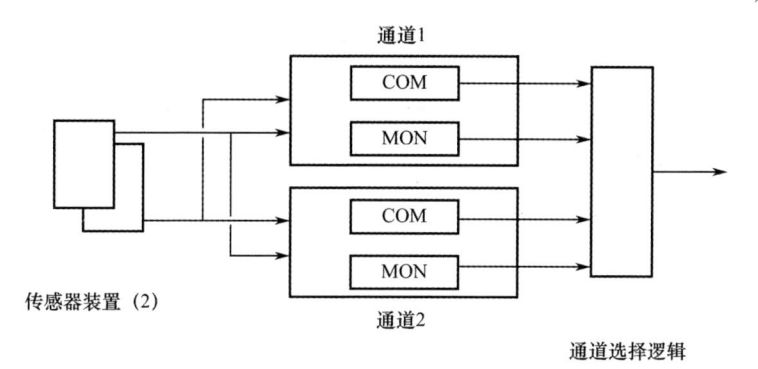

图 10.5 双/双余度架构

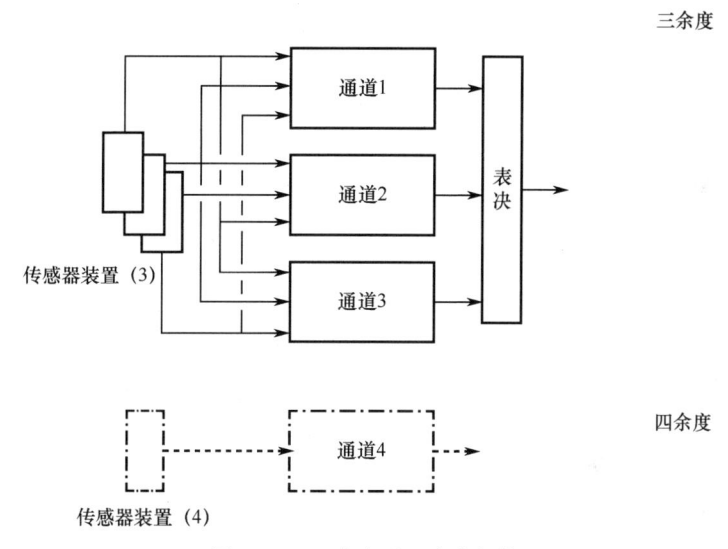

图 10.6 三余度及四余度架构

2. 双余度架构

对于更复杂的系统,可能更适合用双通道实现。有两套完全一样的传感器装置和控制通道,若一个传感器或一个控制通道失效时,仍有另一个通道可用。这种架构应用通道控制逻辑,选择控制对应的通道。在处理后,采用交叉监视器比较两个通道的输出。这种方法提供了接近 100% 的覆盖率。其优点是:当一个通道失效后,尽管其安全间隔减少了,但系统仍可继续以单通道模式工作。

这种系统的缺点是:由于通道是相同的,需要采用其他方法确定哪个通道有故障,如采用通道 BIT 或操作员干预。

控制本质:失效安全。

3. 双/双余度架构

更加复杂的布局是采用双/双架构,这种架构通常实现为 COM/MON 方式,即每个通道内有一个指令(COM)和一个监视器(MON)通路。指令通路用于控制,监视通路用于检查指令元器件的正确功能。指令和监视通路在实现上可以相似,也可以不同。这种布局一般会有相关的交叉监视功能。一个弱点是交叉监视功能允许监视通路仲裁,指令通道是否失效,可能自身会经受失效。在这种情况下,即使指令和监视通路自身完全可用,这一通道也会失效。

这种结构非常通用,被广泛应用于民用团体中,用于主要公用系统的控制和全权限数字发动机控制(FADEC)应用。

控制本质:

失效可工作;

失效安全。

4. 三余度架构

更高等级的完整性需要有更高等级的冗余——三余度。三余度架构具有三套独立的传感器和控制器。这种设备判断故障靠表决器/检测器测试并比较三个通道的输出实现,如果一个通道的输出与其他通道输出有异,则此通道不能再参与工作。

控制本质:

失效可工作;

失效安全。

5. 四余度架构

在极端的设计情况下,可采用图示的四余度传感器和控制通道。这种架构一般应用于静不定以及只有使用高度冗余飞行控制才能支撑飞机飞行的情况下。这种类型的架构案例有欧洲"台风"战斗机和格鲁门公司的 B - 2 "幽灵"隐身轰炸机。

在首个故障后,系统降级为三余度。在第二个故障后,系统降级为双余度。在作战使用时,台风战斗机飞行员在出现第一个失效后可以继续执行任务,但在出现第二个失效时,系统会建议飞行员提早结束任务,并在首个方便的时机着陆。

控制本质:

失效可工作;

失效可工作;

失效安全。

10.6.2 系统实例

如前所述,所应用的架构与系统要求规定的完整性等级相关。下面给出两个案例：
- 一个是基于主要系统后果的系统案例（图10.7）；
- 另一个是基于飞行关键事件的案例（图10.8）。

要求

严重性	可能性	要求（每飞行小时）
灾难	极不可能	少于1×10^{-9}
危险	极小	少于1×10^{-7}
主要	微小	少于1×10^{-5}
次要	理论上不可能	少于1×10^{-3}

架构

通道数	单通路失效	全通路失效
1	$P=1\times10^{-3}$	$P=1\times10^{-3}$
2	$2P=2\times10^{-3}$	$P^2=1\times10^{-6}$
3	$3P=3\times10^{-3}$	$P^3=1\times10^{-9}$
4	$4P=4\times10^{-3}$	$P^4=1\times10^{-12}$

图10.7　主要系统事件概率

要求

严重性	可能性	要求（每飞行小时）
灾难	极不可能	少于1×10^{-9}
危险	极小	少于1×10^{-7}
主要	微小	少于1×10^{-5}
次要	理论上不可能	少于1×10^{-3}

架构

通道数	单通路失效	全通路失效
1	$P=1\times10^{-3}$	$P=1\times10^{-3}$
2	$2P=2\times10^{-3}$	$P^2=1\times10^{-6}$
3	$3P=3\times10^{-3}$	$P^3=1\times10^{-9}$
4	$4P=4\times10^{-3}$	$P^4=1\times10^{-12}$

图10.8　飞行关键事件概率

1. 主要的系统事件

主要的系统事件指的是一类很少发生，但会对飞行机组和乘客产生显著影响又不至于造成伤害的事件。其典型案例如飞机增压失效，会要求启动应急下降高度程序。一旦成功执行后，乘客和飞行机组就安全了。

这样的系统一般采用双/双架构，以确保满足1×10^{-5}/飞行小时的要求。

2. 飞行关键事件

典型的飞行安全关键事件如飞机飞行控制丧失，又称为灾难性事件。在这种情况下，会导致机毁人亡。

对于飞行安全关键事件的分析结果比主要的系统事件要求更高,为满足 1×10^{-9}/飞行小时的要求,一般要求采用三余度架构。

增加备份通道会增加系统的成本。活跃通道数越多,系统的成本越高,可靠性越低。实际上,当飞机允许带故起飞时,提供额外的硬件会改善飞机的派遣性能。

为评估系统所能达到的完整性等级,通常进行图 10.9 所示的概率分析。

- 构成通道或通路的串联连接元器件,其失效率是各元器件失效率之和。
- 并联的元件失效率为各自失效概率的乘积,系统要彻底失效,所有并连元器件都必须失效。

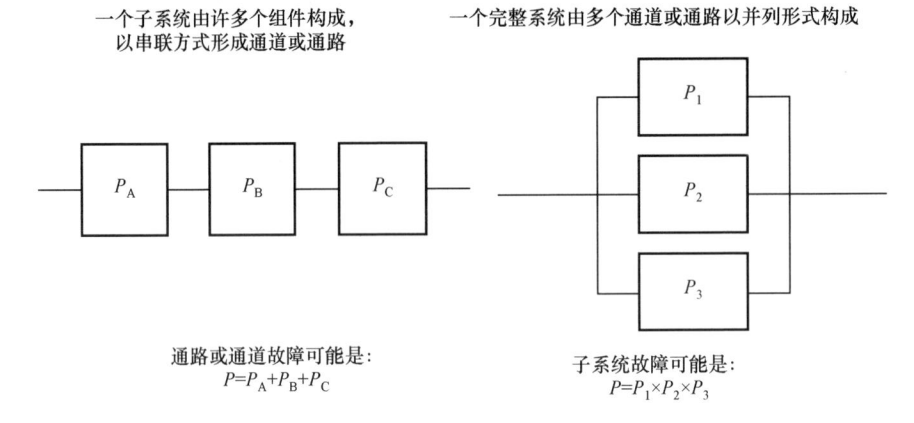

一个子系统由许多个组件构成,以串联方式形成通道或通路

一个完整系统由多个通道或通路以并列形式构成

通路或通道故障可能是:
$P = P_A + P_B + P_C$

子系统故障可能是:
$P = P_1 \times P_2 \times P_3$

图 10.9 概率分析

到目前为止,上述还主要集中在控制功能的丧失上。诸如飞行控制之类的系统也需要液压和电气系统才能使其起作用。在图 10.10 所示的案例中,液压功率源主要有如下方式获得:

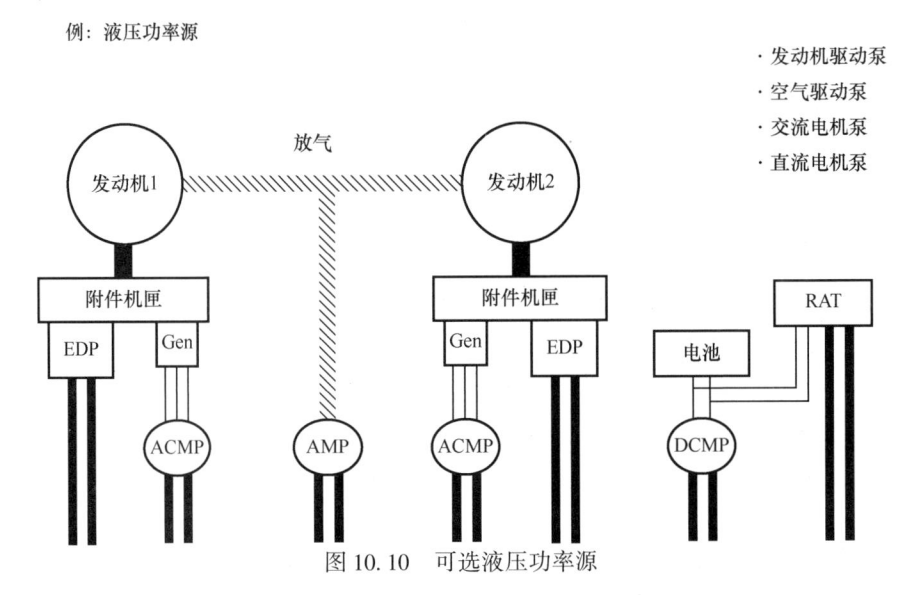

例:液压功率源

· 发动机驱动泵
· 空气驱动泵
· 交流电机泵
· 直流电机泵

图 10.10 可选液压功率源

192

- 发动机驱动泵（EDP）；
- 使用放气空气的空气驱动泵（ADP）；
- 交流电驱动泵（ACMP）；
- 直流电机泵（DCMP）；
- 冲压空气涡轮（RAT）或甚至可用电池驱动。

10.7　飞机系统集成

飞机系统对于现代民航客机正确发挥作用有重要贡献。本节选择下述系统为例进行介绍。

- 发动机控制系统——在最近的飞机上使用全权限数字发动机控制系统（FADEC）。
- 飞行控制系统——更多的是用电传飞行操纵（FBW）系统。
- 姿态系统——检测飞机的俯仰、翻滚和偏航等姿态的运动。
- 大气数据系统——提供飞机通过空气的空速、高度等运动信息。
- 电气系统——为系统计算机提供电源。
- 液压系统——给作动筒提供液压动力，使飞行员能够操纵飞机。

以上系统都是飞机飞行所需要的，如图10.11所示。

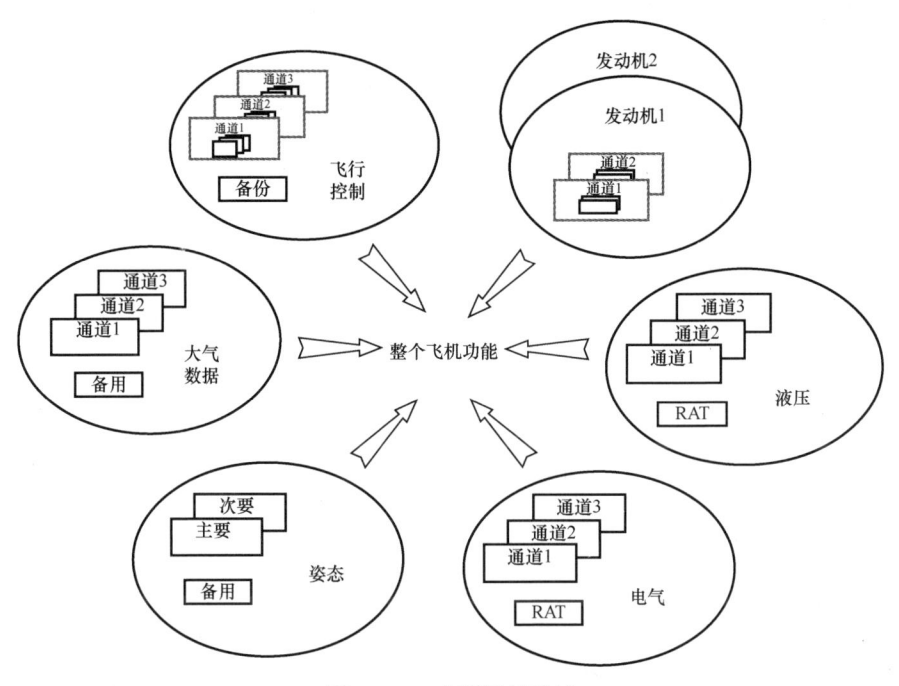

图10.11　主要飞机系统

所有这些系统都对飞机功能起重要作用。任意一个系统彻底损坏，将会否定其他系统的正确工作。因此，就像都对飞机功能有贡献一样，这些系统是相互依存的，如图 10.12 所示。

若飞机没有运动动力或推进系统使其加速至飞行速度，飞行控制系统是毫无作用的。没有电激活飞行控制计算机或没有液压功率为作动筒提供液压源，飞行控制系统无法工作。没有飞机高度和大气数据信息，飞行机组不可能在飞行包线内安全驾驶飞机，也不能确定飞机航行的方向。此外，要使飞行控制和发动机系统控制律正确执行，要求提供通过飞机的大气相关数据。因此，即使这种描述很简单，也说明了飞机系统之间的相互作用是多么重要。还有其他的系统，如燃油系统、驾驶舱显示以及航电系统都是同等重要的，后续还会介绍其中的一些系统。

这些系统每个的开发都需要满足高等级完整性。对介绍的任一系统，其系统的整个灾难性失效会导致飞机损毁，所有系统都需要根据上述列出的最高设计保证等级研制。随着这些系统的发展，各自都开发了适用于自己的架构，认证管理机构如美国联邦航空管理局（FAA）或欧洲航空安全管理局（EASA）认为这些架构适合用于满足苛刻的系统完整性要求。

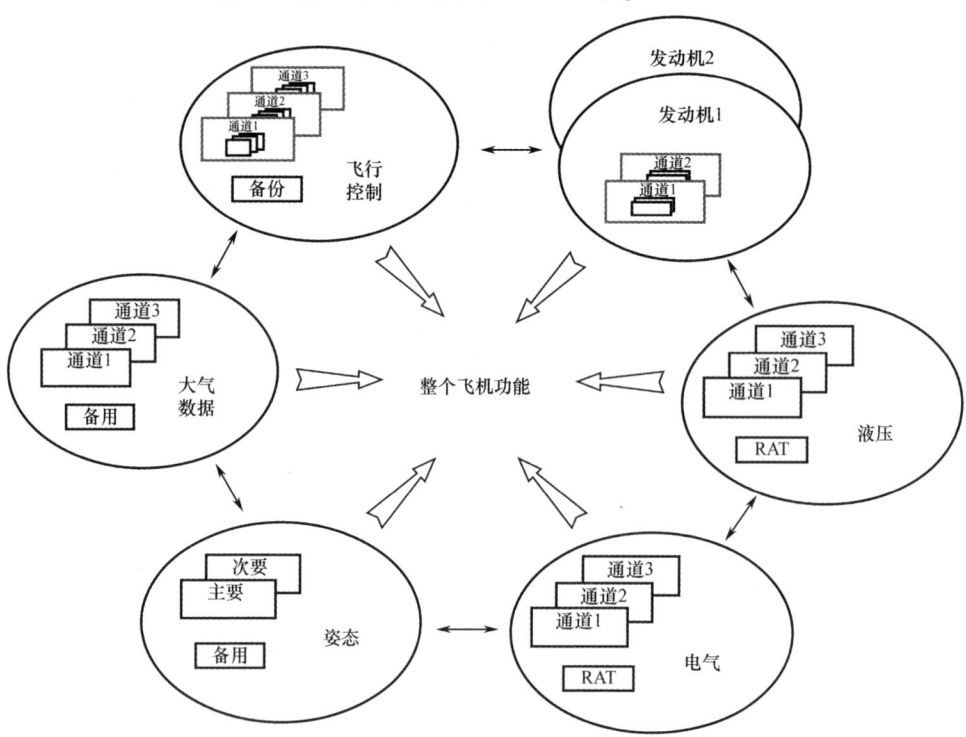

图 10.12 对整个飞机功能的贡献及相互依存关系

下面按次序对民用飞机的每种系统进行研究，识别了每种系统预期的典型架构：
- 发动机控制系统；
- 飞行控制系统；
- 姿态测量系统；
- 大气数据系统；
- 电源系统；
- 液压功率系统。

由于对于多数飞机，这些系统的工作原理和冗余等级是类似的——有效代表了工业领域对于通用设计陈述的回应，这里不讨论特殊的实现。本章的主要问题是从顶层视角审视这些系统。与特定飞机或技术援助相关的更详细系统架构，需要参考文献［1，2］。

参考文献［6，7］是航空推荐实践（ARP）标准，可在系统设计过程中应用。这些不是强制的，但是其包含了不可或缺的建议，若系统设计师选择忽视这些内容，则在其系统认证时可能会遇到很大的困难。

10.7.1 发动机控制系统

很多现代飞机都配装两台发动机，对于短程、中程和远程飞机而言，这也是通用的推进系统构型。图10.13所示是假定配装两台涡轮风扇发动机的推进系统。现代涡轮风扇发动机通常由发动机电子控制器（EEC）控制，更准确来说是全权限数字发动机电子控制器（FADEC），每台发动机上装一个，并控制该台发动机。

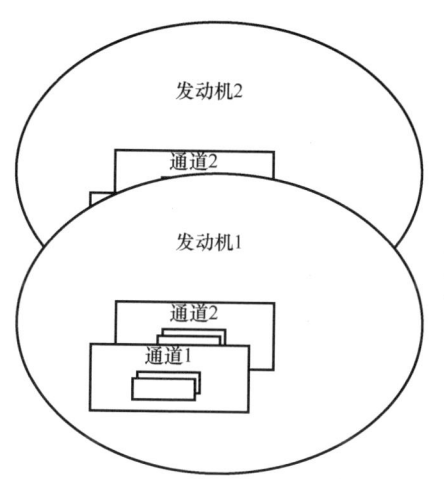

图 10.13 发动机控制系统

FADEC 架构通常由两个相同的通道（通道 A 和通道 B）组成。每一个通道都能完全控制发动机。每一个通道由控制通路和监视通路两部分组成。控制通路对发动机进行控制，监视通路对控制通路进行监视，以保证控制通路的控制是正常的。当控制通路出现失效时，控制即转到另一个通道，这个通道仍然具有完全起作用的控制通路和监视通路对。

每一个FADEC通道（控制和监视通路）独立供电。电源由一个小型专用发电机，称为永磁体交流发电机（PMA）供电。其位置在发动机上，且由附件机匣直接驱动。因此，每个FADEC控制和监视通路都由发动机导出的专用电源供电。这使得FADEC正确工作时不依赖于飞机的电源系统且不会间断。这一特征使得FADEC可在飞机电源系统完全失效的情况下仍可独立工作。为完全执行发动机的控制规律，FADEC需要从飞机大气数据系统获取大气数据。

在某些情况下，在单个监视通路而不是控制通路不起作用时，可派遣飞机执行一定周期的任务。这是因为风险评估已证实，在监视回路丧失的有限时间内，飞机上发动机4个控制通道丧失一个在短期内是可接受的，这使得飞机可以转场到维修基地进行维修。

10.7.2 飞行控制系统

每个飞机制造厂采用的基本原理可能不同，但多数电传操纵系统的各种计算通道都采用多冗余通路。图10.14所示是波音777飞机控制系统采用的三/三余度架构。空中客车也已采用了一种多余度架构，在俯仰、翻滚和偏转应用5个独立的指令/监视通道。通过内嵌冗余，通常可在数个通路不能正常工作的情况下，安全派遣飞机；更精确的细节取决于飞机型号、系统架构和预期航班的持续时间。

在全部电传操纵系统的计算均失效情况下，通常可用直接的电连杆模式操纵飞机作为应急备用。在现在多数电传操纵系统中，即使这种模式也失效，还可以采用直接的机械连杆进行俯仰和偏转操纵。

为执行控制规律，飞行控制计算机需要从飞机姿态测量系统和大气数据系统获得信息。系统计算机需要供电，多数飞行控制系统作动筒需要有液压源。

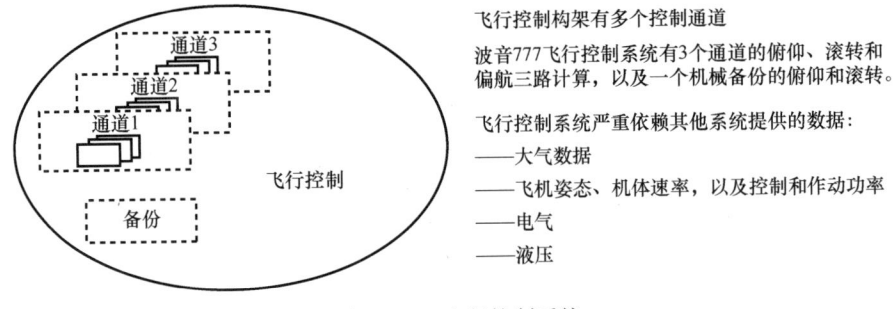

飞行控制构架有多个控制通道

波音777飞行控制系统有3个通道的俯仰、滚转和偏航三路计算，以及一个机械备份的俯仰和滚转。

飞行控制系统严重依赖其他系统提供的数据：
——大气数据
——飞机姿态、机体速率，以及控制和作动功率
——电气
——液压

图10.14 飞行控制系统

10.7.3 姿态测量系统

为了安全飞行，飞机需要俯仰、翻滚和偏转姿态信息（图10.15），要求姿态系统将俯仰和翻滚信息显示在主飞行显示屏（PFD），并把偏转/航向信息显示在导航显示屏（ND）上。这些是主驾驶和副驾驶飞行仪表系统的一部分。

此外，电传操纵系统和自动驾驶系统还需要与飞机运动有关的三轴速度和加速度数据。通常，飞机的姿态系统有主系统、副系统和某种形式的备用系统。准确的实现取决于系统的架构和应用的技术。在多数飞机上，惯性参考系统（IRS）是主姿态数据源，而备用的姿态和航向参考系统（AHARS）则是姿态信息的替代源。

近年来，使用微惯性传感器装置和封装改进技术研制的两个小型ATI仪表，可提供综合的备用仪表系统（ISIS），可在主副源不可用的情况下向飞行员提供独立的姿态信息源。

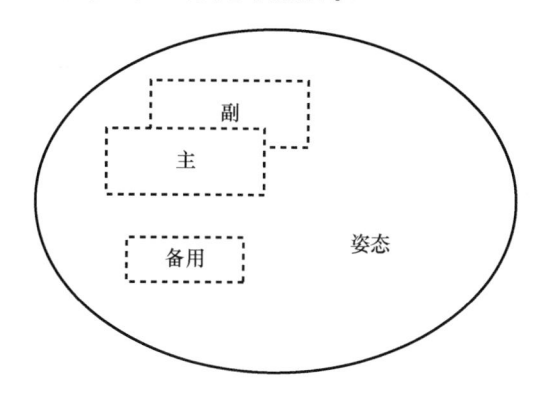

飞机需要多个姿态信息源，提供给飞行员用于姿态引导，并保障多个子系统的需要。

通常提供主、副及备份3个姿态信息源：

—姿态主信息源——INS或ADIRS
—姿态副信息源——AHARS
—单独备份装置提供的姿态备用信息源

图10.15 姿态测量系统

10.7.4 大气数据系统

飞机通过大气时的速度、高度大气数据是至关重要的（图10.16）。组合用皮托和静压探针传感当飞机通过大气时的总压和静压。以这种最简单的方式，可以分别得到空速、高度、爬升率和下降率的信息。此外，借助于大气总温探针、气流方向探测器等其他传感器可以得到更多的有用数据。通过使用数字计算能力，大气数据计算机（ADC）或大气数据模块（ADM）还能计算得到指示空速（IAS）、真实空速（TAS）、马赫数等其他更有用的参数。

鉴于大气数据的关键度等级，大气数据通常有3个独立通道和1个备用通道。在过去，备用通道由专门的小型备用仪表构成，其输入来自各自的皮托——静压系统。在综合备用仪表系统问世之后，可采用两个多功能固态备用仪表替代原有的 3 个专用机械仪表。备用仪表数量的减少部分是由于改成固态仪表后比传统仪表的可靠性有提高，也是由于新型仪表的多功能显示能力。

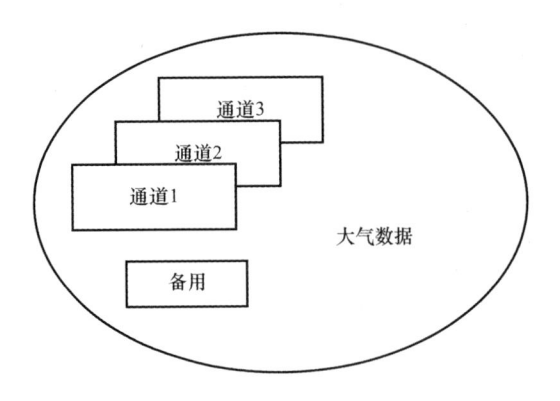

大气数据的完好性对于安全飞行至关重要。
ADC 或 ADM 提供三冗余空速及静态大气数据信息源。
将基本的空速及静态大气压力经计算转换为更多的有价值参数，如 IAS、TAS、马赫数、气压高度等。大气数据广泛应用于多个飞机系统。

备份数据提供给备用系统。

图 10.16　大气数据系统

10.7.5　电源系统

正如早前提到的，电源系统是一个关键系统（图 10.17）。多数（即使不是全部）飞机系统需要由电源提供 115V 3 相交流电，或由变流器（TRU）得到 28V 直流电。

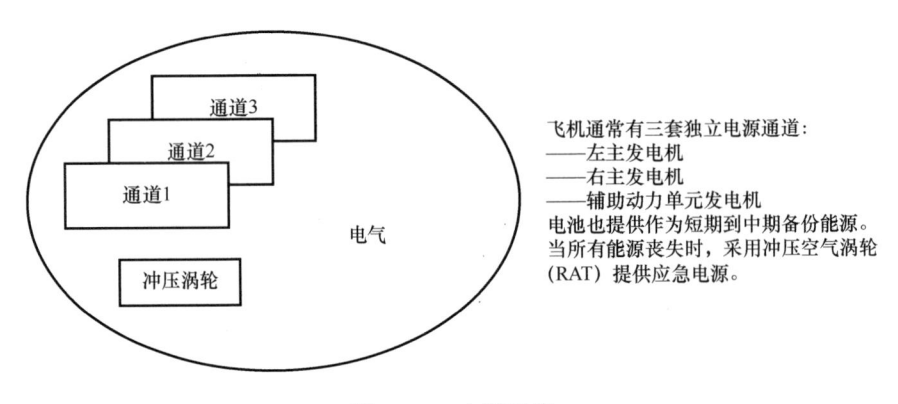

飞机通常有三套独立电源通道：
——左主发电机
——右主发电机
——辅助动力单元发电机
电池也提供作为短期到中期备份能源。
当所有能源丧失时，采用冲压空气涡轮（RAT）提供应急电源。

图 10.17　电源系统

通常应用的发电构型是采用 3 个发电机，每个发电机由 1 台发动机驱动，第 3 个则由飞机的辅助动力装置（APU）驱动。安装 APU 的本来目的是在飞机起飞前提供中等压力的气压和电源。APU 也可以作为启动飞机发动机的压缩气源。在现役的很多构型中，在空中启动 APU，可以作为第 3 个发电电源使用。在某些系统中，APU 可以在超过 30000 英尺巡航高度上启动，另外一些则需将飞机降低到20000英尺左右的中等飞行高度，以使 APU 处于在启动包线范围内。还有的 APU 系统在扩展的双工作（ETOPS）构型运行时，可在巡航状态下连续工作如波音737等双发飞机离开转场机场工作60min以上。ETOPS 工作的一些特殊考虑因素，可参考文献［8］。

由于电源系统的重要性，需要进一步提供备份电源系统。在小型飞机上，当主和副电源均出故障的情况下，可以根据飞机量身定制电池，提供短期内（最多30min）使用的足够电能。还有一些飞机使用冲压空气涡轮（RAT）为飞机提供应急电源。RAT 是空气驱动涡轮，正常情况下装在飞机机身内。当需要时，将其放出到气流中，气流冲击涡轮旋转，带动一个小的嵌入式发电机发电。一旦 RAT 启用，在空中不能复原，只能在飞机着陆后，由维护人员进行重置。下面将看到，RAT 也可作为应急液压源使用。

10.7.6 液压功率系统

前面已提到液压源是给飞行控制及其他液压系统提供液压的（图10.18）。通常液压源来自于发动机驱动的泵（EDP），这些泵固定在发动机附件机匣上。但是，液压泵也可直接由交流或直流电机驱动。在波音宽体飞机 747/767/777 上，一些液压泵是由空气驱动的。采用这些不同方法获得液压源的原因是为了得到额外的隔离和冗余等级，并满足不同系统的要求条件（流量）。

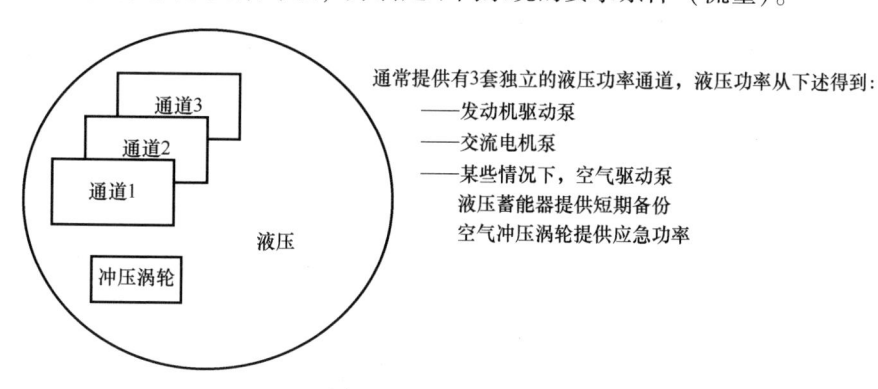

图 10.18 液压能源系统

一般典型飞机都有3套独立的液压系统，可由发动机驱动泵、电驱动泵和空气驱动泵及其组合而成。这些系统是隔离的，当主系统失效时，诸如一套液压系统完全失去液压流体时，不会影响到另外的液压系统。一些系统使用功率传输单元（PTU），将能量从一个系统传递到另一个，但与此同时，在它们之间保持了隔离。

如上所述，还有一种液压源，由冲压空气涡轮（RAT）驱动专门的液压泵，可以在应急条件下，提供短时间的液压。

10.8 航电系统集成

前面已经讨论了一些飞机系统，但在现代飞机上，航电系统也是同等重要的。就像前面描述的一样，航电系统的重要性就像飞机的大脑，帮助机组人员精确、安全地通过繁忙的空域。

航电系统的关键要素如图10.19所示，有4个主要功能部件：

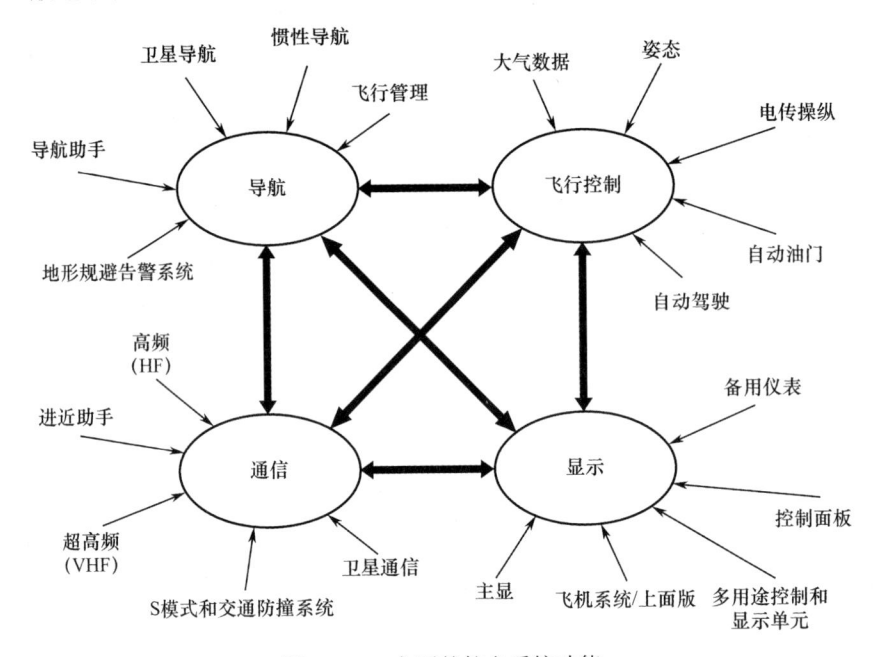

图 10.19　主要的航电系统功能

- 导航。飞行管理、惯性导航、卫星导航、导航助手和地形规避告警系统（TAWS）。
- 飞行控制。大气数据、姿态系统、电传操纵系统、自动驾驶和自动油门。
- 通信。高频（HF）、进近助手、甚高频（VHF）、S模式和交通防撞系统（TCAS）及卫星通信（SATCOM）。
- 显示。主屏显包括提供飞行信息的EFIS、提供系统概况和状态显示的EICAS/ECAM，飞机系统上部面板，多用途控制和显示单元（MPDCUs），设备控制面板和备用仪表。

这些功能之间以及与前面介绍的飞机系统间有重要的交互。

一些系统之间的交互可以简洁地描述为一系列的嵌套控制回路，另外之间的交互则更微妙。

图 10.20 所示是电传操纵系统、自动驾驶和飞行管理系统（FMS）之间的交互。

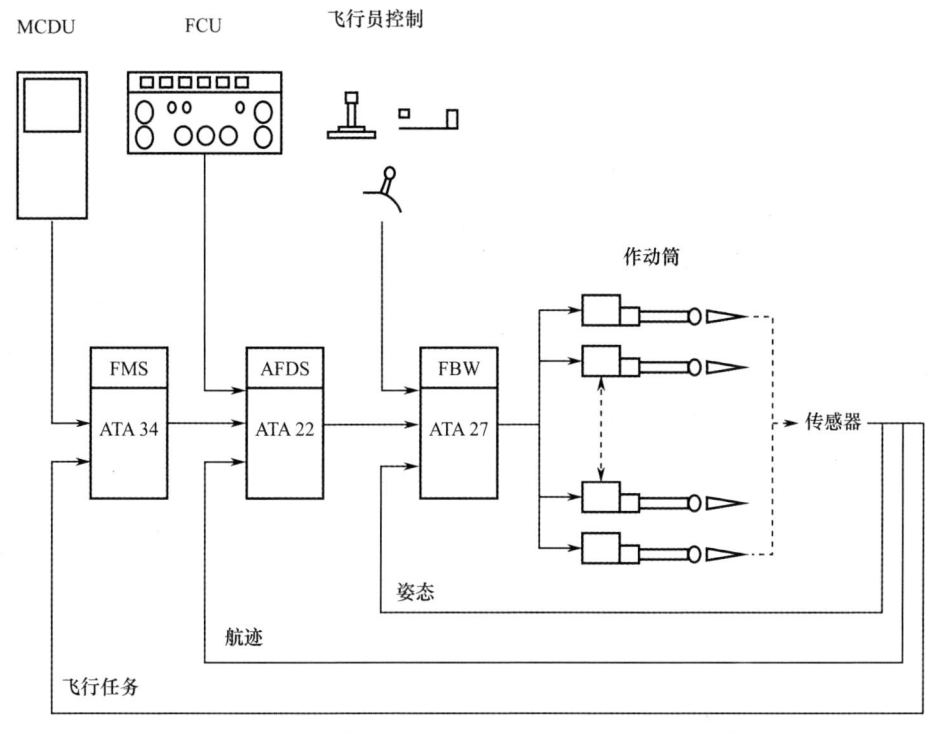

图 10.20　电传操纵、自动驾驶和飞行管理系统间的内部关系

这些控制回路，从内侧最简单的开始向外到最复杂的分别如下。

主飞行控制——ATA 27 章：用于控制飞机姿态。输入从飞行员控制指令经电传操纵系统控制计算机进入飞行控制作动筒，改变飞机的姿态以响应飞行员的控制指令。飞机动力学和姿态传感器将结果通过目视或者 EFIS 显示屏反馈给飞行员。

自动驾驶——ATA 22 章：一旦使用自动驾驶，则飞机由另一个控制回路控制飞机的航迹。通过选择速度、高度和航向等数据，导航和进近辅助飞行员在飞行中精确管理飞机航迹，大大减少了飞行员的工作负荷。自动驾驶控制实现通过使用飞行控制单元（FCU）或位于驾驶舱遮光板的模式控制面板实现。

飞行管理系统——ATA 34 章：飞行管理系统高效地帮助机组人员完成飞机任务。对于民航客机，这涉及执行出发和到达程序，并在飞机从出发地机场到目的地机场的飞行中，通过飞机的导航经过一系列航路点。飞行机组与飞行管理计算机的主接口是多用途控制和显示单元（MCDU），在驾驶舱中有 3 个这种单元。

应当承认，要把所有这些系统整个规范协调起来，是一个巨大的任务，其中包括不同时间尺度不同技术基准产生的各种设备。使用为工业领域导出的一系列设备和技术规范解决了这一问题，并在世界范围内得到了广泛应用。这些规范由美国的航空无线电协会（ARINC）控制。在本书写作时已有规范的级联关系如图 10.21 所示。

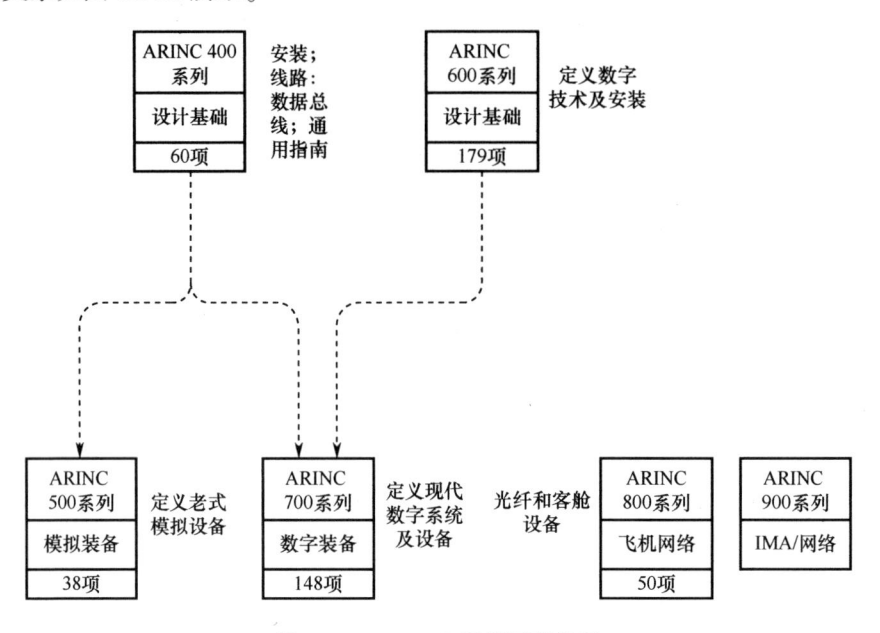

图 10.21 ARINC 规范级联关系

一共有 6 个系列的 ARINC 规范。

- ARINC 400 系列。这些是设计基础，与最早的航电规范相关。在这个系列中，典型的是 ARINC 429 和 ARINC 404A。ARINC 429 是第一个民用串行航电数据总线。ARINC 404A 是早期的封装标准。现在 ARINC 400 系列里仍有 21 个规范仍在使用。

- ARINC 500 系列。随着电子器件在飞机装备的使用越来越多，一系列规范用于处置更老的飞机上（经典机型）的模拟式设备，如 DC-9、MD-10、A300 和早期的波音 737 及 747 飞机。典型案例包括 ARINC 578 和 579 分别用于定义仪表着陆系统（ILS）和甚高频全向无线电信标设备（VOR）的特征参数。这一系列的 21 个规范仍在使用。

- ARINC 600 系列。当民用飞机上数字电路应用成规模变得清晰后，这一系列也成为了规定使能数字技术的载体。例如，ARINC 629 定义了 2Mb/s 的数字电子数据总线并在波音 777 上使用，ARINC 600 在早期的 ARINC 404A 标准以外规定了先进的封装技术。ARINC 600 系列约有 70 个规范在使用。

- ARINC 700 系列。为了定义新一代数字飞机上使用的新型数字设备，发展出了 ARINC 700 系列。典型案例包括 ARINC 708 用于数字气象雷达，ARINC 755 用于多模式接收机（MMR），其在同一单元中合并了 GPS、ILS 和其他的射频接收机。ARINC 700 系列现有 66 个规范正在使用。但是毋庸置疑，对于新型和新兴设备的规范正在以草稿形式发展，关于这些规范的细节可参考 ARINC 网站[9]。

- ARINC 800 系列。规范和报告定义了支撑网络化飞机环境的使能技术。这一系列的涵盖的主题是高速数据总线中使用的光纤，如 A802-1 光纤电缆、A808-1 客舱分布系统。
- ARINC 900 系列。在集成模块化和/或网络化结构中定义航电系统的 ARINC 特征参数，包括详细的功能和接口定义。

参考文献

[1] Moir. I. and Seabridge, A. G. (2001) *Aircraft Systems*; *Mechanical, Electrical and Avionics Subsystems Integration*, Professional Engineering Publications/American Institute of Aeronautics and Astronautics. ISBN 1-86058-289-3.

[2] Moir, I. and Seabridge, A. G. (2003) *Civil Avionics Systems*, Professional Engineering Publications/American Institute of Aeronautics and Astronautics ISBN 1-86058-342-3.

[3] ATA-100, ATA Specification for Manufacturer's Technical Data.

[4] RTCA DO-178B, Software Considerations in Airborne Systems and Equipment Certification.

[5] RTCA DO-254, Design Assurance Guidelines for Airborne Electronic Hardware.

[6] SAE ARP 4754, Certification Considerations for Highly-Integrated or Complex Aircraft Systems, Society of Automobile Engineers Inc.

[7] SAE ARP 4761, Guidelines and Methods for Conducting the Safety Assessment Process on Civil Airborne Systems, Society of Automobile Engineers Inc.

[8] Advisory Circular AC 120-42B, Extended Oprations (ETOPS and Polar). Federal Aviation Authority, 13 June 2008.

[9] ARINC Catalog-www. arinc. com/cgi-bin/store/arinc, accessed April 2012.

第 11 章 功率系统

11.1 引 言

为操纵飞机提供功率的飞机系统是至关重要的。

- 电气系统产生交流电,输入配电系统,为飞机上所有的高低功率电负荷供电。多数飞机有三路电源。
- 液压系统产生高压液压流体为飞机周围的各种作动筒提供功率:飞行控制、起落架、刹车、门等。典型的民用运输飞机有 3 个液压功率通道。

与电源及液压源系统相关的架构和设计带来了很多问题,包括热传递和废热散热。这就是这些问题的性质,而本章用一些简单的模型来帮助理解并量化散热的规模。然而,这些模型并不是对每个飞行阶段来说都正确,它们只是用来帮助读者了解一下功率等级及相关的功率耗散。

11.2 电气系统

尽管对比方法间会有一些细微差别,双发动机客机如波音 737 或空客 320 家族的典型电源系统架构如图 11.1 所示。

交流电源架构的主要属性有以下几种。

- 每台发动机安装一个主交流发电机,向左右主交流电总线提供 115V 恒频三相交流电。在很多飞机上,这些发电机的额定功率为 90kV·A。
- 在地面保养操作时,辅助动力单元(APU)也可提供 115V 恒频三相交流电源。飞行期间,当其中一个主交流发电机失效时,可由其提供额外的功率。在这种情况下,必须要采取额外的安全保证措施确保 APU 在 350~450FL(飞行高度层,简称 FL,即 35000 英尺到 45000 英尺)巡航高度处可启动并可运行延长的时间段。APU 的额定功率也可为 90kV·A。

Design and Development of Aircraft Systems, Second Edition. Ian Moir and Allan Seabridge.
© 2013 John Wiley & Sons, Ltd. Published 2013 by John Wiley& Sons, Ltd.

- 在地面上，飞机上有地面电源连接，提供外部的电源。为了简化起见，图中没有显示。
- 在一些飞机上，还配备有冲压空气涡轮（RAT）应急电源，以应对突发状况。飞机的多数高功率负载都是交流电供电。

飞机的交流电源经过一系列变压整流单元（TRU）的转换，可提供名义上的28V直流电源：案例所示的直流电源由下述提供。

- TRU1——左交流到直流变换器。
- TRU2——右交流到直流变换器。
- 电池充电器提供用于飞机电池的充电。

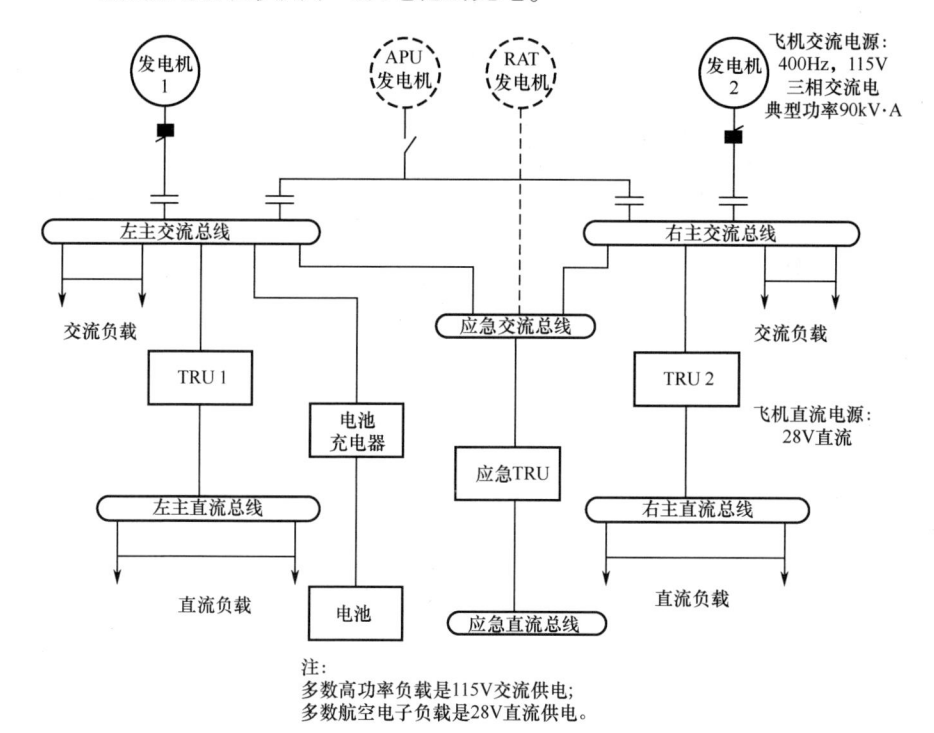

图 11.1 典型飞机电气系统

在一些架构中，也包含一个应急 TRU 提供应急直流电源。

TRU1 和 TRU2 提供的电源分别输入到左右主飞机直流电源总线中。在特定的军用飞机上，直流电功率水平一般是经过稳压处理的，换句话说，无论 TRU 传递的功率有多少，直流输出电压总会保持在28V。在军用平台上，这是很常见的，因为灵敏的任务电子器件包需要稳定的电源供电。在多数民用飞机上，TRU 并不需要稳压功能，从而当负载增加时，电压会下降，但这样的解决方案更经济更可靠。

飞机上的多数低功率负载是直流电供电，飞机上约有90%的负载是直流供电负载。

对于典型双发飞机的简述，前述描述已足够了。但是，特别是在空客A380、A350和波音787飞机等新一代民用飞机中，还有其他的电源系统架构。这些差异的原因是多种多样的，一些更高级的架构在参考文献[1]进行了更详尽的介绍。本节以B787为例详细介绍多电飞机的电源系统。

围绕电气系统的设计问题范围很广泛，包括系统架构、与大功率电源分配相关问题以及别处介绍的电气布线问题的物理本质。

11.3 配电系统

在介绍一些伴随电源系统实现时出现的一些详细设计问题之前，有必要了解飞机配电系统的基本特性。在某些方面，飞机电源系统与一个小型村庄或社区的供电系统并没什么不同之处。但是，飞机上的运行环境更加恶劣，且电源系统是高完整性系统，需要多层冗余满足这些要求。

图11.2是一个从顶（发电机）到底（副配电）的电气系统通道简化图。关键要素如下：

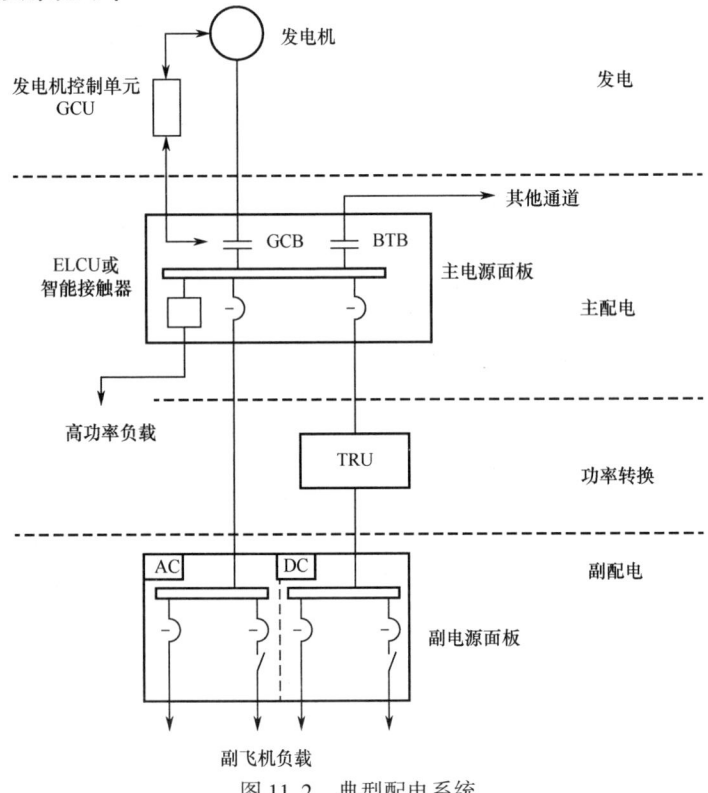

图11.2 典型配电系统

11.3.1 发电

飞机发电机将从飞机附件机匣得到的机械能转换成115V 三相400Hz 定频交流电源，然后将其配送给飞机主交流电源总线的汇流条。发电机控制单元（GCU）调节并控制发电机的输出为115V 交流电并在规定的限制值内。此外，GCU 执行一定数量的监督功能，确保施加在汇流条上的电源在精确的约束内：正确的相位旋转，过低或过高的电流及过低或过高的频率等。如果电源的品质满足要求时，GCU 关闭主电源控制板上的发电机控制断路器（GCB），电源施加至汇流条和飞机上。

11.3.2 主配电

主配电包含了所有从顶层配置电气系统必需的高功率开关。除了前面已提到的 GCB，也包含总线联络断路器（BTB），可以将电源系统从左到右交叉连接起来，还有连接 APU 的备用电源断路器（APB），以及连接外接交流电源的外接电源断路器（EPB）。

11.3.3 功率转换

在民用飞机上，通常是由 TRU 来进行功率转换，向飞机的直流总线汇流条提供未整流的直流电。

11.3.4 副配电

副配电负责配送电力，保护副交直流电源负载。在现代飞机上，通常由多个开关受保护的负载组成：
- 受保护负载由线路断路器（CB）提供保护
- 开关受保护的负载。除了有保护功能外，这些负载可由机组人员在飞行时根据需要控制其开关。在传统意义上，开关受保护负载可用继电器和断路器组合的方式实现相对低功率的直流负载可以用固态电源控制器（SSPC）控制，该控制器同时具有开关电路和保护的作用，但是比继电器和断路器组合的方法更灵活、更智能。SSPC 支持定义更智能的保护方案，且支持低等级数据总线与电源控制器主机接口

11.4 电气系统设计问题

设计将机械功率分输到主配电的电气系统引起了很多问题。在考虑整个系统的功率耗散之前，先对这些问题进行说明是有用的，如图 11.3 所示。

这些问题可以总结如下。

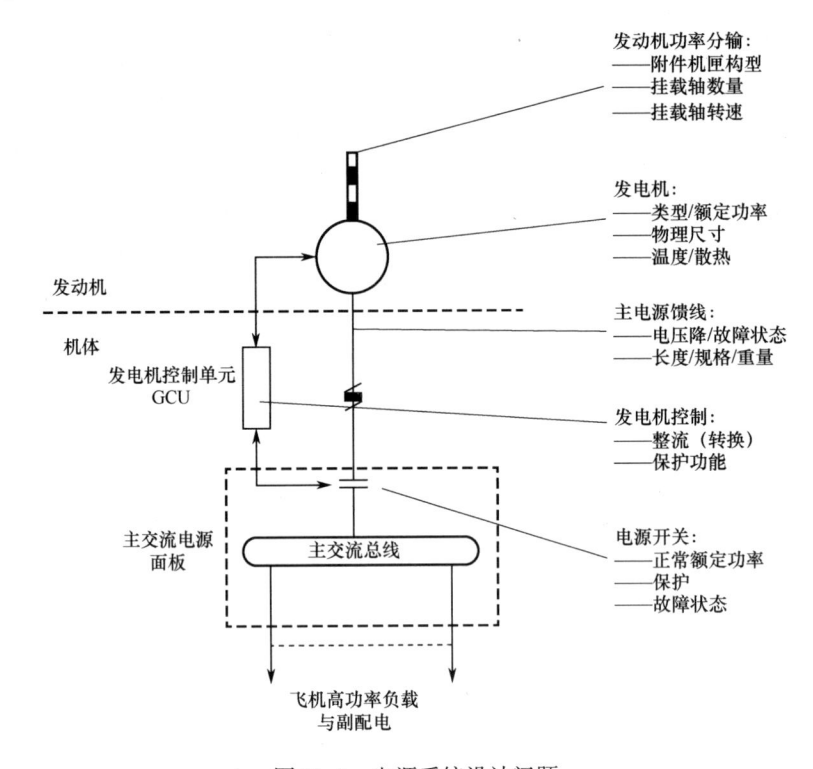

图 11.3 电源系统设计问题

11.4.1 发动机功率分输

在最简单的构型中，附件机匣上会安装多个固定机械装置的负载传动轴。在一些飞机上，会提供两个发电机，如庞巴迪全球快车（每个附件机匣 2×50 kV·A 发电机负载传动轴）、波音 787（每个附件机匣 2×250kV·A 发电机负载传动轴）。负载传动轴的速度取决于附件机匣输出轴和负载传动轴间的减速比。某些类型的发电机如变速恒频（VSCF）双向离子变频器相比于综合驱动发电机（IDG）来说需要更高的负载传动轴转速，因为前者会将高频电源整流成 400Hz 恒频电源。

11.4.2 发电机

发电机将机械能转换成电能并向飞机系统供电。发电机轴的转速随着发动机的转速范围变化；对典型的现代涡轮风扇发动机而言，转速在 50%（地面慢车）~100%（起飞）变化，大约 2∶1 的转速变化。多数今天在用的飞机使用综合驱动发电机（IDG），提供 115V 三相 400Hz 恒频交流电源。

为了适应发动机 2∶1 的转速变化范围，IDG 由两部分组成：保持到发电机的恒定轴速定速驱动装置（CSD）和发电机。因此，无论机组人员怎样控制发动机，随着发动机转速的变化，CSD 和发电机组合都提供恒频电源。

在近来的开发中，空客 A380、A350 和波音 787 都使用了变频发电机，即电源的频率随着发动机转速的变化而变化。总体来说，由于去掉了昂贵复杂的 CSD，变频发电机比 IDG 更经济更可靠，且变频解决方案效率更高，耗散更少的功率/热。对于高功率感应负载如电机，变频实现的确引入了显著的系统问题，且需要不得不解决。

发电机的容量用 kV·A（千伏安）表示。典型的双发飞机如波音 737 或 A320，通常，每通道会有额定功率 90kV·A 的发电机（总共 180kV·A）；A380 有四通道系统，每通道输出 150kV·A（总共 600kV·A）；波音 787 每通道有两个 250kV·A 的发电机，总共为飞机提供 1000kV·A 或 1MV·A 的电能（不考虑 APU 发电机）。为了散发可观的热负荷，发电机有一套完整的滑油系统，使用滑油/空气热交换器直接与每台发电机相连。这些热负荷是相当可观的。

11.4.3 电源馈线

主电源馈线将电能从发电机端传输到主飞机电源面板位于靠近主交流总线汇流条附近的整流点。关键问题是与主电源馈线有关的能量损失问题。

- 为使经过馈线后的电压降保持在可接受范围之内，通常会采用增加导线横截面积减小电阻的方式。但是，如飞机布线一节中所述，导线越粗越重——高功率馈线是飞机电缆重量的主要贡献者。
- 馈线损失取决于流经电流值的平方。若发电机电压加倍，则对于等功率传输来说，电流值会减半，馈线损失会减少到原来的 1/4。
- 因此，就需要认真权衡馈线的尺寸、重量和能量损耗以及发电机的供电电压。在波音 787 上，每通道上的发电机会发 500kV·A 的电能，解决方案就是将发电机的供电电压从每相 115V 提高到 230V，从而减少到了原来的 1/4 水平。

11.4.4 发电控制

发电机由专用的发电机控制单元（GCU）控制，执行包括稳压、监视和故障报警任务等很多功能：

- 稳压，将整流点的输出电压保持在规定范围内；
- 过电压保护；
- 欠电压保护；
- 过电流保护；
- 欠电流保护；
- 正确相旋转；
- 恒频系统中的超频和欠频；

• 检查电源品质，包括谐波成分。失真的电源波形不是标准的正弦波，如果超过可接受限制，可能会引起系统问题。

当 GCU 确定发电机发出的电源在可接受范围之内，就会闭合发电机控制断路器（GCB）。这时，发电机电源就会为飞机主交流总线汇流条和所有连接的设备供电。

11.4.5 电源开关

电源接触器是位于飞机电气设备内部主要部分的开关，这种开关当每相电流超过约 20A 时断开。电源接触器需要根据专门的规则设计，确保不出现电弧，也必须确定在闭合时不出现接触"反跳"。波音 777 上的主电路接触器在全载状态下会传送每相约 400A 的电流。

配置飞机电气系统的电源接触器由外部控制器控制。例如，GCB 是由 GCU 控制的。总线联络断路器（BTB）、外部电源接触器（EPC）和备用电源接触器（APC）则由另外的控制器控制——通常称为总线电源控制单元（BPCU）。

制造商必须对接触器进行大量的测试，以保证在其过流故障情况下仍能完成预定功能，这种情况在系统工作寿命期内是可能出现的。对于很少发生但后果很可怕的特定情况下，则意味着需要对接触器在 7~8 倍正常额定负载情况下进行测试。

11.5 液压系统

接下来介绍典型的液压系统。出于冗余的原因，现代运输机通常有 3 套液压系统。一些小型飞机例如商务机可能有 2 套，而其他的飞机则可能有 4 套。这取决于该平台上支持飞行控制系统的电功率和液压功率需求。

图 11.4 为一个两通道系统，通常会配备在双发动机飞机上。主要特性如下。

11.5.1 发动机传动泵

由发动机附件机匣驱动的发动机传动泵（EDP）将机械轴功率转换为系统工作压力的高压液压油。通常情况下，不同飞机的系统运行压力不同，民用飞机通常为 3000 psi，军用飞机如"阵风"、"台风"和 F-18 为 4000 psi，而空客 A380 和波音 787 飞机为 5000 psi。

多数发动机传动泵是旋转柱塞泵，在旋转的半圈从液压蓄油池抽油，在另一半圈则将高压油泵出。在收油池和泵之间有截止活门以允许系统被关闭。调节到合适系统运行压力的液压油，经过油滤和单向活门后就可输送到系统用户。

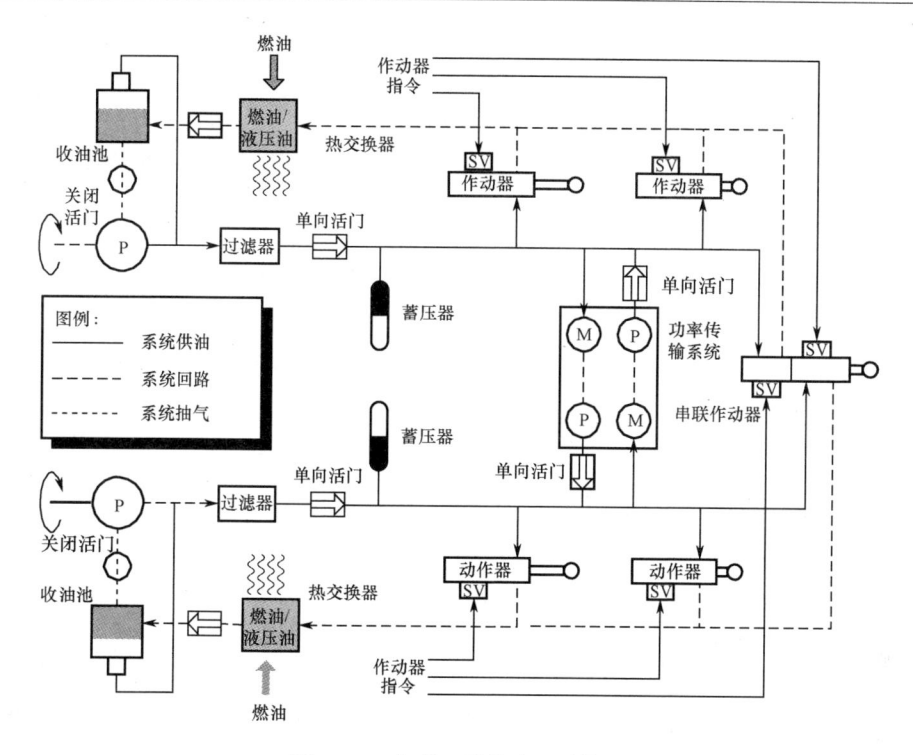

图 11.4 典型双通道液压系统

11.5.2 液压蓄压器

蓄压器位于输送管路（通常应用在军事上）上，主要有两个功能：
- 向液压系统提供额外的短期能量，在低速操纵、进场和着陆期间，当控制舵面液压要求量最大时，适应放起落架、放襟翼和缝翼以及速度刹车使用。很多民用飞机使用额外的电机驱动液压泵提供这一额外能量。
- 蓄压器的另一个用处是在高压供油管路帮助阻尼流体的压力脉动。对于没有蓄压器的系统，会在液压泵附近安装压力脉动衰减器或将其作为液压泵的一个组成部分。

11.5.3 系统用户

系统用户是一系列位于飞机周围的液压作动器，用于支持主副飞行控制、起落架收放、机轮刹车和其他功能。多数作动器是单一线性或旋转作动器，但是有的可能是串联作动器或具有从超过一个系统接收液压压力的能力。串联作动器几乎是军用飞机专用的。

回油经过回油管路和燃油/滑油散热器，防止将热量带进机翼的燃油系统中，并通过单向活门回到系统收油池。

11.5.4 功率传输单元

某些系统使用功率传输单元（PTU）将能量从一个系统传递到另一个系统中。这由一个液压电机/泵的组合体构成，利用来自另一个系统的能量将一个系统中的液压油增压，或反之。这种方案的优点是能量在系统间传递而没有一个系统液压泄漏最终导致另一个系统失效的风险。使用这种方法的飞机有空客A320家族和波音C-17军用运输机。

11.6 液压系统设计考虑

与电气系统一样，在系统设计过程中需要进行一系列详尽的设计考虑。其中的一些介绍如下，如图11.5所示。

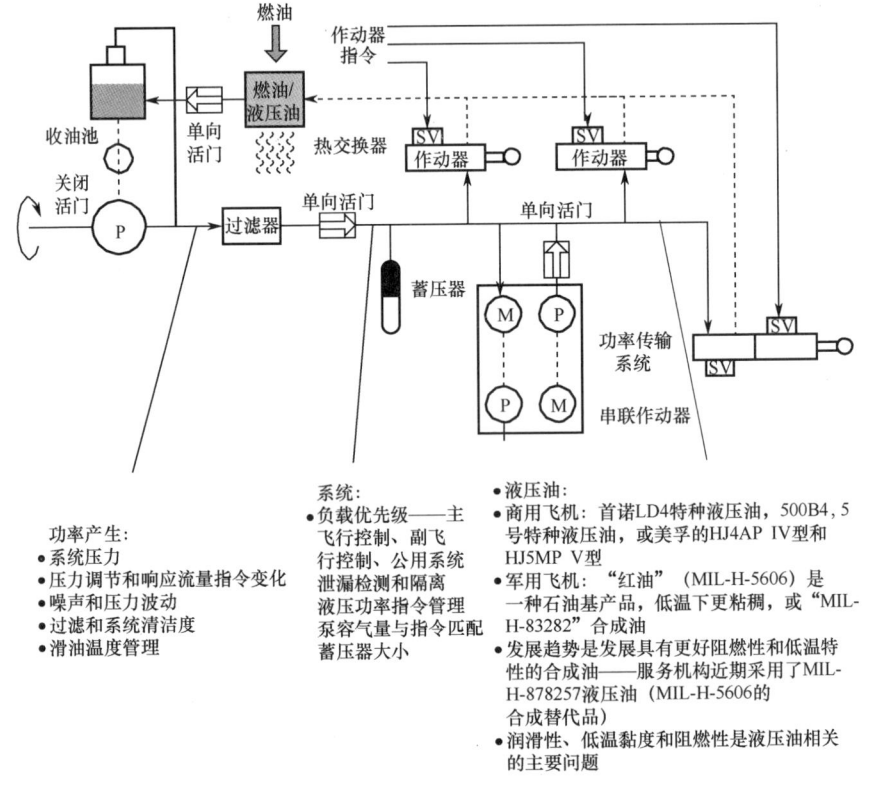

功率产生：
- 系统压力
- 压力调节和响应流量指令变化
- 噪声和压力波动
- 过滤和系统清洁度
- 滑油温度管理

系统：
- 负载优先级——主飞行控制、副飞行控制、公用系统
- 泄漏检测和隔离
- 液压功率指令管理
- 泵容气量与指令匹配
- 蓄压器大小

液压油：
- 商用飞机：首诺LD4特种液压油，500B4，5号特种液压油，或美孚的HJ4AP Ⅳ型和HJ5MP Ⅴ型
- 军用飞机："红油"（MIL-H-5606）是一种石油基产品，低温下更粘稠，或"MIL-H-83282"合成油
- 发展趋势是发展具有更好阻燃性和低温特性的合成油——服务机构近期采用了MIL-H-878257液压油（MIL-H-5606的合成替代品）
- 润滑性、低温黏度和阻燃性是液压相关的主要问题

图11.5 液压系统设计考虑

11.6.1 液压功率的产生

发动机传动泵（EDP）——由附件机匣传动轴驱动。其他的方式包括交流

电机传动泵（MDP）——三相110V交流电（恒频或变频）电机驱动；直流电机传动泵——28V或270V直流电机驱动（近期研究考虑用230V直流电）；空气传动泵（ADP）——使用发动机引气驱动的空气电机驱动（波音宽体飞机）；使用功率传输单元（PTU）——液压电机驱动泵，可保持系统隔离，这前面已经介绍过。

系统输出压力的选择之前也已列出，有3000psi、4000psi或5000psi，每种都有一些成功案例。噪声和系统纹波也是重要考虑因素，压力蓄压器和衰减器的用途前面也已介绍。值得注意的一点是，对于系统压力的选择，主飞行控制要求有高刚度，以免在高速下颤振。由于作动器刚度与作动器活塞面积成正比（在给定的冲击下），可通过简单地增加供油压力实现减少回程（减重）。

由于许多液压伺服阀是复杂的机械装置，其功能很容易受系统中的杂质影响，要求液压油需要有高等级的清洁度。

11.6.2 系统级问题

液压系统部件效率低表现为热量进入导致油温升高。与选择活门、伺服阀滑动件和套筒相关的内部泄露是主要的热源。尽管单独某项的影响可能很小，但内部泄露的累积后果可累计多个马力量级，后续将对此解释。

对于某些系统需要液压功率使用的优先级——或许隔离系统使得主副飞行控制在牺牲低等级优先级系统如起落架的情况下接受压力。在多数民用飞机上，即使在正常液压功率系统已失效情况下，也可通过重力让起落架自由落下。

必须全面解决需求管理，无论是压力需求还是液压油等级。在一些系统中，在特定飞行阶段期间，当输送需求特别高时，系统的液压能力会得到增强。例如，在低速运行期间，使用发动机引气空气驱动泵增强液压油输送能力。

液压油温度限制包含一个主要的认证问题和最差情况下的工作温度边界，这些必须进行充分的演示。基于这个原因，通常使用热交换器保持一个安全的工作温度，下述问题可能会对飞机性能造成不利影响：

- 滑油/空气热交换器会影响飞机阻力。
- 滑油/燃油热交换器会有燃油系统安全性问题。

为解决这些问题，系统团队需要开展大量的分析和仿真工作。例如，商用飞机直到其刹车包温度在可接受值时，才离开停机口。

刹车包产生的热量来自着陆滑跑，以及地面滑行和驻留的刹车。在转停机口时热量浸出，并监视温度（有些飞机型号使用刹车冷却风扇）。当确定刹车包在滑出期间产生的热量不会使液压油温接近燃点时，飞机才允许离开停机口，从而使得起落架收起上的泄露不会引起舱室着火。这会引起起飞调度和停机口利用的问题——在一些繁忙的国际机场关键工作阶段急需空闲的停机口。

11.6.3 液压油

液压油的选择是让系统能在所有预期环境和配置下正常运行的关键，而在高油温下继续工作会导致液压油降级。大部分商用飞机使用基于磷酸盐酯的阻燃液压油，典型的牌号有首诺的 LD4 特种液压油、500B4、5 号特种液压油，或美孚的 HJ4AP IV 型及 HJ5MP V 型等。

军用飞机大多使用"红油"（MIL – H – 5606），这是一款石油基产品，其在低温下更黏稠；或"MIL – H – 83282"合成油，具有更好的阻燃性。DTD 585 是一款常用的液压油。

液压油的发展趋势是发展具有更好阻燃性和低温特性的合成油——服务机构近期采用了 MIL – H – 87257 液压油（MIL – H – 5606 的合成替代品）。

润滑性、低温黏度和阻燃性是液压油相关的主要问题。

随着系统压力越来越高（V – 22、A380 和 B787 为 5000 psi），剪切破坏导致的液压油磨损成为一个需要解决的问题。

11.7 飞机系统能量损失

现代飞机实际上是一个系统中的系统，其正常运行依赖于一系列的系统：电源、推进、飞行控制等。这些系统也是交互的，其中一个系统运行的变化也会影响另一个系统。交互的形式可以是直接的，例如，更改一个系统的控制会直接影响到另一个系统的运行。交互也可能更微妙——系统的运行能量来自另一个系统或以损失或热的形式提供无用的能量。

没有哪个工程过程是 100% 能效的。有用的能量输出总是低于施加到系统中的能量。其差异即为能量损失，通常表现为热量，如图 11.6 所示。

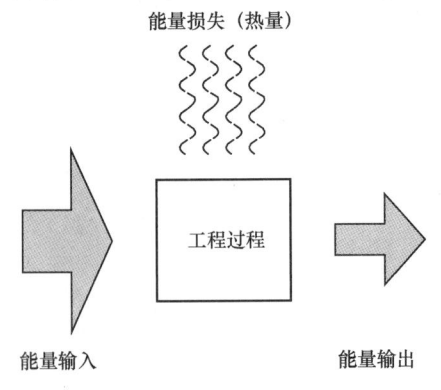

图 11.6 简单的能量损失模型

第11章 功率系统

过程的效率用 η 表示，通常表示为百分比。能效 90% 的过程会损失 10% 的输入能量。因此，不管飞机能量怎么利用，因相关过程的低效率都会产生热量。即使是外场可更换部件（LRU）也会耗散能量，因为其组成的模块在能量使用方面也不是全效的。

飞机上有很多热交换器，以允许系统在其之间传递热量。一个典型的民航飞机也会有多达 8 种热交换过程，列举如下（详见参考文献 [1]）：

- 从发动机风扇机匣抽取的空气用于冷却中介或高压压气机的引气（取决于发动机类型）——第 7 章，环境控制系统。
- 使用空气冷却发动机主滑油散热器中的润滑油——第 2 章，发动机系统。
- 使用燃油冷却备用滑油散热器中的滑油——第 2 章，发动机系统。
- 用空气冷却电气综合驱动发电机（IDG）的滑油——第 5 章，电气系统。
- 液压回油管路中的液压油在回到收油池之前，通过燃油冷却——第 4 章，液压系统。
- 飞机燃油由空气/燃油热交换器冷却——第 3 章，燃油系统。
- 在主热交换器空调包中使用冲压空气，在进入副热交换器之前冷却入口的引气空气——第 7 章，环境控制系统。
- 副热交换器在将空气输送到座舱之前，进一步将空气冷却到适宜与暖空气混合的温度——第 7 章，环境控制系统。

本节详细介绍两个关键系统，以让读者对低效的概念和能量损失的量级有所理解。这两个系统如下：

- 电气系统；
- 液压系统。

图 11.7 为电气和液压系统如何与发动机和飞机其他部分相联系的简图，为与其他散热器比较，图中突出了电气和液压系统的热损耗循环。

电气系统从发动机附件机匣提取机械能发电。发电机内部有一个独立的滑油系统用于在发电时冷却发电机。滑油/空气热交换器将废热排放到经过发动机的空气中。飞机中的每个发电机都会用这种方式散热。典型的双发飞机可能总共有 3 个发电机：每台发动机上安装一个，以及一个辅助动力单元（APU）。波音 787 多电飞机有 6 个主发电机：左右通道各有 2 个发电机，APU 中有 2 个。

配电系统内的能量耗散可以通过空气冷却传导走或耗散掉。在极端情况下，如波音 787 的电气系统，由于非常高的功率密度水平，配电板采用液体冷却。

液压系统通过固定在发动机附件机匣上的发动机传动泵（EDP）提取功率。但是也常用交流供电的电机泵和发动机引气驱动的空气泵，这在冗余度部分已有介绍。系统液压油加压的过程是有能量损失的，导致油温会升高。废热会通过液压系统回油管路上的滑油/燃油热交换器进入到机翼的燃油系统中。

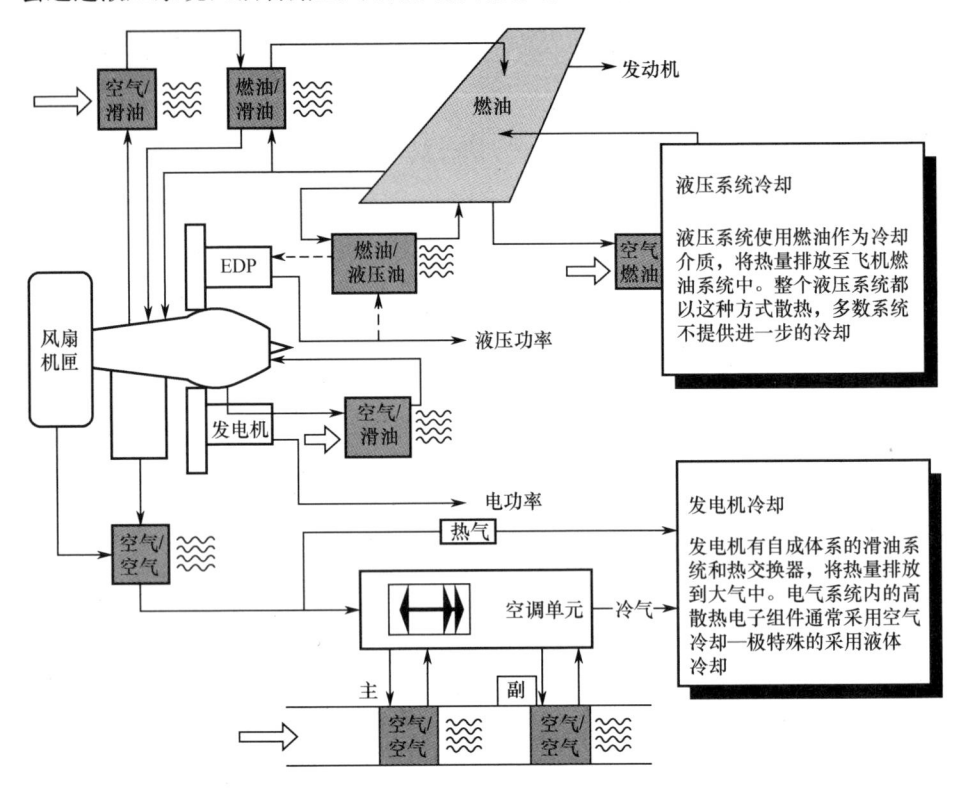

图 11.7　电气和液压系统冷却重点

11.8　电气系统功率耗散

　　为了演示电功率耗散的影响,举两个例子来说明典型常规的功率(热量)耗散,并帮助读者了解每个案例中的热排放量级,以及可能出现的位置。特别地,着重描述发动机上和飞机内部功率耗散的差异,这两个例子如下:
- 90kV·A,三相115 V 400 Hz 恒频交流电源系统;
- 90kV·A,三相115 V 变频交流电源系统。

　　尽管比较并不是一对一的,它们也说明了恒频和变频交流电源系统之间的一些区别。这部分引用的功率转换或"工程过程"效率并不是字面意思,而是指示了实际系统中可能的存在值。

　　图 11.8 描绘的是一个有两个分支的电源分配/耗散模型:右边是恒频系统(CF),左边是变频系统(VF)。该图描绘了功率从交流发电机、通过功率转换或电机控制级到飞机负载的能量流。

第 11 章 功率系统

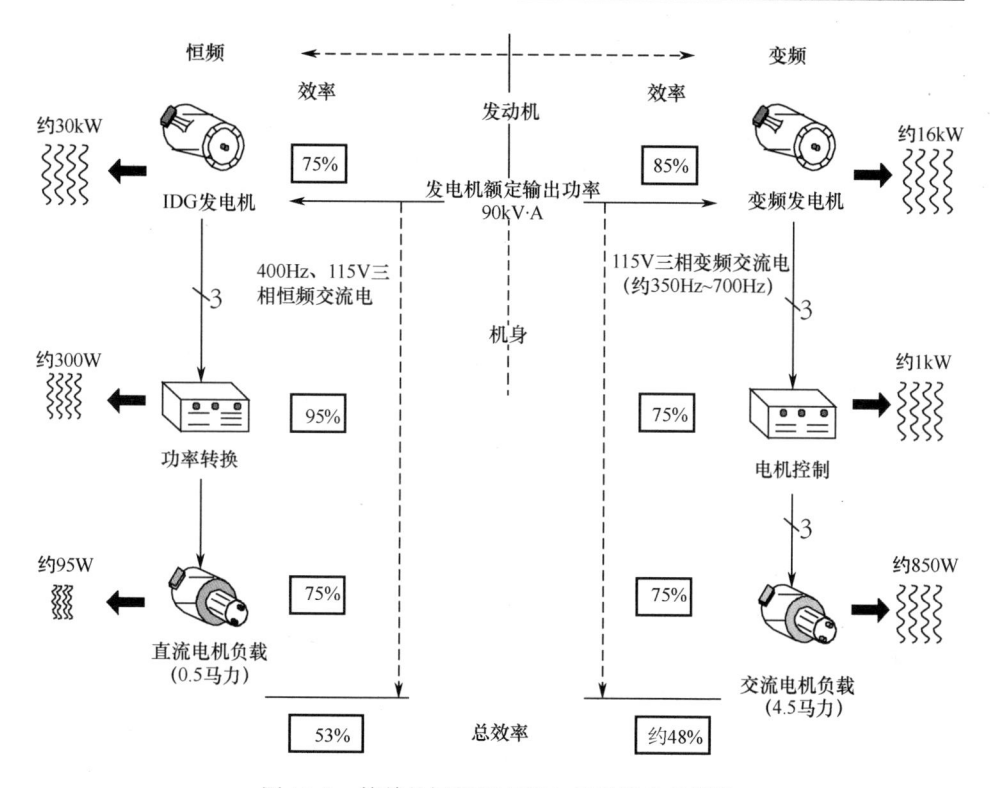

图 11.8 简单的恒频和变频电气系统功率模型

11.8.1 恒频系统

恒频交流电系统（400Hz）是目前为止最常用的交流系统。除诸如 A380 和 B787 的最新一代飞机外，作者和读者多数乘坐的飞机都是恒频系统。这主要是历史原因造成的，但是也与提高飞机发电机功率水平的需要有关，有必要从 28V 直流电上调电压（或某些第二次世界大战的军用飞机为 120V 直流电）。恒频系统能够方便的适应主要的子系统，如电驱动燃油和液压泵。这些系统足够可靠，尽管其能够完美地满足飞机的完整性要求，但在某些情况下确实很昂贵。

恒频发电机——现在通常指的是综合驱动发电机（IDG），其有两个组成部分：恒速驱动（CSD），用于保持发电机轴定速转动，确保输出恒定频率电压（通常规定为名义频率 400Hz 的 ±2% 范围内）；发电机为发电链上的一部分。所有这些过程都不是全效的。为了说明方便，假设 IDG 的效率约为 75%。

对于一个发电系统，在主电源总线汇流条提供 90kV·A 电功率输出，需要从附件机匣提取 $1/\eta \times 90$ 即 120kV·A 的机械能。从而约为 30kV·A 的热量需要排放——这一热排放用 W 计量（作为一个粗略的指标，一个国内三片电暖气功率约为 3000W 或 3kW——需要排放的热量相当于 10 个这种电暖气）。

交流电源通常会接入变压整流单元（TRU），产生的未稳压直流电源为飞机上的直流负载供电。这是一个相对高效的过程，效率为95%，能量损失适中。一个200A输出的全载TRU会损失约300W的能量。这个级别的热量可在其安装位置所在的电气工程隔断内相对容易的耗散掉，特殊情况下也会需要一个冷却风扇。

最后一个例子与一个不大的直流电机负载相关，典型效率约为75%。对1/2马力（注：1HP≈750W）的小型电机，耗散约为95W，同样可以很容易在飞机内部吸收掉。

在上述所示的案例中，从机械功率分输到直流电机负载轴马力的传输效率为 $0.75 \times 0.95 \times 0.75 \approx 0.53$。

11.8.2 变频系统

相对照的系统描述的是一个额定功率90kV·A的交流变频电源。与恒频系统相比，因为只需要考虑发电机，变频过程发电效率为85%，耗散的功率更少。如果要传输90kV·A的可用电功率，需要105kV·A的等效机械功率。这表示有16kV·A的损失，大约是恒频系统的1/2。

在变频系统中，高功率电机负载需要电机控制器最小化频率变化的影响，保持电源品质，并向高功率交流电机泵负载提供"软启动"能力，如电驱动燃油或液压泵。电机控制器的效率约为75%——比简单的TRU要低。在典型案例中，会损失约1kW的功率。

最后，对于交流电机泵，主流设备的效率约为75%，这意味着泵自身要耗散850W的功率。

在这一所示案例中，从机械分输功率到交流电机负载的轴马力，总效率为 $0.85 \times 0.75 \times 0.75 \approx 0.48$，比恒频案例略低。

但是关键点是发动机上需要耗散的热量减半了——缓解了热交换问题。这通过在别处耗散不方便的热量——1kW（1000W）~850W进行了抵消。

希望这两个简单的例子能让读者对在实际系统中所需的散热量等级有一个初步的了解。如前面所说，一个系统的热负担是另一系统的热耗散问题。

11.9 液压系统功率损失

与电气系统会有低效和能量损失一样——表现为系统需要散热——图11.9描述的是简化系统架构的一般功率损失特性，从左至右依次如下：
- 机械损失。
- 泵效率取决于系统需求的泵效率。
- 方向控制活门、单向活门等取决于系统架构和运行配置。

第11章 功率系统

- 安全活门和流动控制取决于系统架构和运行配置。
- 作动器——通常为低占空比。典型情况下，在巡航时，飞行控制作动器占空比很低，可能只有1%~2%。相反，在飞行的进近和着陆阶段，飞行控制作动器占空比会更高。起落架收放作动器、机轮刹车，只在进近、着陆和起飞的有限阶段内使用。
- 机械装置——液压泵和电机。

顺着来自附件机匣的机械功率流，这些变化量取决于上述列出的特定系统工作条件。但是，根据经验，工作损失约为系统功率损失的25%。一些损失在系统中适当的点会耗散掉；或通过液压机械组件自身、相连的液压管路传导走或辐射掉。整个液压系统热负载的相当大的部分都通过燃滑油散热器的回油管路进入到飞机燃油系统。

为了衡量这些能量损失的量级，进行顶层分析，确保能够让学生明白涉及的问题和其相对量级。

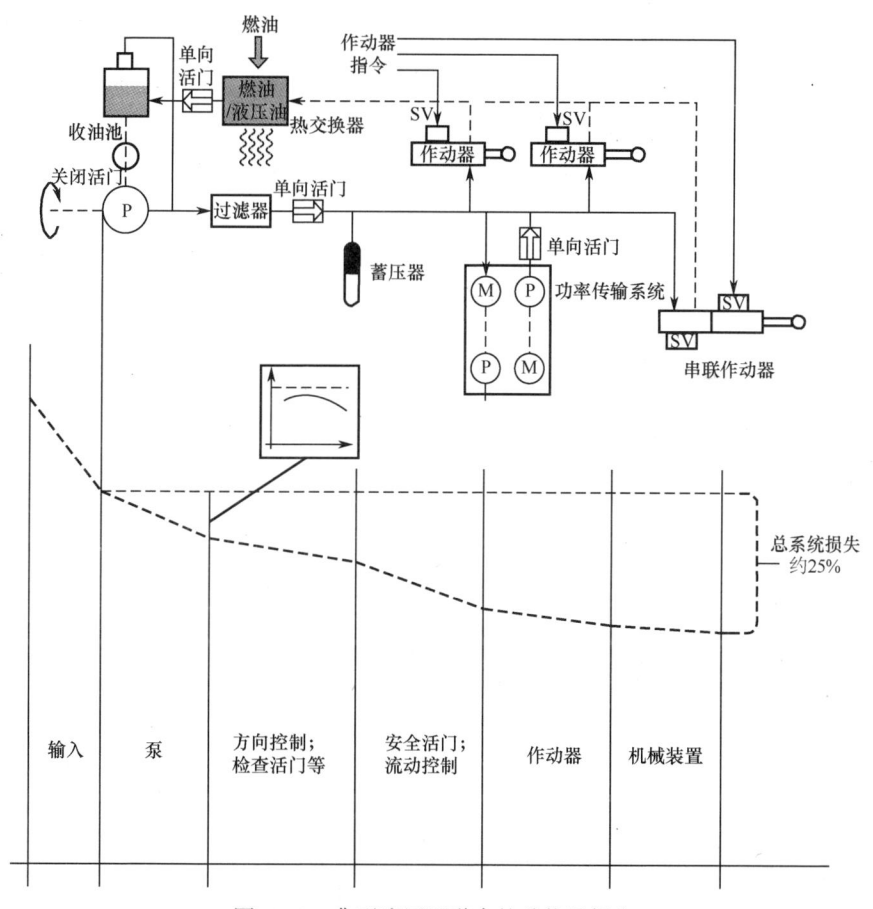

图11.9 典型液压通道中的总能量损失

11.9.1 液压功率计算

产生液压压力所需的功率与系统工作压力及液压油流量成正比。这与电气系统中功率要求类似，液压功率取决于压力和流量。

在飞机液压系统中，系统工作压力的单位历史上定义为 lb/英寸^2（psi）。在所选例子中，系统工作压力为 3000 psi（波音 767）和 5000psi（波音 787）。选择这两种飞机是因为 B787 可与波音 B767 一一对应。因此，在这两种不同技术基准间进行比较是有意义的，两个系统的顶层比较如图 11.10 所示。

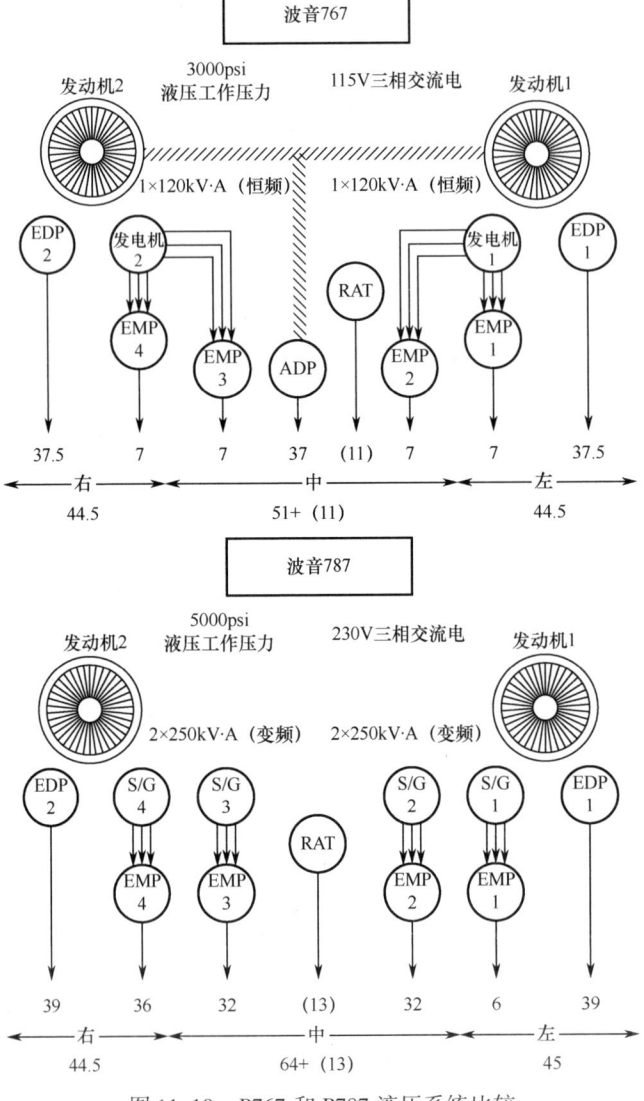

图 11.10 B767 和 B787 液压系统比较

最大流量或泵的最大负载量定义为加仑/分（gal/min，英制）。与发电机类似，当负载最大时，液压泵只能产生接近额定（或最大）的输出。在大部分运行时间，系统是相对轻载的，这取决于各种系统的负载使用情况。不管怎样，最大/额定输出表征了系统必须的最大工作负载，是一个非常重要的设计点。

为了将额定工作压力和流量转换成马力、电等效单位——kV·A（交流电）或 kW（热量）——需要进行标量变换：
- 1 马力 = 33 000（英尺·lb）/min = 550（英尺·lb）/s；
- 1 马力 ≈ 750V·A（交流电）= 750 W（热耗散）。

11.9.2　工作压力

工作压力换算如下：
- 3000psi = 3000 × 144 或 432000lb/英尺^2；
- 5000psi = 5000 × 144 或 720000lb/英尺^2。

11.9.3　额定输出能力

讨论中的这两种飞机的额定输出能力单位为 gal/min。在典型系统中，流量通常为几十 gal/min。为了保持案例中的单位一致，体积用英寸^{3}表示。1 gal 等于 276 英寸^3，10gal 等于 2760 英寸^3 或 2760/1728 英尺^3。10gal/min = 1.6 英尺^3/min。

要计算所需能量和相关损失的数量级，以上量纲需要转换为实际系统中使用的量纲，以波音 767 和波音 787 为例进行说明。

11.9.4　波音 767——服役年份：1982（美联航）

波音 767 有 3 套主液压功率系统，系统运行压力和额定输出量如表 11.1 所列。

表 11.1　波音 767 液压系统

左通道		
泵类型	系统压力/psi	额定输出/（gal/min）
EDP 1	3000	37.5
EMP 1	3000	7
	左通道累计	44.5
中央通道		
泵类型	系统压力/psi	额定输出/（gal/min）
EMP 2	3000	7
ADP	3000	37
（RAT）	3000	（11）
EMP 3	3000	7

（续）

	中央通道累计	51 +（11）
右通道		
泵类型	系统压力/psi	额定输出/（gal/min）
EMP 4	3000	7
EDP 2	3000	37.5
	右通道累计	44.5

11.9.5　波音787——服役年份：2011（全日空航空）

波音787也有3套主液压功率系统，系统运行压力和额定输出量如表11.2所列。

表11.2　波音787液压系统

左通道		
泵类型	系统压力/psi	额定输出/（gal/min）
EDP 1	5000	39
EMP 1	5000	6
	左通道累计	45
中央通道		
泵类型	系统压力/psi	额定输出/（gal/min）
EMP 2	5000	32
（RAT）	5000	(13)
EMP 3	5000	32
	中央通道累计	64 +（13）
右通道		
泵类型	系统压力/psi	额定输出/（gal/min）
EMP 4	5000	6
EDP 2	5000	39
	右通道累计	45

11.9.6　简单液压功率模型

B767和B787液压系统的简化单通道功率模型总结如下：
- B767——1982年服役于美联航（图11.11）。

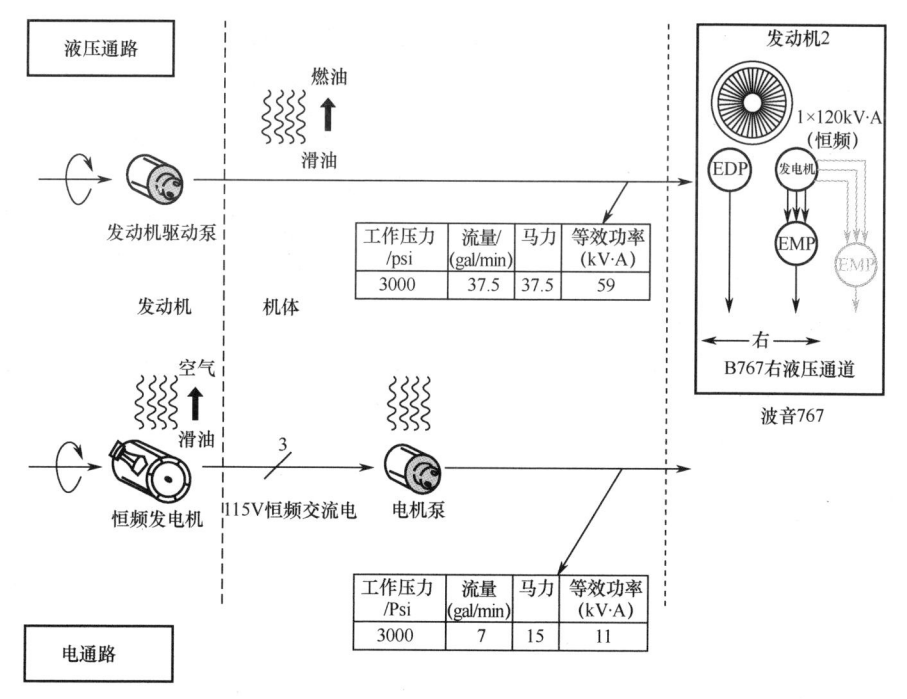

图 11.11　简化的波音 767 液压功率模型

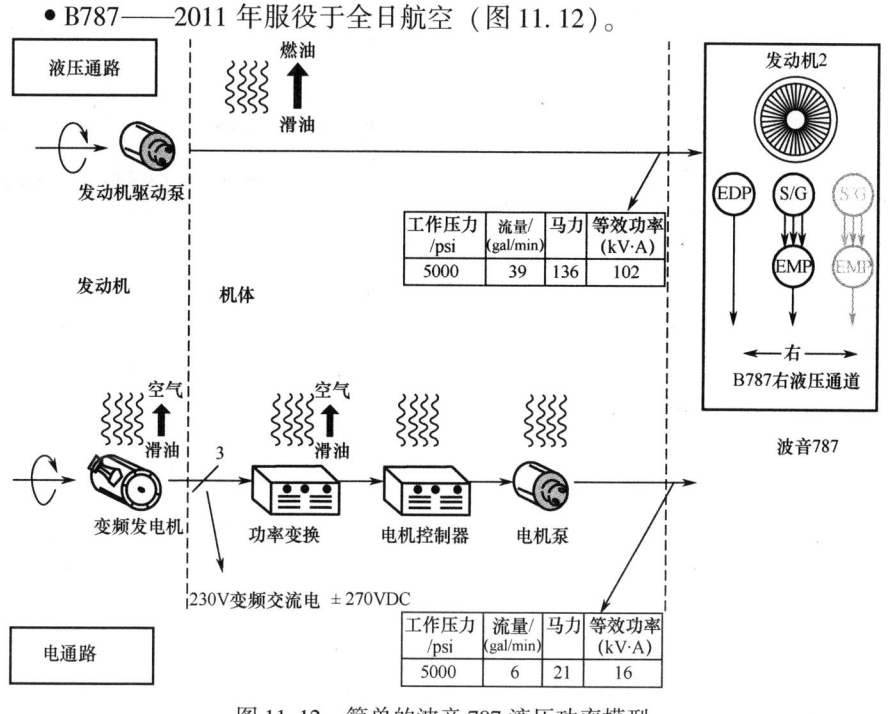

- B787——2011 年服役于全日航空（图 11.12）。

图 11.12　简单的波音 787 液压功率模型

如之前所说，波音 B787 家族是 B767 家族的继承者。比较这两者不同的实现，能很好地了解过去 30 年的技术进步。有趣的是，尽管技术实现不同，但两者之间液压通道的架构却很相似，且后者功率等级更高。波音已经成功在宽体机上使用了基本的液压功率系统架构（左+中+右），从 20 世纪 80 年代初的 B767 开始，到 90 年代初的 B777，到最近服役的 B787。B787 是一种多电飞机（MEA），这种飞机除了发动机罩防冰外没有别的发动机引气分输，并引入了一些重大的不同。

1. 波音 767 功率模型

液压通道从液压源和电源处获得功率。

传统液压通道使用 EDP 产生 3000 psi 的功率。

工作压力/psi	流量/（gal/min）	马力	等效功率/（kV·A）
3000	37.5	78	59

备用电力通道使用 115V、400Hz 三相恒频电源驱动电动机泵以产生 3000psi 的动力。

工作压力/psi	流量/（gal/min）	马力	等效功率/（kV·A）
3000	7	15	11

2. 波音 787 功率模型

除了系统工作压力更高、电源使用变频交流电源外，同 B787 一样，液压通道从液压源和电源处获得功率。

传统液压通路使用 EDP 产生 5000psi 的功率。

工作压力/psi	流量/（gal/min）	马力	等效功率/（kV·A）
5000	39	136	102

备用电通路使用 230V 三相变频电源驱动电机泵产生 5000 psi 的功率。变频电源需要在不同阶段使用功率变换：将 230V 交流电到 ±270V 直流电，并通过电机控制器驱动电机泵产生液压功率。每个部件都会有特定的工作效率和热损失。

工作压力/psi	流量/（gal/min）	马力	等效功率/（kV·A）
5000	6	21	16

11.10　多电飞机考虑因素

之前详细介绍了一些传统和新一代电气和液压系统的关键属性。对系统的量纲也进行了研究，应当指出，这些数字都是示意性的，对所有系统实现并不一定都正确。许多热耗散问题取决于飞行周期中给定点的系统构型。所提供的量纲，是为了使读者了解需要考虑的问题，以及某些需要进行详细研究的系统载荷剖面。一些需要评估的设计参数，包括当前所有的散热问题，之前已经探讨过了。

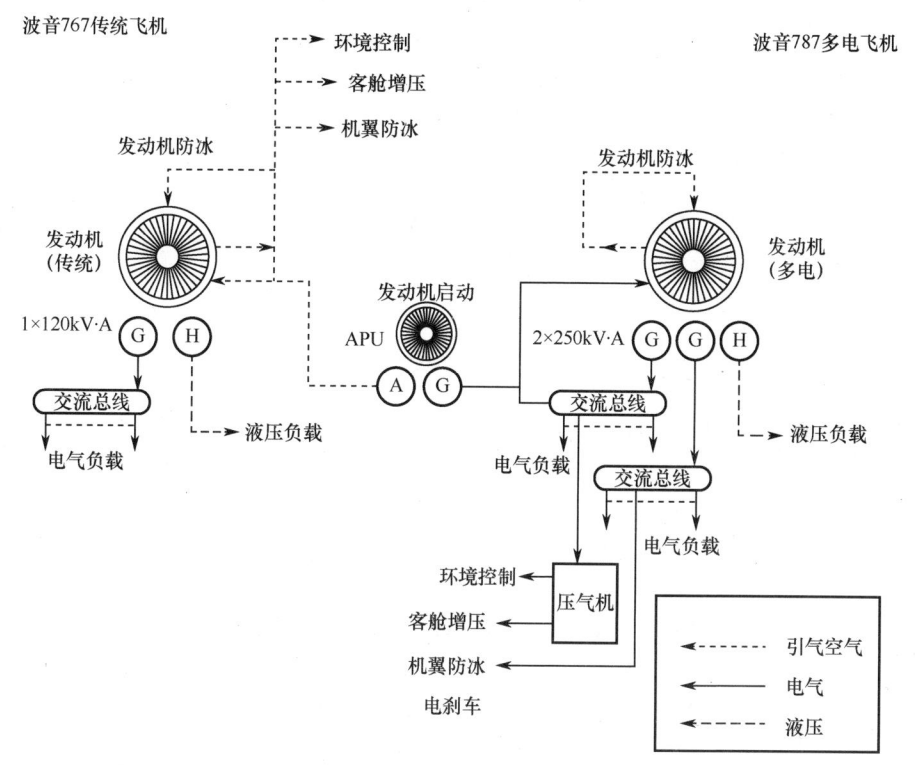

图 11.13　传统飞机和多电飞机之间的比较

到目前为止，叙述主要集中在电气和液压功率产生方面。但是，为了从整个飞机系统等级理解系统中系统的交互，这些分析还需要分解到各个系统内。也需要深入研究系统之间的交互，不但是明显的电源和电功率/液压功率提供问题，还包括系统之间出现的热交换。

关于多电飞机和多电发动机问题的细节可参考文献 [1]。

参照图 11.13，这里仅给出了 B767 和 B787 之间飞机等级差异的本质。传统飞机系统，以 B767 为典型，显示在图的左侧。从中可见，该机在引气作为功率源的系统上有优势：

- 发动机罩防冰；
- 环境控制；
- 客舱增压；

- 机翼防冰；
- 主发动机和 APU 启动引气。

B767 电功率和液压功率的基本指标前面已介绍过了。

由 B787 引入的多电飞机系统展示在图的右侧。值得注意的是，唯一使用发动机引气的系统是发动机罩防冰系统，但是仅此与 B767 相似。

下述系统是完全以电为功率源的：
- 环境控制系统和增压系统，由 4 个大型电动压气机驱动。
- 机翼防冰是电动的。
- 发动机和 APU 是电启动的。
- 尽管功率等级高占空比会低，B787 也使用电刹车系统。将引气转换为电的原因是由于发电的要求从 B767-300 的每通道 120kVA 提高到 B787 的每通道 500kVA。这也解释了为什么需要更高的主发电电压——即从 115V 交流电到 230V 交流电，以及一些诸如在主电源面板使用液体冷却的创新点，这项技术之前仅在军用飞机雷达和电子战设备上应用过。

MEA 和 MEE 技术之间交互是令人棘手的，大西洋两岸正在进行大量的技术评估和演示项目，以促进这项技术开花结果。可以想象，在行业可以大规模应用这些技术之前，很多近期发展的高功率开关和功率转换技术都需要在现实的架构和场景中进行测试。

参考文献

[1] Moir, I. and Seabridge, A. (2008) *Aircraft Systems*, 3rd edn, John Wiley & Sons.

第12章 飞机系统的关键特征

12.1 引 言

本章提供了典型飞机和飞行器系统的简单介绍，并强调了设计中影响接口、集成、设计驱动和建模的各个重要关键因素。这些信息以表格形式提供（表12.1），并可作为系统工程师的指南。表中参考文献来自本章文末的参考文献。必须要注意的是，总是会有新材料和新版本出版，需要时，应当鼓励学生检索进一步的信息。

同时，也提供了关于过程的描述，使学生能够对系统进行大概估计。这对参与项目设计工作的学生非常有用，使其能够建立飞机质量、功率需求和能量损失的模型，并对不同的设计进行权衡。这将提供近似但充分的量化数据，以获得系统对整个飞机影响的一阶近似。详细的信息必须要从设备供应商处获得。因为航空航天行业内供应商会经常并购，所以也推荐到互联网或图书馆搜索信息。

为了帮助读者理解本章中所讲的驾驶舱和飞机主要系统之间的关联关系，图12.1从顶层给出了一个总体概述。

飞机系统通常由一系列开关和按钮控制，这些开关和按钮位于上方并按系统分组。基本的系统配置和状态信息在上面板上显示，也可根据请求显示更多的信息（除发动机显示外）。系统概要显示在两个中央多功能显示屏上。出于操纵目的，飞行员可使用概要显示屏，在维修活动中也可允许访问更详细的信息。

表12.1 系统特性

系统名称	系统众所周知的名称
系统用途	简要描述系统用途
描 述	系统的简述，物理和功能特性
安全性/完整性	对飞行安全、任务可用性或冗余度方面的影响，见派遣标准上的注释(1, 2)。出于这个原因，对一些提供的定义进行了简化
关键集成	与其他系统集成的条件和原因

（续）

关键接口	物理的、功能性的或人机接口
关键设计驱动	对系统工程决策有重大影响的设计驱动
建模	系统建模的可用工具，以及应用的典型特征和局限性
参考文献	章节最后的参考文献，可以从其中获取更多信息
注释	（1）对民用飞机来说，某些规则会因为航空器类型和系统、飞行路线以及其他操作问题和合理限制而改变。这些是由参考文献［53］定义的主最小设备目录（MMEL）定义的。 （2）军用飞机基于适航性考虑也有一个类似MMEL，但是，任务传感器的可用性会决定分配的任务能否执行

航电系统和任务系统的输入是由一系列的控制面板和显示单元提供的，其位于机长和副驾驶中间底座上，其包括飞行管理系统（FMS）、控制和显示单元（CDU）、电子飞行仪表系统（EFIS）控制面板以及其他通信系统和导航助手系统的控制开关。

机组人员将输入指令送到自动驾驶系统和飞行航向系统（AFDS），且输入由位于遮光板下方中央位置的专用控制面板管理。

紧急告警和信号器通常位于PFD和ND之上的显眼位置处。

所有的飞机和航电系统通过一系列的数据总线网络连接到一起，以便于进行数据交换。

一些航电信息借助于防火墙提供给乘客服务系统，并将向乘客提供数据的非重要任务与飞行控制和任务关键数据隔离开。

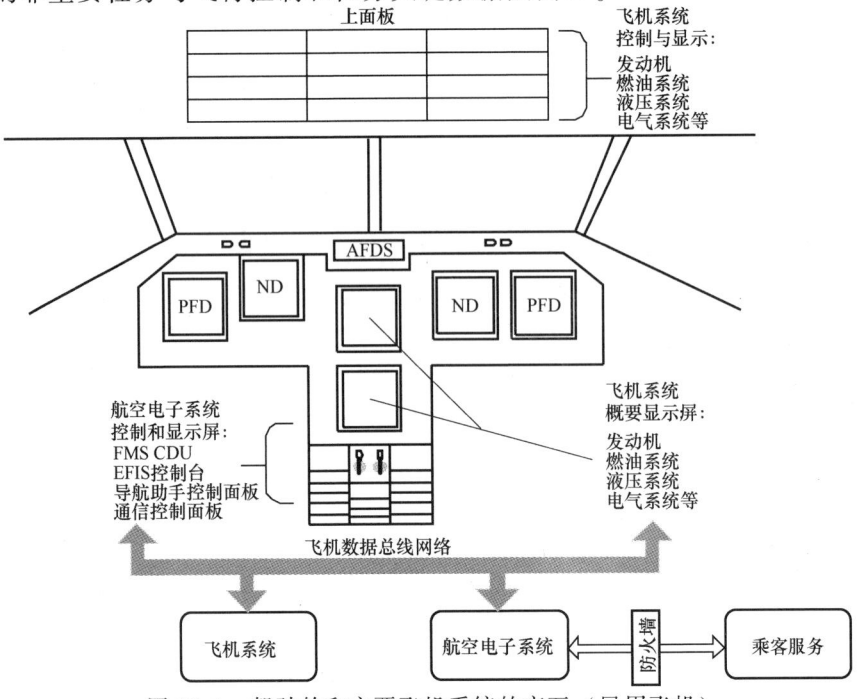

图12.1 驾驶舱和主要飞机系统的交互（民用飞机）

12.2 飞机系统

表 12.2～表 12.31 为各种飞机系统的特征。

表 12.2 推进系统特征

系统名称	推进系统
系统用途	为飞机提供推力，为发电、液压功率生成提供功率分输源，为压缩气体系统和环境冷却系统提供空气源
描述	主推进单元，推进控制系统，与进气道和机身接口、空气和机械功率分输
安全性/完整性	安全关键
关键集成	完全与进气道、发动机舱和排气管/喷管融合。集成功率分输，以防止飞机负载影响发动机。高机动性飞机中可与飞行控制系统集成
关键接口	机身安装节、推力轴承、概要显示屏、油门和反推控制、
关键设计驱动	飞机性能： 军用——推力、操控性、航程/续航能力； 民用——推力、经济性、可靠性、可用性、成本、运营成本
建模	推进试验平台、高空试验设施
参考文献	[1,2,34,35,37,40,45]
尺寸考虑	油门杆作为驾驶舱的一部分，将发动机控制单元视为发动机的一部分。发动机滑油需要冷却和对燃油系统有影响

表 12.3 燃油系统特征

系统名称	燃油系统
系统用途	将燃油储存在油箱中，将燃油从一个油箱传输到另一个油箱，同时测量机载剩余燃油量，向发动机提供连续的燃油流。燃油经常用作飞机热载荷的接收池，不管是发动机上的还是离开发动机的，如燃油冷却式滑油散热器
描述	是燃油箱、燃油计量探针、相互连接的管路和连接件，以及各种泵、活门和燃油液位传感器等的集合
安全性/完整性	安全关键系统。一些架构使用多路传输和多路控制电子元件。因有着火或燃油蒸汽爆炸风险，必须要考虑固有的安全性，并需要氮气惰化系统，尤其在复合材料机身上
关键集成	控制可以集成到使用/飞机管理系统（USMS 或 VMS）； 与飞行控制系统集成，管理飞机的重心；热交换器
关键接口	推进系统、地面加油、空中加油、飞行员显示和告警系统
关键设计驱动	航程/续航能力、计量精度、安全性
建模	采用三维建模工具（如 Catia）建立油箱型面模型。采用计算流体动力学（CFD）建立燃油流动和飞溅特性模型
参考文献	[1,33,40]
尺寸考虑	主要部件增压泵、传输泵、计量探头、传输和截止阀、燃油管路、油箱、燃油质量。燃油是发动机滑油、液压油和航空电子设备的冷却源

表 12.4 发电系统特征

系统名称	发电和配电系统
系统用途	通过总线汇流条和电路保护设备为飞机系统提供整流过的交流或直流电
描述	发动机功率分输驱动的交流发电机、发电机控制单元、电池、总线汇流条和馈线、负载保护设备（断路器、电源控制器）
安全性/完整性	安全关键、多冗余系统、失效传播保护
关键集成	飞行员上面板和概要显示器。与发动机功率分输负载集成
关键接口	地面供电
关键设计驱动	总电气负载、电源品质、安全性、可靠性
建模	通过飞行数据表阶段的电气负载分析； 用 SABER 对系统建模； 发电试验器
参考文献	[1, 27, 39]
尺寸考虑	发电机和控制单元、电池、TRU、总线汇流条、配电板、接触器

表 12.5 液压系统特征

系统名称	液压系统
系统用途	为作动机构提供高压运动能量源
描述	液压泵、收油池、蓄压器、管路和连接件的集合
安全性/完整性	安全关键系统。冗余度与系统的最高完整性要求匹配——通常是飞行控制系统。液压系统通常是三冗余
关键集成	控制集成到使用/飞行器管理系统（USMS）
关键接口	推进系统功率分输，飞行员上面板和概要显示屏、告警系统
关键设计驱动	作动器功率和速度、安全性
建模	Matlab/Simulink，液压试验器、铁鸟台
参考文献	[1, 9, 38]
尺寸考虑	液压泵、收油池、活门、功率传输单元、管路、蓄压器、热交换器

表 12.6 副电源系统特征

系统名称	副电源系统
系统用途	主推进系统启动、地面在发动机不工作情况下提供空气和电源实现自治工作——快速转向
描述	辅助动力单元、启动机及其到机体的连接件
安全性/完整性	任务关键
关键集成	与地面设施集成
关键接口	飞行员上面板和概要显示器，电源、液压功率和冷却空气电路的副电源
关键设计驱动	质量、成本、效率、噪声
建模	试验器
参考文献	[1]
尺寸考虑	APU、防火、进/排气舱口、作动机构

第12章 飞机系统的关键特征

表12.7 应急电源系统特征

系统名称	应急电源系统
系统用途	在主推进系统失效期间提供电功率和/或液压功率
描述	应急电源单元——单燃油或空气驱动APU、冲压空气涡轮（RAT）、电子-液压泵、液压蓄压器、一次性电池
安全性/完整性	部分安全关键分析——要求时必须工作
关键集成	与机身集成以获得最优的进气性能，应用RAT最优化气流能量提取
关键接口	与副电源和液压功率源接口
关键设计驱动	可用性、高效运行
建模	三维建模（Catia）
参考文献	[1，42]
尺寸考虑	功率单元和能量源

表12.8 飞行控制系统特征

系统名称	飞行控制系统
系统用途	将飞行员指令翻译为功率要求驱动主副控制舵面，响应自动驾驶的自动控制和稳定性要求。对于不稳定的军用飞机，要确保指令执行迅速，并将指令限制在安全工作包线内，并不断对外部气动状态作出反应
描述	指令输入传感器、计算系统、作动器、位置和速度反馈传感器
安全性/完整性	安全关键系统
关键集成	与大气数据系统、自动驾驶、飞行管理、推进、着陆助手等系统完成导航与控制的集成。在不稳定飞机中与燃油系统集成控制重心
关键接口	电气系统、液压系统；大气数据和惯性传感器；飞行员效应器、自动驾驶、飞行管理系统（FMS）及飞行员显示屏；主飞行显示屏（PFD）、导航显示屏（ND）、概要显示屏和上显示面板
关键设计驱动	安全性、结构限制、飞行包线和性能
建模	控制回路建模，铁鸟台
参考文献	[1，2，6，21，22，29，35]
尺寸考虑	飞行控制计算机、作动器、驾驶舱控制杆、冗余

表12.9 起落架系统特征

系统名称	起落架
系统用途	使飞机能在地面移动，包括前轮转向
描述	前起落架、主起落架、液压缓冲器、回收机构、门、锁和位置监视装置

（续）

安全性/完整性	安全关键系统——在正常方式失效时，通常会有手动放起落架的机构
关键集成	与机体集成以提供起落架的高效装载。向其他系统提供轮载信号，座舱报警系统指示起落架的安全位置
关键接口	起落架在机体上的安装。液压和电气系统、飞行员控制和概要显示屏
关键设计驱动	质量、飞机最大重量、中止起飞质量、机场状态（跑道载荷分类码和刹车状态）
建模	收放起落架的三维建模（Catia）、铁鸟台
参考文献	[1, 7, 8]
尺寸考虑	起落架、附件、机轮、刹车和轮胎、制动和中断起飞负载

表 12.10 刹车/防滑系统特征

系统名称	刹车/防滑
系统用途	允许飞机在地面上减速、吸收刹车能量、防止机轮在刹车时丧失附着摩擦
描述	刹车盘和片、刹车控制系统、防滑控制系统、传感器
安全性/完整性	关键安全
关键集成	高度动态集成到高带宽/刹车控制系统内
关键接口	与刹车踏板接口、轮载传感器、液压和电源系统
关键设计驱动	飞机总体重量、最大中断起飞间隙、着陆特性、斜坡起飞刹车能量耗散
建模	动态着陆试验器
参考文献	[1]
尺寸考虑	刹车系统和能量源，刹车期间能量、能量耗散和冷却机制

表 12.11 转向系统特征

系统名称	转向
系统用途	提供飞机在自给动力或被牵引时的转向方法
描述	方向舵或踏板，前轮作动器
安全性/完整性	安全影响——高速状态下错误的转向会脱离跑道或滑行道
关键集成	人因；液压系统；飞行员显示屏，包括视频、机轮监视摄像头（某些模型）
关键接口	与飞行控制系统集成，确保在着陆滑跑期间方向舵的正确转向
关键设计驱动	滑行道曲率半径、着陆速度
建模	CAD
参考文献	[1]
尺寸考虑	转向机制和能量源

第12章 飞机系统的关键特征

表12.12 环境控制系统特征

系统名称	环境控制系统
系统用途	为乘客、机组人员和航空电子设备提供加热和/或冷却空气
描述	热交换器、冷却系统、空气分配
安全性/完整性	安全有影响——所有冷却失效会导致设备功能故障
关键集成	在不影响发动机性能的情况下提取空气能力
关键接口	与发动机进气分输接口。由环境控制系统（ECS）控制。飞行员上面板和概要显示屏
关键设计驱动	机组人员和乘客舒适度，环境工作条件——区域性或全球性
建模	使用CFD建立空气管道流动模型
参考文献	[1,41]
尺寸考虑	客舱体积、人员数量、增压、空气进气（阻力）、空气分配系统、冷空气单元、过滤器、冗余度、应急空气供应

表12.13 防火系统特征

系统名称	防火
系统用途	负责探测发动机或副电源隔舱的火情或过热情况，提供灭火源
描述	在隔舱中安装有过热或紫外线探测器，提供大面积覆盖、灭火液和喷雾喷嘴
安全性/完整性	主要。经过有限次试验的休眠系统，需要时必须正常工作
关键集成	本地系统集成
关键接口	座舱告警系统
关键设计驱动	快速和明确的探测机制
建模	简单模拟
参考文献	[1,42]
尺寸考虑	探测回路和控制单元、灭火器

表12.14 结冰探测系统特征

系统名称	结冰探测
系统用途	探测可能导致冰在机翼前缘、尾翼和进气道唇口的聚集进入结冰状态
描述	结冰探测器探针
安全性/完整性	主要
关键集成	与防冰系统集成
关键接口	座舱告警

(续)

关键设计驱动	飞机工作包线和工作状态
建模	简单模拟
参考文献	[43]
尺寸考虑	探测器、控制单元

表 12.15 防冰系统特征

系统名称	防冰
系统用途	防止冰的聚集和/或移除已经形成的冰
描述	用电或热空气加热结冰表面，膨胀橡胶防护罩
安全性/完整性	安全性相关——若要求必须正常工作，否则，飞机必须快速离开结冰状态
关键集成	与结冰探测系统集成
关键接口	SAT 计算航空电子设备
关键设计驱动	质量、电载荷、阻力
建模	简单模拟
参考文献	[1，43]
尺寸考虑	防冰机制类型和潜在的电负载

表 12.16 外部照明系统特征

系统名称	外部照明
系统用途	确保飞机可被空域中其他用户看到，并为着陆、滑行提供照明，也提供航空公司标志的照明
描述	翼尖高强度闪光灯、机身闪光灯或防撞信标、标志灯。军方用户还有编队灯和空中加油探头灯
安全性/完整性	安全性相关
关键集成	结构
关键接口	飞行员上面板
关键设计驱动	规章，对其他飞机的可见度
建模	简单模拟
参考文献	[1]
尺寸考虑	灯的类型、安装方式

表 12.17 探针加热系统特征

系统名称	探针加热
系统用途	提供飞机外表面上的空速管、静压和温度探针加热途径，防止结冰

第12章 飞机系统的关键特征

(续)

描述	探头内置的电加热器
安全性/完整性	安全关键。加热器失效会影响大气数据传感的精度,并会影响座舱指示、飞行和推进控制系统的输入数据
关键集成	飞行控制系统,座舱显示屏和控制器
关键接口	空-地/轮载信号
关键设计驱动	飞行控制和导航大气数据的精度——可能受航路上最小高度分离影响
建模	简单模拟
参考文献	[2]
尺寸考虑	电负载

表12.18 飞行器管理系统特征

系统名称	飞行器管理系统
系统用途	为与系统部件接口提供综合的处理和通信系统,执行机内测试、控制功能,为作动器和效应器提供功率指令,并与座舱显示屏通信
描述	大量的接口和处理单元分散在机身内,以减少布线长度和连接这些单元的数据总线
安全性/完整性	完整性取决于控制功能——通常为安全性相关或安全关键
关键集成	与航电系统、显示屏和控制器集成
关键接口	飞行器系统部件
关键设计驱动	安全性、可用性
建模	跨系统综合建模
参考文献	[1,6,30,32,36]
尺寸考虑	控制和接口单元数量、冗余

表12.19 机组救生系统特征

系统名称	机组救生
系统用途	军用——使机组人员可在不同情形下最小化伤害或死亡风险,逃离飞机 ——从高空到零速度、零高度
描述	配装降落伞和应急氧气的火箭弹射座椅
安全性/完整性	安全关键——经过有限次试验的休眠系统,需要时必须正常工作
关键集成	与抛盖或碎盖机制集成
关键接口	飞行员和个人装具
关键设计驱动	无障碍弹射路线、机组生理机能、安全性

(续)

建模	无障碍弹射路线三维建模,试验器试验
参考文献	[1,42]
尺寸考虑	座椅或救生模块

表 12.20 抛盖系统特征

系统名称	抛盖
系统用途	提供移除或粉碎舱盖材料的方法,为飞行员逃生提供出口
描述	火箭弹射机制或嵌入在舱盖中的微型起爆索
安全性/完整性	安全关键。若在地面不隔离,对地勤人员很危险
关键集成	与机组逃生初始化模块集成
关键接口	机组救生系统
关键设计驱动	必须允许机组无伤害离开飞机
建模	物理模型或原型机
参考文献	[1]
尺寸考虑	舱盖、弹射类型和机制

表 12.21 生化防护系统特征

系统名称	生化防护
系统用途	保护人员不受生化污染物的毒害
描述	过滤过的空气和氧气供应,防化服和防毒面具,洗消设施
安全性/完整性	任务关键
关键集成	人因,戴手套情况下的控制可操作性
关键接口	无
关键设计驱动	操作者安全
建模	复杂模拟
参考文献	
尺寸考虑	有害物质、过滤器、飞行服和呼吸面罩

表 12.22 拦阻钩系统特征

系统名称	拦阻钩
系统用途	若刹车失效,通过跑道拦阻索让飞机停下来,是停止海军航母舰载机常态方式
描述	拦阻钩收放在飞机后部,在紧急情况下伸出

第12章 飞机系统的关键特征

(续)

安全性/完整性	安全关键——要求时必须正常工作
关键集成	机体质量和速度（能量）需求
关键接口	与所服役的军用机场或航空母舰上的拦阻器接口
关键设计驱动	安全性，紧急操作
建模	应力计算，三维建模（Catia）
参考文献	[1]
尺寸考虑	能量需求、钩子、上锁/释放机制，安装附件

表12.23　减速伞系统特征

系统名称	减速伞
系统用途	用于军用飞机或一些商用原型机在超短的停机距离内或短距跑道上减速
描述	减速伞通常装在后机身的伞筒里，可在要求时弹出
安全性/完整性	次要——经过有限次试验覆盖的休眠系统，需要时必须正常工作
关键集成	单系统——无冗余
关键接口	飞行员手动操作
关键设计驱动	飞机着陆速度、制动距离、飞机支撑——减速伞重用
建模	简单模拟
参考文献	[1]
尺寸考虑	能量要求、钩子、上锁/释放机制、安装附件

表12.24　空中加油系统特征

系统名称	空中加油
系统用途	使军用飞机可在飞行中从加油机获得燃油，扩展航程和空运能力
描述	加油机燃油管接头——英国/欧洲飞机安装可收回的探头，而美国飞机使用与加油机探头匹配的孔座
安全性/完整性	任务关键。飞机保持近距编队引起的一些安全问题
关键集成	连接到燃油系统，允许控制受油机的加油
关键接口	与加油机加油设备接口——浮标/探头
关键设计驱动	提供的燃油量，同时加油数量，要求的传输速率
建模	飞行试验
参考文献	[1，44]
尺寸考虑	探头类型、作动机制、能量源

237

表 12.25　厨房系统特征

系统名称	厨房
系统用途	为乘客和机组人员提供一种安全卫生的食物准备和烹饪方式。对冷冻产品，必须应用精确的 H 和 S 要求
描述	储存、冰冻和烹饪（加热和微波）用具
安全性/完整性	对远程飞行可能为任务关键。健康和安全规范、最小化人员触电和火灾风险
关键集成	与主电气系统集成，包括精确的故障防护方案（厨房是由航空公司装饰的）。对远程客机，厨房/乘客用电要求等于总连接负载的 40%～50%
关键接口	为滚装滚卸模块和食品包装与标准航空公司的供应商接口
关键设计驱动	健康、安全，乘客舒适度/喜好
建模	由 OEM 进行的负载分析
参考文献	[2]
尺寸考虑	乘客数量和客舱面积、厨房数量、厨房装备和手推车、电气负载

表 12.26　乘客疏散系统特征

系统名称	乘客疏散
系统用途	在地面上或迫降在水上时，从客舱安全疏散乘客
描述	紧急出口门、疏散滑梯、救生衣和装备齐全的救生筏
安全性/完整性	需要时必须可用
关键集成	门和滑动操作。驾驶舱通知
关键接口	乘客、疏散要求和演示
关键设计驱动	可用性、乘客安全性
建模	模拟器和疏散试验器
参考文献	[42]
尺寸考虑	乘客数量、出口数量和救生设备

表 12.27　机上娱乐系统特征

系统名称	乘客娱乐系统
系统用途	为乘客在座椅上提供音频视频娱乐
描述	将网络化音频视频信号传输到客舱屏幕或位于座椅设备中
安全性/完整性	出于乘客喜好原因为派遣关键
关键集成	大规模集成货架系统，需要在航空电子设备与其之间设立防火墙
关键接口	乘客、机组人员和内容提供商

第12章 飞机系统的关键特征

(续)

关键设计驱动	乘客满意度，市场营销
建模	机下模拟和集成
参考文献	[2]
尺寸考虑	座椅数量、客舱等级变化、电气负载、对客舱热负荷的影响

表12.28 电信系统特征

系统名称	电信
系统用途	在飞行时，允许乘客打电话和访问因特网。可能是流媒体和电视
描述	座椅电话和个人电脑/手持电子设备充电能力
安全性/完整性	无
关键集成	飞机通信天线
关键接口	乘客座椅、通信、空乘
关键设计驱动	乘客满意度、市场营销
建模	与空中娱乐系统集成
参考文献	[2]
尺寸考虑	座椅数量、客舱等级变化、电气负载、对客舱热负荷的影响

表12.29 洗手间和废水系统特征

系统名称	洗手间和废水系统
系统用途	对洗手间和废水进行卫生的管理
描述	提供可冲水卫生间、冷热水和处置。
安全性/完整性	派遣关键，因为有不让乘客使用厕所之嫌
关键集成	人因、客舱装饰、安全性
关键接口	地面废弃物处置和水补给系统
关键设计驱动	乘客满意度，卫生、健康、安全和环保规范
建模	简单模拟
参考文献	
尺寸考虑	乘客数量、客舱等级变化、健康和安全性

表12.30 氧气系统特征

系统名称	氧气
系统用途	为机组人员和乘客提供可吸入的氧气源

(续)

描述	商用——在失压时，用以支持下降到安全高度；用速戴面罩为飞行员提供瓶装氧气。为乘客提供氧气面罩、瓶装氧气和滤棒。 军用——由液氧或机载氧气发生装置提供持续增压呼吸
安全性/完整性	商用——一旦要求必须支撑飞行员将飞机下降到安全高度下。为了乘客的安全和舒适度必须可用。 军用——在战斗机中，增压氧气必须随时可用。弹射座椅上的供氧也应可用
关键集成	商用——与应急系统集成。 军用——与ECS、人因、机组救生系统集成
关键接口	人因
关键设计驱动	自治工作，远距离点的液态或气态氧可用性
建模	简单模拟
参考文献	[1,42]
尺寸考虑	乘客数量、呼吸气体供应类型、应急源

表12.31 客舱和应急照明系统特征

系统名称	客舱和应急照明
系统用途	为客舱、厨房、阅读、出口和应急灯光提供照明，提供到出口的可视路径
描述	客舱天花板上的普通灯光，每个座椅上方带个人控制的阅读灯光，应急照明
安全性/完整性	派遣关键——紧急疏散时必须可用
关键集成	与其他应急系统集成
关键接口	正常和应急发电系统与电池
关键设计驱动	照明的人因，安全性、乘客满意度、健康和安全条例
建模	疏散模拟器
参考文献	[2,42]
尺寸考虑	客舱大小、出口数量

12.3 航电系统

表12.32~表12.49为不同航电系统的特征。

表12.32 座舱显示和控制系统特征

系统名称	座舱显示和控制
系统用途	为机组人员提供操作飞机必需的信息和报警

第 12 章 飞机系统的关键特征

(续)

描述	座舱配装有正常和应急显示屏、控制接收器和控制开关,支撑机组人员访问和控制所有的飞机功能
安全性/完整性	从安全关键到安全相关不一,具体取决于所关心的显示屏/单元和显示屏的余度
关键集成	人因,军用飞机需要兼容夜视仪
关键接口	座舱设计和结构,参见图 12.1
关键设计驱动	人因,安全性,飞行员工作负荷
建模	快速原型、VAPS、高空照明试验设施,航电综合试验器
参考文献	[2, 3, 28, 50, 51]
尺寸考虑	显示屏单元数量、显示计算机、接口、余度、应急显示屏、前方显示屏

表 12.33 通信系统特征

系统名称	通信
系统用途	允许飞机与空中交通管制、其他飞机、友军的双向通信
描述	发送和接收系统、天线、个人设备——耳机、话筒、扬声器。数据连接应用——终端,加密设备
安全性/完整性	任务关键
关键集成	天线可操作性、阻力,与飞行管理系统集成以自动调频
关键接口	结构——增压密封
关键设计驱动	全天候通信,与应急频道接口
建模	与 FMS 集成
参考文献	[15, 16]
尺寸考虑	无线电类型、控制面板、天线、散热、电负载

表 12.34 导航系统特征

系统名称	导航
系统用途	提供世界范围内的高精度导航能力
描述	基于惯性或全球定位系统的导航系统
安全性/完整性	带有安全性建议的任务关键系统
关键集成	与航空电子与任务系统集成
关键接口	结构、航空电子
关键设计驱动	精确的全球导航——ATM(民用)或 GATM(军用)
建模	航电综合试验器,任务系统综合试验器

241

(续)

参考文献	[2, 12, 26]
尺寸考虑	导航传感器、导航助手、冗余、天线

表 12.35　飞行管理系统特征

系统名称	飞行管理系统
系统用途	提供输入和执行飞行计划的方法，并允许按照计划自动运行
描述	飞行管理计算机和控制显示单元（CDU）用于输入与修改飞行计划，并调整导航助手
安全性/完整性	任务关键
关键集成	导航系统和导航助手，座舱照明，人因
关键接口	驾驶舱定位
关键设计驱动	易用性、可达性、飞行员工作负荷、高效路径管理
建模	综合试验器
参考文献	[2, 48, 49]
尺寸考虑	座舱飞行管理控制和显示单元，冗余

表 12.36　自动着陆助手系统特征

系统名称	自动着陆助手
系统用途	提供一种在世界范围内所有机场的自动/辅助着陆的方法
描述	地基天线提供以一定角度和方向辅助进行安全进近与着陆的标准无线电波束及相关的信标、标记。机载系统探测波束并在出现偏差时会发出警告。基于地面系统包括 ILS 或 MLS。基于天基系统通常使用 GPS
安全性/完整性	非安全关键
关键集成	与飞行管理系统、自动驾驶或飞行指示器、地基着陆系统集成
关键接口	飞行管理系统、飞行控制系统
关键设计驱动	安全性、及关于决策高度和能见度的进近类别
建模	航电综合试验器
参考文献	[2]
尺寸考虑	辅助着陆类型、天线

表 12.37　气象雷达系统特征

系统名称	气象雷达
系统用途	商用——气象。 军用——机载或地基目标，空中、地面和海面监视，气象

第12章 飞机系统的关键特征

(续)

描述	合适的天线和天线罩，发射机/接收机，雷达处理，冷却系统
安全性/完整性	任务/派遣关键
关键集成	商用——座舱显示屏。 军用——座舱显示屏，任务系统控制台，武器系统，任务计算机
关键接口	带有要求发射特性的天线罩
关键设计驱动	可操作性要求，要求的搜索模式
建模	航电综合试验器
参考文献	[2]
尺寸考虑	天线、发射机/接收机、显示屏

表 12.38 应答机系统特征

系统名称	应答机，IFF/SSR
系统用途	应答地面对飞机的识别询问，提供位置和高度相关信息。回应配装交通防撞系统（TCAS）S 模式应答机的飞机
描述	接收机、应答机、天线（军用的为 IFF，民用的为 ADS-B）
安全性/完整性	任务关键——工作失效会导致民机空中相撞、军用飞机将会被要求离开航线
关键集成	与 TCAS 集成，天线可与其他射频公用相同的频率
关键接口	通信系统，空中交通管制
关键设计驱动	飞机识别和空中交通管制高度识别，对军用飞机——在作战区域联合作战
建模	航电综合试验器
参考文献	[2, 52]
尺寸考虑	天线

表 12.39 交通防撞系统特征

系统名称	交通防撞系统（TCAS）
系统用途	减少与其他飞机相撞的风险
描述	基于应答机的控制单元，询问载机一定球型体积内的飞机，带有指示和告警系统
安全性/完整性	对特定航线是派遣关键
关键集成	座舱显示屏，任务计算，导航系统，导航助手，人因
关键接口	IFF/SSR，座舱显示器
关键设计驱动	在机场航站楼区域及指定航线安全运行
建模	航电综合试验器

(续)

参考文献	[2]
关键集成	显示屏类型，控制单元

表 12.40 GPWS/TAWS 系统特征

系统名称	近地告警系统（GPWS）、地形规避告警系统（TAWS）
系统用途	降低飞机撞到地面或高地上的风险
描述	为机组人员提供接近危险情形的警告
安全性/完整性	安全性建议
关键集成	座舱显示屏，任务计算，导航系统，导航助手，人因
关键接口	雷达高度计，GPS 和飞行员显示与告警系统
关键设计驱动	降低因飞行员丧失状态感知并接着在受控飞行下撞地（CFIT）引起的事故风险
建模	航电综合试验器
参考文献	[2]
关键集成	显示屏类型，控制单元

表 12.41 测距设备系统特征

系统名称	测距设备（DME）
系统用途	测量与已知信标之间的距离
描述	接收机由飞行管理系统调整至航路上适当的信标上
安全性/完整性	可能是任务关键
关键集成	座舱显示器，任务计算，导航系统，导航辅助系统，人因
关键接口	由 FMS 进行调整，安装有一个综合系统
关键设计驱动	导航精度，DME 信标位置/可用性
建模	航电综合试验器
参考文献	[2]
尺寸考虑	控制单元，天线

表 12.42 自动测向系统特征

系统名称	自动测向（ADF）
系统用途	提供距离已知信标的方位
描述	天线和控制单元
安全性/完整性	非安全关键
关键集成	座舱显示屏，任务计算，导航系统，导航助手，人因，通信

第12章 飞机系统的关键特征

(续)

关键接口	由 FMS 进行调整，安装有一个综合系统
关键设计驱动	规范，导航便捷性
建模	航电综合试验器
参考文献	[2]
关键集成	控制单元，天线

表 12.43　雷达高度计系统特征

系统名称	雷达高度计
系统用途	提供高于地面或海面高度的绝对读数
描述	1 个或多个天线向表面发送信号并读取返回波，计算高于表面的高度，用于显示屏或其他系统
安全性/完整性	安全相关
关键集成	座舱显示屏，任务计算，导航系统，导航助手，人因
关键接口	结构——天线
关键设计驱动	高度测量精度，不受大气压力状态影响
建模	航电综合试验器
参考文献	[2]
关键集成	天线，显示屏

表 12.44　自动飞行控制系统特征

系统名称	自动飞行控制系统
系统用途	提供既定飞行路线的自动飞行、自动着陆方法，执行标准的任务剖面和搜索模式
描述	与飞行控制系统及发动机控制相连的控制单元和作动筒。可为飞行控制系统和发动机控制中的直接指令
安全性/完整性	主飞行控制是安全关键的。AFDS 是任务关键的
关键集成	飞行控制系统，发动机控制系统，飞行管理系统，人因
关键接口	人因
关键设计驱动	减少飞行员工作负荷，飞机经济性
建模	航电综合试验器，铁鸟台
参考文献	[29]
尺寸考虑	控制面板，作动器，冗余

表12.45 大气数据系统特征

系统名称	大气数据系统
系统用途	向飞机系统提供大气的总压和静压信息,并将其转换为表征空速、高度和马赫数的信号
描述	置于气流中的皮托管和静压口(可以组合在一起)
安全性/完整性	安全关键——由飞行控制系统、推进系统、导航系统和座舱显示屏使用
关键集成	与导航系统、制导与控制,关键大气数据的唯一来源
关键接口	机体、阻力、探针加热
关键设计驱动	大气数据精度
建模	
参考文献	[1,2]
尺寸考虑	探针,电负载

表12.46 事故数据记录系统特征

系统名称	事故数据记录(ADR)
系统用途	持续记录规定的飞机参数,用于严重事故分析
描述	到相关系统的数据采集接口,连续记录,固态大容量存储器,辅助恢复的定位器信标
安全性/完整性	派遣关键
关键集成	数据总线
关键接口	相关系统传感器
关键设计驱动	规范,坠毁可生存——冲击、浸水、着火
建模	航电综合试验器
参考文献	[2]
尺寸考虑	记录单元,特殊传感器

表12.47 舱音记录系统特征

系统名称	舱音记录(CVR)
系统用途	提供连续记录规定的机组人员语音,用于严重事故分析
描述	座舱麦克和记录系统
安全性/完整性	派遣关键
关键集成	座舱环境、通信、人因
关键接口	
关键设计驱动	规范,坠毁可生存——冲击、浸水、着火

第 12 章 飞机系统的关键特征

(续)

建模	航电综合试验器	
参考文献	[2]	
尺寸考虑	记录单元,话筒	

表 12.48 预测与健康管理系统特征

系统名称	预测与健康管理(PHM)
系统用途	提供系统性能和失效的连续记录,使用这一信息确定系统健康的趋势和下降情况
描述	功能与数据总线和系统 LRI 连接,用以提取信息并执行适当的算法,并将结果发送至数据存储器或传输至地面
安全性/完整性	非安全关键
关键集成	所有系统及地面维护管理
关键接口	所有数据总线和系统,地面维护,数据下载链路
关键设计驱动	
建模	航电综合试验器
参考文献	[2, 46]
尺寸考虑	记录单元

表 12.49 内部照明系统特征

系统名称	内部照明
系统用途	在弱光或强光条件和夜间飞行时,为座舱面板提供均衡照明
描述	整体面板照明、泛光照明和泛光灯
安全性/完整性	要求应急照明
关键集成	集成进座舱和照明控制系统设计。可能需要兼容夜视仪
关键接口	
关键设计驱动	人因
建模	在照明试验设施中进行仿真或模拟。高空照明试验设施
参考文献	
尺寸考虑	电负载

12.4 任务系统

表 12.50~表 12.63 为不同任务系统的特征。

247

表12.50 攻击或监视雷达系统特征

系统名称	攻击或监视雷达
系统用途	为攻击、空中早期预警或水面监视提供敌方或友方目标信息
描述	雷达天线、带适当显示屏的发射机/接收机。攻击机将天线安装在头锥内，监视飞机将天线安装在头锥、头锥和尾翼上，或飞机上表面固定的天线罩中。主动传感器
安全性/完整性	任务关键
关键集成	与任务计算、显示系统，武器瞄准系统集成
关键接口	天线罩
关键设计驱动	任务成功、成本、性能
建模	
参考文献	[10，11，13，20，23，31，47，52]
尺寸考虑	天线，天线驱动机构，天线罩，发射机/接收机，冷却系统，显示屏

表12.51 电光系统特征

系统名称	电光系统（EOS）
系统用途	提供对目标的被动监视
描述	电光传感器安装在机身上的可转向转塔上，或在机翼下方的吊舱中。红外线、紫外线和电视传感器在低能见度时提供图像。被动传感器
安全性/完整性	任务关键
关键集成	与任务计算、显示屏集成
关键接口	转塔到机身或吊舱到挂架
关键设计驱动	任务成功，成本，性能
建模	任务系统试验器
参考文献	[52]
尺寸考虑	传感器转塔（阻力），冷却系统，展开和转向机构

表12.52 电子支援系统特征

系统名称	电子支援（ESM）
系统用途	提供发射源的信息，以及敌方发射机的范围和方位
描述	一组探测雷达和射频发射的天线，分析探测信号确定其最大可能来源的设备，以及探测到达信号方向的能力。机载数据库用于分析信号确定发射机型号和最可能的载机平台。被动传感器
安全性/完整性	任务关键

第 12 章 飞机系统的关键特征

(续)

关键集成	与任务计算和数据链集成，允许访问远程情报数据库
关键接口	武器系统操作员；致盲敌方主机射频设备以避免干扰
关键设计驱动	情报、自防护
建模	任务系统试验器
参考文献	[4, 5, 14, 24, 25]
尺寸考虑	天线，工作站/显示屏

表 12.53　磁异常探测器系统特征

系统名称	磁异常探测器（MAD）
系统用途	在攻击前，确定海下存在大型金属物体（潜艇）
描述	磁灵敏传感器固定时需要远离机身上可能引发干扰的部件。被海上巡逻机用于发现潜艇
安全性/完整性	任务关键
关键集成	任务计算和显示屏
关键接口	安装位置与灵敏传感器无干扰
关键设计驱动	任务成功，成本，性能
建模	任务系统试验器
参考文献	
尺寸考虑	MAD 传感器头，吊臂，显示屏/图表记录器

表 12.54　声学系统特征

系统名称	声学传感器
系统用途	提供探测和跟踪水下通过物体的方法
描述	由海上巡逻机布撒主动和被动声呐浮标，提供潜艇的声学探测方法。信号传回飞机进行分析
安全性/完整性	任务关键
关键集成	与系统计算和显示屏集成
关键接口	机身中的声呐浮标布撒器和可能的卸压系统
关键设计驱动	任务成功，性能
建模	任务系统试验器，声学试验场
参考文献	[17, 18, 19]
尺寸考虑	浮标舱，浮标（任务适应），布撒器，工作站，天线

表 12.55 任务计算系统特征

系统名称	任务计算
系统用途	核对传感器信息,并向座舱或任务成员岗位提供融合的数据图
描述	适合的架构计算和接口系统,合适的数据传输系统、记录、数据装载
安全性/完整性	任务关键
关键集成	与航电系统、座舱、传感器集成。人因
关键接口	航电和任务系统数据总线
关键设计驱动	任务成功,性能
建模	作战分析建模,任务系统试验器
参考文献	[2,3]
尺寸考虑	任务计算机和记录器

表 12.56 防御助手系统特征

系统名称	防御助手
系统用途	提供导弹攻击探测和部署反制对策的方法
描述	传感器套装用于探测导弹逼近、导弹烟流或导弹自导引雷达,告警系统与反制措施如金属箔条和红外诱饵曳光弹,拖曳式雷达诱饵和有源干扰
安全性/完整性	任务关键
关键集成	任务计算、驾驶舱、反制对策
关键接口	结构
关键设计驱动	任务成功,自防护
建模	任务系统试验器
参考文献	[52]
关键集成	天线、天线吊舱,工作站/显示屏,反制对策布撒器

表 12.57 武器系统特征

系统名称	武器系统
系统用途	从飞机武器舱武器装填、指引和投放武器
描述	管理外部或内部弹舱、机身、机翼或炸弹舱托架或武器挂架的系统。应急发射的安全方法
安全性/完整性	任务关键。武器安全以防无意发射。必须符合军械安全标准
关键集成	导航、任务计算、气动、与其他布线或能源分离以防止意外发射
关键接口	机翼、机身和炸弹舱上的坚固支撑点,武器加载和装填
关键设计驱动	任务成功,军械安全,杀伤概率

第12章 飞机系统的关键特征

(续)

建模	
参考文献	[47]
尺寸考虑	挂架（机翼，机身或炸弹舱），武器（任务适应），座舱控制

表12.58 位置保持系统特征

系统名称	位置保持
系统用途	在低能见度情况下，提供安全保持编队的方法——特别用于大型运输机
描述	探测系统和分离告警
安全性/完整性	安全性相关
关键集成	通信
关键接口	
关键设计驱动	安全性，机组和飞机的安全工作。任务成功
建模	
参考文献	
尺寸考虑	显示屏

表12.59 电子战系统特征

系统名称	电子战
系统用途	探测和识别敌方发射机，收集并记录通信量，若必要提供干扰发射方法
描述	探测通信情报的宽谱信号天线、识别信号情报雷达
安全性/完整性	任务关键
关键集成	天线集成，任务计算，机载情报数据库
关键接口	
关键设计驱动	探测和定位的精度，获取新发射机和当前装备部署的情报
建模	任务系统试验器
参考文献	[4，5，14，24，25]
尺寸考虑	天线，天线吊舱，接收机

表12.60 照相机系统特征

系统名称	照相机
系统用途	记录武器效果，或提供用于情报的地面高分辨率图像
描述	照相机安装在机身，或机身/机翼的吊舱里。监视摄像机有高分辨率，且具有用于情报的高品质图像测绘能力

(续)

安全性/完整性	任务关键
关键集成	与飞机轴线、结构、任务系统对准
关键接口	镜头位置，在机身或机翼下的挂架下
关键设计驱动	任务成功，图像分辨率
建模	
参考文献	[20, 23]
尺寸考虑	照相机，安装座，平面玻璃窗

表 12.61 平视显示系统特征

系统名称	平视显示屏（HUD）
系统用途	向机组人员提供焦距为无限远的主要信息和武器瞄准信息，叠加在飞行员的前方视野中
描述	光学系统在飞行员的直接视线中将图像投影到无限远，连接到航电系统获取导航和武器信息
安全性/完整性	安全性相关—若用于主要飞行信息则是关键安全等级
关键集成	人因集成，座舱显示套件
关键接口	座舱安装，绝对不能侵犯弹射净空
关键设计驱动	作战性能，也可用于着陆助手
建模	任务系统试验器
参考文献	[3]
尺寸考虑	HUD组件，座舱固定

表 12.62 头盔显示屏系统特征

系统名称	头盔显示屏
系统用途	向机组人员提供主要飞行信息和武器信息，同时允许头部自由运动
描述	显示面固定在飞行员的头盔上，可能还包含一个瞄准机构
安全性/完整性	任务关键
关键集成	与任务计算和航电系统集成，人因
关键接口	与飞行员标准头盔接口
关键设计驱动	作战性能、低工作载荷、(用户) 健康和安全性
建模	任务系统试验器
参考文献	[3]
尺寸考虑	视为飞行员任务装备

表 12.63 数据链系统特征

系统名称	数据链
系统用途	在安全通信方式下使用数据而不是声音进行消息的收发
描述	带有编码/解码设备、任务数据上传能力和加密装置的终端
安全性/完整性	任务关键
关键集成	与合适的无线电发射机、适用于协同工作的数据链协议集成
关键接口	通信、任务数据载荷
关键设计驱动	传输安全
建模	任务系统试验器
参考文献	[4]
尺寸考虑	发射机/接收机，消息工作站，天线

12.5 系统的大小和范围

有时候，非常必要能够快速地得到一个项目的大小和范围估计。例如，在一个学生项目中，各团队竞争发展一个项目的初始设计，并需要进行权衡研究以确定最具有费效的解决方案，或至少帮助其理解他们的解决方案能做什么，并明白初始阶段的成本和质量。本节将介绍如何使用之前表格的特征来估计系统大小和范围的过程，如图 12.2 所示。

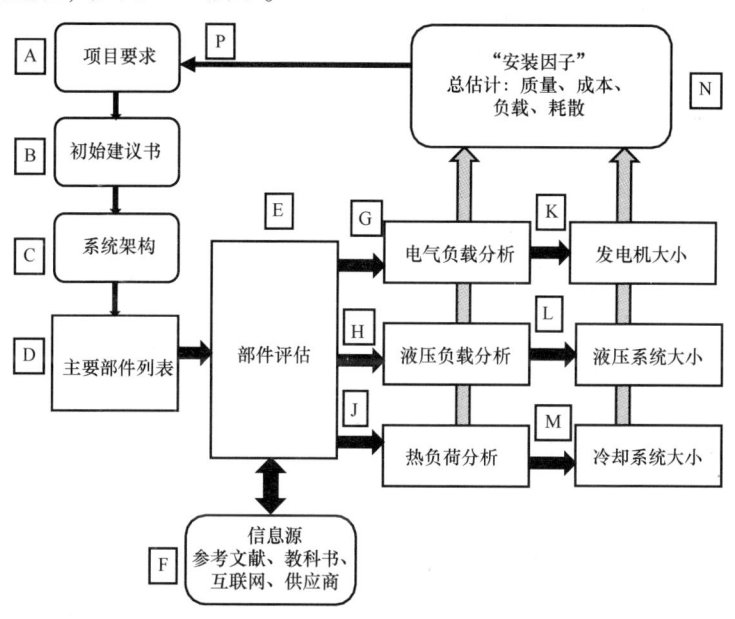

图 12.2 进行系统项目评估以供权衡的过程

A. 项目要求提供关键的参数,如目标重量、航程、续航时间和工作高度等。

B. 进行要求分析产生数个可供比较的解决方案。

C. 开发顶层架构定义主要系统、其子系统和最可能的功率源。

D. 从系统架构中,列出单个系统的主要部件。对于这一层级的分析,只需要到主要部件,并不需要包括所有部件,尤其是质量和功率需求低的部件。这一个阶段的输出是设备目录。

E. 现在可对目录中的部件进行评估,确定其权衡所需的关键参数,这通常包括质量、功率要求、功率损失、成本等。

F. 这些参数可从多渠道获得。本章表格中的参考文献可提供一些信息,教科书也会引用设备的参数。注意:教科书中的信息会老化不一定与时俱进。互联网是非常有用的信息源,可搜索设备、系统和供应商,注意不是所有信息都能验证。供应商是很有帮助的,其网站可能会包含这类信息。此外,还可以向其宣传部门发邮件或打电话应该都会得到答复。

G. 电气负载的信息可通过进行负载分析发挥重要作用,如图 12.3 所示。在这个例子中,飞机任务或飞机的典型飞行被划分为不同的飞行阶段,以便于记录载荷以及载荷起作用的大致时间即任务循环。

H. 用同样的方式,估计并记录液压系统部件的流量,以提供整个液压系统的信息,如图 12.4 所示。

负载	保养	启动	滑翔	起飞	爬升	巡航	战斗	下降	着陆
直流负载									
交流负载									
应急负载									
等									

图 12.3 电气负载分析案例

I. 每个系统的主要部件都会散热，无论它是电动的还是将能量从一种形式转换为另一种，如液压作动器。泵、发电机和电机的效率都不是100%，而这种低效，就会产生热量。通过热负载分析可以确定系统中有多少能量耗散掉了，又有多少需要冷却。人是一个相当可观的热量源，每名乘客、机组人员会产生约200W的热量。飞行娱乐系统和厨房则需要消耗更多的热量。

J. 任务循环的相关信息可用于估计电机的平均负载和峰值负载——这些信息很有用，可用于确定最恰当尺寸的发电机，确定主总线汇流条最适合的规格。进一步的设计分析可用于电池和辅助动力单元的要求。

K. 液压负载分析可用于确定泵、收油池和管路的最恰当尺寸。系统的鲁棒性分析可指出系统所要求的冗余程度，这会说明所要求的泵和系统数量。

L. 热负荷分析可用于确定客舱和驾驶舱冷却系统、航电设备冷却、特殊系统如专用传感器的液体冷却。若需要冲压空气主热交换器，有可能会影响飞机的阻力。

M. 可总结采集的这些数据形成对整个项目的总体看法。可通过施加一个安装因子考虑设备的固定、连接器和布线等因素对系统质量进行优化。从供应商数据表中获得的产品质量通常是非安装质量，再乘上安装因子1.25后得到的质量更接近实际。

N. 采集的信息接着与项目要求中定义的目标进行比较。

负载	保养	启动	滑翔	起飞	爬升	巡航	战斗	下降	着陆
刹车									
起落架舱门									
起落架									
襟翼									
缝翼									
前翼									
副翼									
方向舵									
电梯									
炸弹舱									
等									

图12.4 液压负载分析的案例

12.6 飞机系统的燃油损耗分析

对系统和其主要部件（见上图的例子）了解可用于评估附加燃油损耗及其对飞机性能的影响。本节用在 Cranfield 大学飞机设计课程中，经过 C. P. Lawson 博士许可使用。

12.6.1 引言

机身系统对整个飞机的性能有非常显著的影响。因此，除了设计最优的单个机身系统外，机身设计师同样需要站在飞机层面上考虑系统选择的优化。机身系统会直接引起飞机燃油的附加损耗，主要是由于下述三个因素：

1. 系统重量；
2. 系统功率分输要求（轴功率和/或排气）；
3. 系统会直接增加飞机阻力。

机身系统同样会对燃油附加损耗产生间接影响。例如，飞机需要额外的燃油量来克服附加的燃油损耗，会导致燃油箱增大，并需要增加对应的支承结构。由于额外燃油和结构的增重会造成更一步的附加燃油损耗，油箱增大飞机阻力也会增大，尤其当增加外部油箱时更显著，从而需要更大的发动机提供更大的推力，会进一步增加飞机的重量和阻力。这些因素之间都是相互联系的，机身系统引起的附加燃油损耗会像滚雪球一样越来越大。

接下来本节将介绍一种考虑在飞机中增加系统直接影响计算附加燃油重量的简化计算方法。虽然也有更复杂的方法，但本节介绍的方法更简便易用，可更好地理解所使用的参数，且这些参数大部分可分开进行分析。

12.6.2 燃油重量附加损耗的基本公式化表述

在这部分中，会用公式化的方法表述一种方法来预测在一个飞行阶段内飞行器系统的燃油重量附加损耗，基于 12.6.1 节中的三个因素。获得燃油重量附加损耗公式的第一步就是对飞行器阻力作一个假设。因此，下面的关系式用来表示阻力，即

$$阻力 = \frac{重量}{\left(\dfrac{升力}{阻力}\right) \times 100\%} \tag{12.1}$$

实际上，式（12.1）是简化形式，因为只有升力/阻力为常数时，等式才成立。

假设飞机重量为 W_A（不包括系统的重量），以 M 速度飞行，则飞机在

时间段 dt 内飞过的距离为

$$dR = a \cdot M \cdot dt \tag{12.2}$$

式中：a 为声速。

在时间 dt 期间，飞机燃油质量可表示为，即

$$(f + \Delta f_W + \Delta f_P + \Delta f_D)dt = -d(M_F + \Delta M_F) \tag{12.3}$$

负号说明燃油的质量随着飞行时间 t 的推进而减少，而 f 为飞机除系统之外的燃油使用速度，Δf_W 为系统重量引起的燃油消耗速度，Δf_P 为动力输出引起的燃油消耗速度，Δf_D 为阻力引起的燃油使用速度，M_F 为除了系统影响外燃油消耗速度，ΔM_F 为系统影响下的额外燃油消耗速度。

将式（12.2）代入式（12.3），消去 dt，得到

$$dR = \frac{-aM[d(M_F + \Delta M_F)]}{(f + \Delta f_W + \Delta f_P + \Delta f_D)} \tag{12.4}$$

在这种情况下，假设耗油率是一个常数，可以这样表示，即

$$c = \frac{(f + \Delta f_W + \Delta f_P + \Delta f_D)}{总阻力} \tag{12.5}$$

耗油率定义为每单位推进力的燃油消耗量，且阻力与推力在这情况下相等。因此，基于式（12.1）的假设，飞机阻力（不包括系统影响）可以写成如下形式，即

$$阻力 = \frac{重量}{\left(\dfrac{升力}{阻力}\right) \times 100\%} = \frac{W_A + W_F}{r} \tag{12.6}$$

式中：W_A 为飞机不包括系统的空载重量；W_F 为系统影响之外使用的燃油重量；r 为升阻比。

因此，包括系统重量影响的飞机阻力可以这样表示，即

$$加重阻力 = \frac{W_A + \Delta W_A + W_F + \Delta W_F}{r} \tag{12.7}$$

式中：ΔW_A 为系统重量；ΔW_F 为由于系统影响而造成的额外燃油重量。

总飞机阻力包括添加系统直接引起的阻力增加量 ΔD，还有系统对发动机动力的消耗引起的阻力 $\Delta f_P/c$，得

$$总阻力 = \frac{W_A + \Delta W_A + W_F + \Delta W_F}{r} + \Delta D + \frac{\Delta f_P}{c} \tag{12.8}$$

将式（12.8）代入式（12.5），得

$$c = \frac{f + \Delta f_W + \Delta f_P + \Delta f_D}{(W_A + \Delta W_A + W_F + \Delta W_F)\dfrac{1}{r} + \Delta D + \dfrac{\Delta f_P}{c}} \tag{12.9}$$

整理得

$$f + \Delta f_W + \Delta f_P + \Delta f_D = \frac{c}{r}(W_A + \Delta W_A + W_F + \Delta W_F + R\Delta D + \frac{r\Delta f_P}{c}) \quad (12.10)$$

再将式（12.10）代入式（12.4），得

$$dR = \frac{r}{c} \cdot \frac{-aM[d(W_F + \Delta W_F)]}{(W_A + \Delta W_A + W_F + \Delta W_F + r\Delta D + \frac{r\Delta f_P}{c})} \quad (12.11)$$

将 $M_F = W_F/g$，$\Delta W_F = \Delta WF/g$ 代入，并对式（12.11）积分，可得飞机的航程为

$$R = aM\frac{r}{cg} \cdot \ln\frac{W_A + \Delta W_A + W_{FO} + \Delta W_{FO} + r\Delta D + \frac{r\Delta f_P}{c}}{W_A + \Delta W_A + r\Delta D + \frac{r\Delta f_P}{c}} \quad (12.12)$$

式中：M_{FO} 为飞机飞行距离 R 所使用的燃油量（不包括系统）；ΔM_F 为系统导致的额外燃油量；g 为重力加速度常数。

这时就很容易将 t 定义成飞行距离 R（$R = a \cdot M \cdot t$）所需要的时间，式（12.12）可以化简为

$$t\frac{cg}{r} = \ln\left(\frac{W_{FO} + \Delta W_{FO}}{W_A + \Delta W_A + r\Delta D + \frac{r\Delta f_P}{c}} + 1\right) \quad (12.13)$$

最后，整理式（12.13）得飞机和添加的系统所使用的总燃油量为

$$W_{FO} + \Delta W_{FO} = \left(W_A + \Delta W_A + r\Delta D + \frac{r\Delta f_P}{c}\right)(e^{ctg/r} - 1) \quad (12.14)$$

对于式（12.14），将 ΔW_{FO}、ΔW_A、ΔD、Δf_P 都设为 0，就容易得到不包括新添加系统的飞机燃油使用量，即

$$W_{FO} = W_A(e^{ctg/r} - 1) \quad (12.15)$$

同样地，添加新的系统使系统增加的燃油使用量 ΔW_{FO} 可以通过将 W_{FO}，W_A 设为 0，得到

$$W_{FO} = \left(\Delta W_A + r\Delta D + \frac{r\Delta f_P}{c}\right)(e^{ctg/r} - 1) \quad (12.16)$$

从式（12.16）可以看出，12.6.1 节中确定的三个方面导致燃油重量的增加，可以分为三个等式：

系统质量引起的燃油重量增加为

$$(\Delta W_{FO})_{\Delta W_A} = \Delta W_A(e^{ctg/r} - 1) \quad (12.17)$$

系统功率分输引起的燃油重量增加为

$$(\Delta W_{FO})_{\Delta f_P} = \frac{r}{c}\Delta f_P(e^{ctg/r} - 1) \quad (12.18)$$

系统增加飞行器阻力引起的燃油重量增加为

$$(\Delta W_{FO})_{\Delta D} = r\Delta D(e^{ctg/r} - 1) \qquad (12.19)$$

如果有式（12.17）~式（12.19）所需的数据，就能计算系统的燃油重量附加损耗。

12.6.3　多阶段飞行的燃油重量附加损耗公式

在12.6.2节中，已经推导出计算一个系统引起的燃油重量附加损耗的计算公式。当然，任何一个飞机的飞行都是由多个不同运行状态的飞行阶段所组成的。因此，这部分继续考虑如何将这些公式应用到多段飞行中。首先，假设不同飞行阶段之间的状态改变是一下子完成的。接下来，定义一个变量 F，代表系统在接下来的所有阶段中造成的燃油重量附加损耗。因此，F 是所考虑阶段之后所有阶段造成燃油重量附加损耗的总和。显然，最后一个飞行阶段中 F 为零。将这个重量附加损耗应用到式（12.16）中，就会得到单独第 i 段飞行阶段中系统引起的燃油重量附加损耗，即

$$(\Delta W_{FO})_i = \left(\Delta W_A + F_i + r\Delta D + \frac{r\Delta f_P}{c}\right)(e^{ctg/r} - 1) \qquad (12.20)$$

如果定义 n 为飞行中的所有阶段数，那么，整个飞行过程中添加系统带来的燃油重量附加损耗为

$$\Delta W_{FO} = \sum_{i=1}^{n} (\Delta W_{FO})_i \qquad (12.21)$$

12.6.4　多阶段飞行燃油重量附加损耗分析

将式（12.20）两边以时间 t 为自变量求导，得到对于某一特定阶段 i，因添加系统导致的瞬态燃油增加量 Δf 为

$$\Delta f_i = \left(\Delta W_A + F_i + r\Delta D + \frac{r\Delta f_P}{c}\right)\frac{c}{r}e^{ctg/r} \qquad (12.22)$$

式（12.22）可以分为三个等式，分别描述系统重量、功率分输和直接增加空气阻力的影响，即

$$(\Delta f_{\Delta W_A})_i = (\Delta W_A + (F_{\Delta W_A})_i)\frac{c}{r}e^{ctg/r} \qquad (12.23)$$

$$(\Delta f_{\Delta f_P})_i = \left(\frac{r\Delta f_P}{c} + (F_{\Delta f_P})_i\right)\frac{c}{r}e^{ctg/r} \qquad (12.24)$$

$$(\Delta f_{\Delta D})_i = (r\Delta D + (F_{\Delta D})_i)\frac{c}{r}e^{ctg/r} \qquad (12.25)$$

如式（12.24）所示，由于系统的能量消耗，瞬时燃油流量增加，可以看出，在最后一个阶段的结束，$t=0$，系统引起的瞬时燃油流量增加，仅仅等于系统耗能引起的流量增加。在之前的其他飞行阶段，这个数值都是比最后高

的，因为发动机推力需要更高，来克服必需的燃油带来的额外空气阻力。

12.6.5 用燃油重量附加损耗比较系统

在比较系统时，需要使用总共的系统附加损耗 W_T。W_T 是系统重量外加由于系统影响而额外装载的燃油重量，即

$$W_T = \Delta W_A + \Delta W_{FO} \tag{12.26}$$

将式（12.16）代入式（12.26）中，得

$$W_T = \Delta W_A + (\Delta W_A + r\Delta D + \frac{r\Delta f_P}{c})(e^{ctg/r} - 1) \tag{12.27}$$

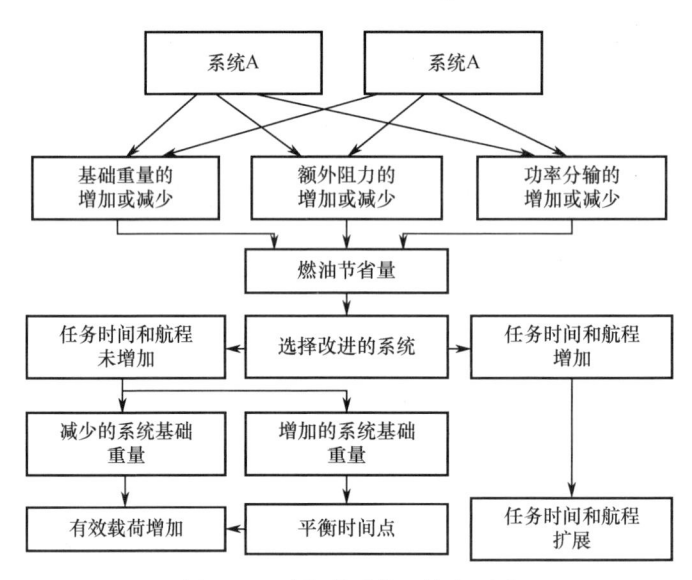

图 12.5 建议的系统比较流程图

12.6.6 确定系统附加消耗燃油重量分析的输入数据

为了评估附加消耗燃油重量，还需要几个参数，接着就可以用本节推导的公式计算附加消耗燃油重量。理想情况下，这些参数可通过计算或实验测量得到其准确值，从而为燃油加权分析提供最准确的结果。但是，这往往是不可能或不可行的，尤其在飞机设计阶段更是如此。为解决这一问题，本节提出了一种可在缺乏准确数据的参数近似方法。

1. 升阻比

升阻比取决于很多参数，即使对于同一架飞机，在不同飞行条件下变化也很大。最快的升阻比粗略值获取方法是直接从可见的文献中查表或图。

用这种方式获得的升阻比对于进行损耗分析的一次迭代足够了。对于损耗

分析的后续迭代，可通过计算升力和阻力得到更好的精度。这可在飞机设计的教科书中[55]找到不同复杂度的实现方法。通过风洞试验测量的升力和阻力，可得到精度等级更佳的升阻比，此外，还可以通过空气动力学模拟补充获得相关数据。

2. 耗油率

耗油率取决于飞机的飞行状态。获得耗油率粗略值的最快方法就是从发动机制造商关于未装机发动机性能的数据中查表或图。用发动机的计算机模型获得的精度会更高一些。例如，Cranfield 大学的 Turbomatch 程序就可用于发动机的建模和仿真。

3. 系统质量

在飞机设计的早期阶段，系统质量可以用一些基本方法进行估算，如 Torenbeek[56] 和 Roskam[55] 提出的方法。系统质量可由飞机质量和设计过程早期已知的一些参数直接用公式进行估算。这些方法可提供传统系统的质量估算。因此，备选系统可与这些估算的质量进行比较，通过分析得到备选系统与传统系统增加或减少总量的百分比。对于比较中可能缺乏精度的问题，一定程度上可通过进行敏感度研究缓解。

4. 增加的系统阻力

常见的系统诱发阻力源是冲压阻力，由引入空气引起，通常用于冷却。这可通过假设总的冲量损失进行（悲观）估计。对于影响飞机外部的系统，阻力可用近似几何学估算。很多部教材都有介绍计算流体动力学阻力的方法[54]。

5. 系统功率分输引起的耗油率增加量

系统功率分输引起的耗油率（sfc）增加通常难以精确获得，因此，一般进行估算。对轴功率分输来说，sfc 增加量与轴分输功率/净推力比值大致呈线性关系，但不适用于不常见的大轴功率分输，图 12.6 所示，是涵道比为 5 左右的几型民用涡轮风扇发动机相关数据曲线。

军用小涵道比涡轮风扇发动机呈现出与图 12.6 类似的趋势。从图中能看出，可用下述等式描述这种趋势，即

$$\text{sfc 增加量百分比} = 0.175 \, (\text{kg} \cdot \text{s}^{-1} \cdot \text{N}^{-1}) \times \text{轴分输功率}/\text{净推力} \tag{12.28}$$

式中：功率的单位为 W（(N·m)/s）；推力的单位为 N。对于引气分输功率，sfc 增加量与引气流量/净推力比，在相对较低的功率等级时呈线性关系。但是，在常用的大功率分输等级处是非线性的。因此，对于引气功率分输，一般不能使用式（12.28）。此时，需要一幅 sfc 增加量百分比随引气/净推力比值变化的曲线（图 12.7）才能进行附加消耗燃油重量分析。

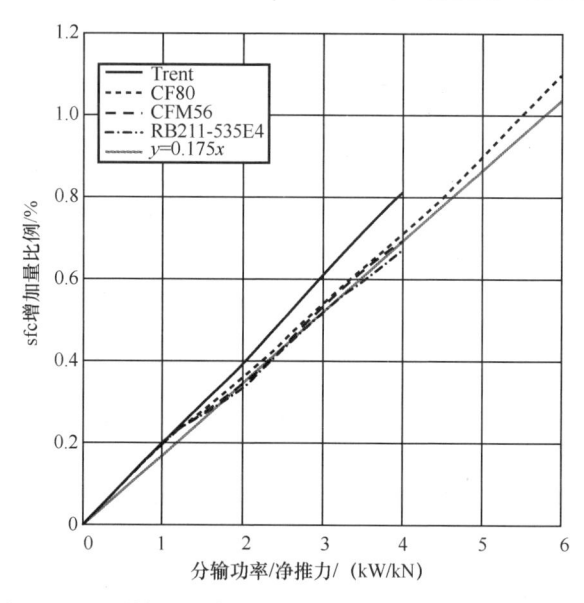

图 12.6　sfc 增加量比例随轴分输功率/净推力比值变化曲线

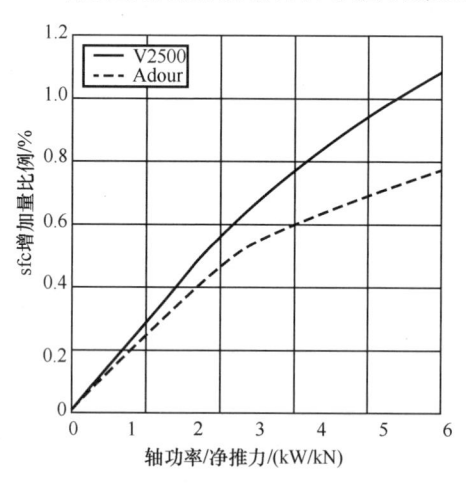

图 12.7　sfc 增加量比例随引气/净推力比值变化曲线

符号含义

a	声速
c	耗油率
$\mathrm{d}R$	飞机覆盖的航程
$\mathrm{d}t$	时间段
f	无系统的飞机燃油使用
F	之后飞行阶段由系统造成的附加消耗燃油重量总和
g	重力加速度常数

符号	说明
i	飞行阶段序号
M	马赫数
M_F	不包括系统影响的系统燃油消耗质量
n	飞行阶段总数量
r	升阻比
R	航程
t	飞完航程 R 所需时间
W_A	没有系统的飞机重量
W_F	没有系统影响下,飞机中燃油的重量
W_{FO}	不包括系统的影响,飞完航程 R 所使用的燃油重量
W_T	系统引起的总附加消耗燃油重量
ΔD	系统直接增加的阻力
Δf	系统引起的瞬时燃油流量增加量
Δf_D	系统阻力引起的燃油流量
Δf_P	功率分输引起的燃油流量
Δf_W	系统重量引起的燃油流量
ΔM_F	系统影响下的额外燃油质量
ΔW_A	系统重量
ΔW_F	系统影响下的额外使用燃油重量
ΔW_{FO}	系统影响下飞完航程 R 额外使用燃油重量

参考文献

[1] Moir, I. and Seabridge, A. (2008) Aircraft Systems, 3rd edn, John Wiley & Sons.

[2] Moir, I. and Seabridge, A. (2002) Civil Avionics, John Wiley & Sons.

[3] Jukes, M. (2003) Aircraft Display Systems, Professional Engineering Publishing.

[4] Schleher, C. (1999) Electronic Warfare in the Information Age, Artech House.

[5] Bamford, J. (2001) Body of Secrets, Century.

[6] Lloyd, E. and Tye, W. (1982) Systematic Safety, Taylor Young Ltd.

[7] Conway, H. G. (1957) Landing Gear Design, Chapman & Hall.

[8] Currey, N. S. (1984) Landing Gear Design Handbook, Lockheed Martin.

[9] Hunt, T. and Vaughan, N. (1996) Hydraulic Handbook, 9th edn, Elsevier.

[10] Skolnik, M. I. (1980) Introduction to Radar Systems, McGraw – Hill.

[11] Schleher, C. D. (1978) MTI Radar, Artech House.

[12] Kayton, M. and Fried, W. R. (1997) Avionics Navigation Systems, John Wiley & Sons.

[13] Walton, J. D. (1970) Radome Engineering Handbook, Marcel Dekker.

[14] Van Brunt, L. B. (1995) Applied ECM, EW Engineering Inc.

[15] Burberry, R. A. (1992) VHF and UHF Antennas, Peter Pergrinus.

[16] Hall, M. R. M. and Barclay, L. W. (1980) Radiowave Propagation, Peter Pergrinus.

[17] Urick, R. J. (1983) Sound Propagation in the Sea, Peninsula Publishers.

[18] Urick, R. J. (1982) Principles of Underwater Sound, Peninsula Publishers.

[19] Gardner, W. J. R. (1996) Anti-submarine Warfare, Brassey's.

[20] Oxlee, G. J. (1997) Aerospace Reconnaissance, Brassey's.

[21] Bryson Jr, R. E. (1994) Control of Spacecraft and Aircraft, Princeton University Press.

[22] Raymond, E. T. and Chenoweth, C. C. (1993) Aircraft Flight Control Actuation System Design, Society of Automotive Engineers.

[23] Airey, T. E. and Berlin, G. L. (1985) Fundamentals of Remote Sensing and Airphoto Interpretation, Prentice Hall.

[24] Poisel, R. A. (2003) Introduction to Communication Electronic Warfare Systems, Artech House.

[25] Adamy, D. A. (2003) EW 101 A First Course in Electronic Warfare, Artech House.

[26] Galotti Jr, V. P. (1998) The Future Air Navigation System (FANS). Ashgate Publishing Company Limited.

[27] Pallett, E. H. J. (1987) Aircraft Electrical Systems, Longmans Group Limited.

[28] Pallett, E. H. J. (1992) Aircraft Instruments & Integrated Systems (ed. E. H. J. Pallett), Longmans Group Limited.

[29] Pratt, R. (2000) Flight Control Systems: Practical Issues in Design & Implementation, IEE Publishing.

[30] Spitzer, C. (1993) Digital Avionics Systems, Principles and Practice, 2nd edn, McGraw-Hill Inc.

[31] Stimson, G. W. (1998) Introduction to Airborne Radar, 2nd edn, SciTech Publishing Inc.

[32] (1995) Principles of Avionics Data Buses, Avionics Communications Inc.

[33] Langton, R., Clark, C., Hewitt, M. and Richards, L. (2009) Aircraft Fuel Systems, John Wiley & Sons.

[34] MacIsaac, B. and Langton, R. (2011) Gas Turbine Propulsion Systems. John Wiley & Sons.

[35] Langton, R. (2006) Stability and Control of Aircraft Systems, John Wiley & Sons.

[36] Moir, I. and Seabridge, A. G. (2010) Vehicle management systems, in Encyclopedia of Aerospace Engineering, vol. 8 (eds R. H. Blockley and W. Shyy), John Wiley & Sons Ltd, pp. 4903–4917. Chapter 401.

[37] Langton, R., Clark, C., Hewitt, M. and Richards, L. (2010) Aircraft fuel systems, in Encyclopedia of Aerospace Engineering, vol. 8 (eds R. H. Blockley and W. Shyy), John Wiley & Sons Ltd, pp. 4919–4938. Chapter 402.

[38] Seabridge, A. (2010) Hydraulic power generation and distribution, in Encyclopedia of Aerospace Engineering, vol. 8 (eds R. H. Blockley and W. Shyy), John Wiley & Sons Ltd, pp. 4939–4953. Chapter 403.

[39] Moir, I. (2010) Electrical power generation and distribution, in Encyclopedia of Aerospace Engineering, vol. 8 (eds R. H. Blockley and W. Shyy), John Wiley & Sons Ltd, pp. 4955–4972. Chapter 404.

[40] Langton, R. (2010) Gas turbine fuel control system, in Encyclopedia of Aerospace Engineering, vol. 8 (eds R. H. Blockley and W. Shyy), John Wiley & Sons Ltd, pp. 4973–4984. Chapter 405.

[41] Lawson, C. P. (2010) Environmental control systems, in Encyclopedia of Aerospace Engineering, vol. 8 (eds R. H. Blockley and W. Shyy), John Wiley & Sons Ltd, pp. 4985–4994. Chapter 406.

[42] Giguere, D. (2010) Aircraft emergency systems, in Encyclopedia of Aerospace Engineering, vol. 8 (eds R. H. Blockley and W. Shyy), John Wiley & Sons Ltd, pp. 4995–5003. Chapter 407.

[43] Gent, R. W. (2010) Ice detection and protection, in Encyclopedia of Aerospace Engineering, vol. 8 (eds R. H. Blockley and W. Shyy), John Wiley & Sons Ltd, pp. 5005 – 5015. Chapter 408.

[44] Purdy, S. I. (2010) Probe and drogue aerial refuelling systems, in Encyclopedia of Aerospace Engineering, vol. 8 (eds R. H. Blockley and W. Shyy), John Wiley & Sons Ltd, pp. 5018 – 5027. Chapter 409.

[45] Jackson, A. J. B. (2010) Choice and sizing of engines for aircraft, in Encyclopedia of Aerospace Engineering, vol. 8 (eds R. H. Blockley and W. Shyy), John Wiley & Sons Ltd, pp. 5123 – 5134. Chapter 401.

[46] Srivastava, A. N., Meyer, C. and Mah, R. W. (2010) In–flight vehicle health management, in Encyclopedia of Aerospace Engineering, vol. 8 (eds R. H. Blockley and W. Shyy), John Wiley & Sons Ltd, pp. 5327 – 5338. Chapter 436.

[47] Rigby, K. (2010) Weapons integration, in Encyclopedia of Aerospace Engineering, vol. 8 (eds R. H. Blockley and W. Shyy), John Wiley & Sons Ltd, pp. 5107 – 5116. Chapter 417.

[48] Cramer, M. R., Herndon, A., Steinbach, D. and Mayer, R. H. (2010) Modern aircraft flight management systems, in Encyclopedia of Aerospace Engineering, vol. 8 (eds R. H. Blockley and W. Shyy), John Wiley & Sons Ltd, pp. 4861 – 4872. Chapter 397.

[49] Gradwell, D. P. (2010) Physiology of the flight environment, in Encyclopedia of Aerospace Engineering, vol. 8 (eds R. H. Blockley and W. Shyy), John Wiley & Sons Ltd, pp 4693 – 4702. Chapter 382.

[50] Rankin, J. M. and Matolak, D. (2010) Aircraft communications and networking, in Encyclopedia of Aerospace Engineering, vol. 8 (eds R. H. Blockley and W. Shyy), John Wiley & Sons Ltd, pp. 4829 – 4852. Chapter 394.

[51] Atkin, E. M. (2010) Aerospace avionics systems, in Encyclopedia of Aerospace Engineering, Vol. 8 (eds R. H. Blockley and W. Shyy), John Wiley & Sons Ltd, pp. 4787 – 4797. Chapter 391.

[52] Moir, I. and Seabridge, A. (2006) Military Avionics Systems, John Wiley & Sons Ltd.

[53] Federal Aviation Administration (FAA) – Flight Standards Information Management System (FSIMS) – Master Minimum Equipment List (MMEL) http://www.FAA.gov, accessed July 2012.

[54] Hoerner, S. F. (1965) Fluid Dynamic Drag, Published by the author.

[55] Roskam, J. (1990) Airplane Design, The University of Kansas.

[56] Torenbeek, E. (1982) Synthesis of Subsonic Airplane Design. Delft University Press.

第 13 章 结 论

本书尝试描绘航空航天行业实践中飞机系统的设计与开发。航空航天行业当前以提供硬件产品为主，很多是机身、部件、操作员和软硬件系统的交互。这些产品会作为其武装力量或航空基础设施的一部分提交给客户，相应地，也可能是更大的国家或国际实体的一部分。产品不断增长的复杂性本质，催生出将其处理为复杂系统的方法。

理解系统是由什么构成的是重要的。当前有一种倾向，那就是专门领域的工程师需要采取更宽广的系统视角，这是一种在现代飞机中受日益增长的系统集成刺激的精神状态。因此，单独系统应该被视作复杂环境中更大综合系统的子系统。第 2 章已经研究过这些更宽泛的系统概念，识别了系统间形式和术语的共性。有很多书籍和论文可供读者深入研究，以加深理解，并探究系统工程为何有这么大的施展空间。

系统工程是一门科学、学科或艺术，用于理解系统的初始需求或要求，并按序推进得到完整的实物，这当中技能很多且各式各样。一些技能是天生的，一些可以学到，而有的则只能通过经验获得。再者，网站和 INCOSE 期刊有大量世界范围内系统工程的应用和经验，提供了充足的资料可供读者阅读。提供从高中到研究生各层次系统工程的正规教育，其作为已有课程的补充已引起越来越多的重视。

所有系统存在的环境概念对于识别影响系统的因素极其有用。将环境想象为一系列嵌套环境的集合，将这些因素结构化并区分优先顺序，便于将其视为相似的组或具有不同影响的因素。第 4 章描述了一些影响因素或设计驱动器的案例，但是这个列表并不是无遗漏的，在项目中花时间识别所有相关因素是非常值得的。

系统架构是一种以功能和物理形式可视化新兴概念的便捷方法。框图是一种识别系统形式的便捷符号，可作为头脑风暴、辩论和讨论中的媒介。第 5 章介绍了这个主题并给出了一个案例。描述这个主题的最好方式是在现实生活中从白纸开始开发架构。阅读这一章，最好是小组一起自己动手实践一下，感受

第 13 章　结论

一下图形化表达的力量和受其激发产生的创意。

第 6 章介绍了系统的集成，以说明这个主题的多种不同解释。在探索设计解决方案中，使用技术将系统从顶层可视化分解为更小的子系统对于简化系统的任一部分都非常有用。系统集成技能允许这种简化法组装产品满足系统的原始顶层要求。这是通过确保将顶层要求分解到元器件等级完成的，并将对应的设计映射到要求上。尽管"系统集成"术语对于不同人来说具有不同的含义，但是在各自的应用中，这些都是有效的。对此，飞机系统的设计工程师展现出了包容和理解，允许所有这些都可以共存。

建模技术使得系统工程师可在寿命周期的所有阶段扩展对概念的理解。建模有很多形式，从简单的草图到轻木、黏土模型，到运行在超级计算机上的复杂数学模型，到全尺寸原型机。每种在系统发展中都起着重要作用。限于篇幅，第 7 章仅仅涉及了其中的一些皮毛。

第 8 章尝试浓缩作者和其同事们的经验，用于说明系统工程周边的一些方面。这些方面有助于系统发展的过程，当然，这仅是有限的个人观点。不应在追求和使用最佳实践中设置障碍——实践经验没有替代品。这些经验也被拓展到系统安装和线束设计上。第 9 章介绍了构型控制，这是在长期开发中用于在动态和变化的世界中保持秩序的至关重要环节。第 10 章提供了从顶层表征的系统开发案例，审视了在系统详细设计中的冗余考虑因素。第 11 章提供了作者对于飞机发电和配电系统的看法以及这些基础系统的一些。

第 12 章中，总结了本书主题所提到的系统，并定义了这些系统的关键集成和接口。介绍了一种可以帮助学生在其设计中放入尺度，量化估计系统的质量、功率需求和耗散的方法。也介绍了一种估算质量对燃油要求影响的方法。

一个历史注解

在英国维多利亚时代的先驱工程师 Isambard Kingdom Brunel[1] 的生平和工作描述中，Angus Buchanan 提供了证据，表明这位伟大的工程师对系统工程学科有独特的倾向。以伟大的西部铁路（GWR）为例，他的愿景就是一个集成系统。

当 Bunel 成为 GWR 的工程师后，他的工作热情都转向为实现一个综合的铁路系统。

当然，伟大的西部铁路和许多英格兰西部的铁路都成为了综合系统。Buchanan 也注意到了其采用的愿景和过程：

Brunel 对于 GWR 的想象在两个方面背离了当时对于铁路建设的标准看法：首先，他正视系统主要致力于乘客的迁移，其次，可以高速运行以缩短旅途时间。这些标准决定了他设计铁路的综合方法，即将铁路视为各部分内部相互依赖的系统，每部分的效率对整体的运行来说都是至关重要的。创造这样一个系统需要经过一系列阶段。第一阶段是项目宣传，争取支持以及进行必要的立法。第二阶段，勘察，取得铁路的最佳可能路线。第三阶段就是施工阶段，进行重要的土木工程作业。第四阶段，系统运营，要求准备的所需机车车头和全部车辆、车站和信号设施配套到位。第五阶段，需要采取巩固措施，准备车间、办公和住宿等分支机构，确保公司的长久发展。第六阶段，考虑铁路的深入发展，引入长期的改进和扩展，并与周边铁路建立可行的关系。

很明显，这是一个现代观点，无法证实 Brunel 是否认为自己是一位"系统工程师"。但是，从他的研究工作中可以看出，他是一位采取整体观点的革新家，他考虑了铁路运输更广的方面，例如使这样系统成功所需的基础设施，以及彻底试验其概念的需求。

他也是一位让人耳目一新的人，展现出了一些今天工程师才有的特质——执着，他竭力保留一个明显与国家标准化趋势步调不一致的系统，同时他尽力做到完美，几乎不惜一切代价。尽管 Brunel 能够量化说明他的宽轨距系统比窄轨距系统更高效，这也可能是一个"非这里发明"综合征的证据。这是一个在现代复杂产品研发中不断出现的现代工程行为案例。

系统工程的现代观点旨在探索达成技能、经验和决断的平衡，以移除个体的偏差，得到满足客户需求并符合预期用途的系统。必须不能忽视系统工程中有创造力的方面。艺术中的创造力和工程中的创造力是相通的，这一点不能被低估[2]。系统工程是一门在复杂世界中关于创造和实现优雅的系统解决方案的学科。

参考文献

[1] Buchanan, A. (2002) *Brunel: The Life and Times of Isambard Kingdom Brunel*, Hambledon and London.
[2] MacDonald, J. S. (1998) Keynote speech at the 1998 INCOSE Symposium.